關係行銷

方 世 榮 譯

五南圖書出版公司 印行

Relationship Marketing
Exploring Relationship Strategies In Marketing

John Egan

譯者序（第二版）……

　　關係管理在管理學領域逐漸成為顯學，而關係行銷在行銷學領域亦似乎成為主流，之所以有這種趨勢演變，道理很簡單，因為任何的經營活動（當然包括行銷在內）皆涉及很多的人、很多的單位與很多的組織之間的互動。為了提高互動的效率與效能，「關係」可說是很重要的潤滑劑與促進劑。中國有句古諺：「有關係就是沒關係（一切OK）」，這意謂所有的企業經營活動之運作，若涉及其內的相關個體（人、單位與組織）能建立良好的關係，則運作會更順暢，甚至可發揮槓桿作用。

　　二十一世紀已邁入知識經濟社會，企業對於智慧資本的重視更甚於以往。所謂智慧資本乃包括人力資本、結構資本及關係資本，其中關係資本意指企業若擁有雄厚的關係資產，將可為公司創造巨大的價值。此外，關係資本的建立與累積，亦有助於提升人力資本與結構資本；由此可知，「關係」對企業經營的重要性。準此，我們或可將這個時代稱為「關係的時代」（Relationship Era）。在關係時代的社會裡，企業如何建立、發展及維持關係（此即關係行銷的概念），將決定企業永久的生存與發展。

　　本書第一版於 2001 年出版，時隔 3 年（即 2004 年）即有第二版的問世。對於一本非必修科目的教科書而言，能於短短的 3 年即推出新版，其意涵可能有兩方面。第一，關係行銷確實是目前非常熱門的一個科目，因此作者應廣大讀者的需求而推出再版。第二，由於關係行銷是一個新興的領域，學術界與實務界對於關係行銷之相關觀念仍未有一致認同的看法，且許多觀念亦尚在發展成形中，因此短短的 3 年內便可能有許多的新觀念、新事例及重要的研究成果。本版書亦基於此一緣故，將這些「新內容」涵括在本書中，期望對關係行銷之發

展能有最新觀念之論述。

　　本版書除了增加補述上面所提的「新內容」外，整體的架構仍維持前一版書原有的內容與特色。例如，本書前 11 章之章節架構大致與前版書相同（除了新增的內容外），但另外新增第十二章，主要在論述關係行銷發展之過去、現在及未來，可說是對整個關係行銷之演變做了詳細的描述，及對未來可能的發展趨勢提出作者的洞見。

　　個人在過去數年來也一直從事有關「關係行銷」領域的教學與研究，對於此書有相當程度的偏愛，因為其內容結構相當完整，且觀念的闡述亦十分清晰。更重要的是，本書的論述引用了許許多多相關文獻之研究資料，可說是相當有學術內容的一本書。當然本書所介紹的觀念，對於實務界的啟發與應用，也都非常有幫助，因此對實務界有志於學習「關係行銷」的先進，這是一本值得研讀的好書。然而本書與坊間所充斥的「顧客關係管理」（CRM）之書籍有很大的不同，因為本書強調關係行銷的觀念與重視策略性的觀點。

　　最後，譯者仍很誠懇地邀請對關係行銷有興趣的讀者，在讀完本書之後若有任何寶貴的意見與心得（包括研究與實務心得），本著知識分享與交流的熱忱，提供給筆者，以期能對關係行銷的研究與探討有更深層的基礎。（註：譯者的 E-Mail: fangsr@dragon.nchu.edu.tw）

方世榮　謹識

中興大學　雲平樓

2005 年 6 月

譯者序（第一版）⋯⋯⋯

　　「世界上唯一不變的就是變」，然而處在這個「變」的環境中，我們該如何自處與面對？唯一的途徑也許就是順應，甚至超越「變」的趨勢。但如何才能做到呢？首先須了解這種「變」的本質與趨勢，如此才能找出順應、甚至超越之道。

　　行銷觀念與理論的發展也是一直處在這種「演變」的過程，從 1950 年代的消費者行銷，演進到 1960 年代至今的關係行銷。由此一演變與發展過程來看，我們或可認識到每一階段的行銷核心理念，而另一方面則讓我們體認到「關係行銷」似乎已成為目前行銷領域的主流。然而要注意的是，「關係行銷」並不是新的現象或觀念，早在人類有商業活動的世紀便已有人奉行，只不過今日它的重要性似乎又受到更大的關注。此外，關係行銷的概念或理論，亦曾歷經將近一個世紀的演變過程，這其間究竟存在哪些環境背景因素與驅動因子，以及這種演變的本質又如何，應是我們重視與探討「關係行銷」時，所必須了解的，而這些問題在本書都有詳細的闡述。

　　本書共分為三部分，第一篇著重在一般性的關係策略與特定的關係行銷之課題的探討；第二篇則切入關係行銷的核心，並區分各種關係市場（如 B2C、 B2B 等），詳細的討論其關係行銷的重要觀念；第三篇主要介紹資訊科技（IT）在關係行銷領域所扮演的角色，以及關係行銷策略管理的過程。

　　關係行銷雖逐漸受到國內學術界與實務界的重視與討論，然而到目前為止尚未有任何一個學校開設類似的課程。較可能的原因是，國內較欠缺這方面的教科書；若有的話，不是太過偏實務性質的書籍，就是缺乏以行銷為主題對關係行銷做有系統的介紹與討論者。這本書正好可彌補上述的兩個問題，唯它僅有十一章，因此若想採用本書做

為教科書,則可能另須尋找一些補充教材,包括深入探討關係行銷之相關的文章與論著(這方面應是唾手可得),或者可尋求一些討論關係行銷或顧客關係管理的個案,提供學生在課堂上進行個案研究的教學(如此更可提升研習這門課的學習效率)。

最後,譯者相當喜歡這本書,因其內容相當有深度,且很多皆為譯者從事相關學術研究所獲得的一些觀念與心得,故譯者相當盡心盡力想將這本書完美的呈現給有志之士。但不可避免的,由於譯者才疏學淺,若對所譯內容與觀念有任何疑問,尚請各位先進提供寶貴的意見,或可做進一步的討論。(註:譯者的 E-Mail: fangsr@dragon.nchu.edu.tw)

方世榮 謹識
中興大學 企管系
2002 年 10 月

目錄 •••••••

第一篇　關　係

第三篇　關係的管理與控制

第一篇

關　係

　　本篇主要是在描述與分析目前已是家喻戶曉的關係行銷（relationship marketing；RM）之市場的現況與情境。RM本身是各種「關係策略」之一環，其在產品與服務行銷以及消費者與企業對企業（B2B）行銷領域中，於數十年前即已開始發展，但直到現在才受到熱烈的探討與重視。

　　第一章所闡述的RM之定義，與一般所抱持的泛泛之論有很大不同。但不論如何，本章所建構的操作性定義可作為分析RM之起始點。對於比較偏好「低構念型」（deconstruct）定義的讀者，或可先參閱本章末對RM之各種定義的討論，在該節中讀者將可了解到本章所論述的觀念之依據。

　　第二章探討關係的概念，包括實際的與隱喻性的涵義。本章將討論關係的構念，它猶如「組織」的構念一樣模糊；此外，關係可能是人際與非人際關係建立之結果、前置因素或中介變項。本章亦將闡述各種關係之形式與類型（包括所謂的顧客忠誠度），以及討論一些有關RM之爭論的議題。

　　第三章介紹加強RM基礎的經濟性論點。誠如Francis Buttle（1996）所言，RM策略（或任何有關RM之各種說法）之設計絕非採取一種「博愛的」觀點，而是立基於關係維繫與持久所能獲得的利潤。然而，接受關係經濟學為一種「施捨」（given）的概念，在某些產業的環境中是有疑問的。

　　第四章探討「行銷策略之連續帶」的年代背景，其隱含的意義在整本書中會有完整的闡釋。第五章則討論驅使企業走向關係策略之各種影響因

素，以及這些因素是否仍存在，或者在不同的產業或不同的連續帶，其影響的作用有何差異。

參考文獻

Buttle, F.B (1996) *Relationship Marketing Theory and Practice*. London: Paul Chapman.

第一章

行銷中的關係

學習目標

1. 行銷的現況
2. 關係行銷（RM）
   的前提要件
3. RM 的發展
4. RM 的定義

前言

　　過去二十年來，關係行銷（RM）是學術界與行銷實務界中，一個受到熱烈討論的課題。然而，二十世紀的最後十年，關係策略已獲得廣泛的支持，同時亦有多方面的爭議；但不可諱言的，它已開始主導著行銷的領域。在這段期間，RM 可能成為行銷的主流，且在企業管理界中的確是主要的談論課題（對批判者而言亦是最具爭議的課題）。1990 年代，RM 在歐洲、北美、澳洲及全球其他各地，皆已成為學術界熱門討論的課題。RM 經常成為專業實務界研討會、學術期刊論文（在以 RM 為主的期刊，以及最近才出刊的 RM 期刊 *International Journal of Consumer Relationship Management*，皆視為一般的課題），以及專業的行銷雜誌等的特定主題。RM 亦是一些主要的行銷學者（如 McKenna, 1991; Christopher et al., 1991; Payne et al., 1995; Buttle, 1996; Gordon, 1998; Gummesson, 1999）之學術性與實務性書籍的主要內容；而且，只要認知到 RM 的重要性之作者，在其行銷書籍的著作中，皆至少會有一章或一節專門討論 RM 的概念。

　　RM 快速地獲得其顯著的地位。隨著二十世紀最後十年走入歷史之際，倡導此一概念的人士持續且快速地增長。事實上，根據某位知名的行銷作者之看法，RM 確實已成為「主流」，而學術界對此課題的研究正方興未艾（Brown, 1998）。如果對行銷學術界而言這是事實，那麼行銷實務界應更加熱衷此課題的推動。事實上，實務界的熱忱乃是 RM 快速成長之背後的主要動力（O'Malley and Tynan, 2000）；也因此而導致在研討會、期刊與教科書上，會有不計其數的個案之報告，因而更加支持與證實了關係導向之趨勢的來臨。

　　關係策略可帶來諸多效益之說法，並非僅是行銷領域中 RM 所特別強調者而已。Mattsson（1997）指出，行銷領域的研究中，它是最近被探討最多的一個概念；這類研究大都專注在所有的行銷交易活動之一般情境，包括產品與服務、消費者與工業市場。Sheth and Parvatiyar（2000）亦支持此一看法，他們認為 RM 的範疇相當廣泛，涵蓋了

整個行銷之各種領域，諸如「通路、企業對企業（B2B）行銷、服務業行銷、行銷研究、顧客行為、行銷溝通、行銷策略、國際行銷及直效行銷等」。Grönroos（1996）則認為，RM 代表著五十年來最大變革的典範，它實際上「將行銷拉回到原始的根源」。RM 一直被視為是一種「新的行銷典範」（參見 Kotler, 1992; Grönroos, 1994a; Gummesson, 1999, 2001），以及「一種典範的轉移」（參見 Sheth and Parvatiyar, 1993; Grönroos, 1994a; Morgan and Hunt, 1994; Gummesson, 1997; Buttle, 1993），它占據了行銷實務與思想之重要地位。一些著名的公司（如英國航空、Boots、Tesco 等）皆對 RM 的潛力充滿信心，因此特別設立 RM 經理與主任專責在其業務上推動此一概念；此外，Safeway 為英國第一家設立 RM 工作團隊之超市連鎖店（Whalley, 1999）。根據 Sheth and Parvatiyar（2000）的說法，在一群熱衷於關係典範的行銷學者之推波助瀾下，RM 的「思想學派」將很快地竄起，並成為主流。RM 在近代的行銷學術與實務界大為盛行，不僅在服務與組織間的研究背景（這是孕育 RM 被發展的原始背景），且在消費者市場亦相當盛行，雖然剛開始時頗為排斥 RM 的觀念（O'Malley and Tynan, 1999）。二十世紀末，不論在實務界或學術界，RM 皆已越過導入的階段，並在成長曲線上逐漸邁向與成為成熟的概念（Berry, 2000）。

　　雖然大多數的行銷人員對此一概念抱持著不同程度的信念，但仍存在一些共同的觀點，此即 RM 在本質上乃是用來改善人類生活的一種理念。Reichheld（1996）指出，關係的概念（註：Reichheld 採用「立基於忠誠度的管理」一詞，而此一名詞實乃多數學者所認同的關係行銷之概念），代表著「商業思想的根本轉變，就如同星座學家哥白尼倡導以太陽為中心的行星運轉體系一樣，改變了星座學的思想」。Reichheld 亦指出，立基於忠誠度的管理，其效益是相當豐碩的。此外，根據 Mattsson（1997）的觀點，關係行銷乃是 1990 年代響徹雲霄的運動；甚至有人直言，行銷組合與傳統行銷的其他層面已走進歷史，目前乃是「關係行銷萬歲」的時代。

壹、影響關係策略發展的因素

　　過去我們一直以為 RM 是行銷領域中第一個新進發展出來的概念，但嚴格說來並非如此。二十世紀以來即陸續有一些重大的發展，且通常與研究所強調的不同重點有關。根據 Christopher *et al.*（1991）的說法，1950 年代是消費者的行銷時代，此時製造商品牌與品牌行銷概念主宰了行銷的議題。1960 年代中，行銷領域著重在工業行銷相關的研究。1970 年代行銷的焦點開始轉向非營利部門，而 1980 年代則為服務部門首度躍上舞台主角的世代。各年代研究的重心（參見圖 1.1）皆展現當時正在發展的一些新觀點，且亦代表著行銷影響力在商務世界中版圖的擴大。

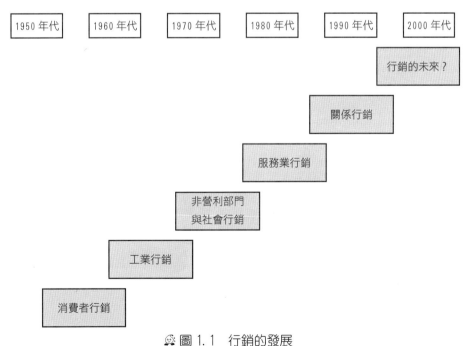

圖 1.1　行銷的發展

（資料來源：摘自 Christopher *et al.*, 1991）

　　所有這些先前的發展皆對 1990 年代與之後的「關係研究」產生重大的影響。此外，RM 亦反映在其他的企業研究之相關領域中（它同時也引用了這些領域的思想），包括組織結構的發展趨勢（Gummesson, 1999）、實體配銷管理與全面品質的概念，以及最近的知識管理。

　　由於這些影響力的多樣化，因而導致數個不同的學術論點，並促使許多 RM 理論的發展（參見圖 1.2）。Grönroos and Strandvik（1997）指出，這些學派包括服務管理的北歐學派（Nordic School），工業（或企業對企業，B2B）行銷之網絡學派，整合品質、顧客服務與行銷的英澳學派、「策略聯盟與夥伴關係」的研究，以及有關關係在行銷中的本質之一般性的調查研究。其中值得一提的是，雖然北美的研究學者對 RM 之發展有一定程度的貢獻，但他們對此一研究領域的影響力卻不是很顯著。此外，許多的北美研究者在有關關係行銷之研究方向上（但這些方向較不屬於本書所界定的範疇；參見第十二章），一直居於先鋒與領導的地位。不論各種研究領域之差異性為何，唯一可肯定的是，若以最廣泛的意義來看待 RM，則它已成為全球各研究者之重要的研究議題。

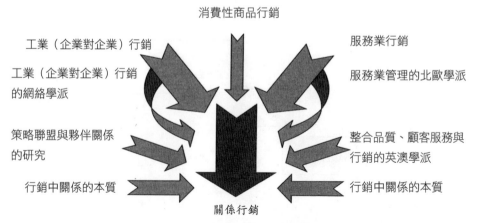

圖 1.2　對關係行銷發展的影響力

　　由此可知，「關係行銷」的起源與派別可說是相當地龐大。就上述各個不同的研究中心來看，北歐學派在 RM 的發展上特別具有影響力。根據 Gummesson（1996）的說法，此一學派最早於 1980 年代初即致力於服務業行銷的研究，且將傳統行銷相關的概念轉移至服務業行銷的領域。這些重心的轉移包括：

- 強調服務業行銷與工業行銷比消費性商品行銷更為重要，且兩者有密切的關聯。
- 逐漸的把焦點從商品與服務轉向對顧客價值的重視。
- 行銷部門的功能與其他組織功能和一般管理的整合。
- 與其他國家在傳統的管理領域之研究比起來，較不重視定量的研究。
- 更重視理論的創造而非理論的驗證，也因此更重視歸納與旁敲側擊的研究法而非演繹的研究法（參見專欄 1-1）。
- 研究的成果是歷經實證、理論推演及一般化的階段。

（摘自 Gummesson, 1996）

專欄 1-1

一些研究方法名詞的釋義

　　演繹法（deductive）：依據一般性的原理來推出特定的結論，而這些結論多屬解析性與確定性者。通常我們可自前提來推演結論，此即演繹法的觀念，演繹法與「科學的」研究觀點有關。

　　歸納法（inductive）：藉由觀察特定的事例來做概化，以進行實證（亦即奠基在實驗與觀察的基礎上，而非以理論來推論）。然而結論往往超越事實，因此歸納法具有很強的或然率之特質，此方法論與質性研

究法有關聯。

　　旁敲側擊研究法（abductive）：針對探索的目的來推論，而非從科
學的假設或理論來辯明與論證。

　　根據北歐學派的論點，服務管理雖是建立與維持關係之核心要素，但
仍存在其他可支援關係建立與維持的因素，諸如網絡的建立、策略聯盟的
形成、資料庫的發展及關係導向的行銷溝通之管理等（Gronroos, 2000）。
北歐學派的另一個特徵是，將行銷視為「市場導向的管理」，而非專屬於
行銷專家的任務。換句話說，行銷被視為整體的過（流）程，而非單獨的
功能（如行銷部門）（Gronroos, 2000）。

　　由於吸收自不同國家與研究的風格，因此我們所知悉的「關係行銷」
便有多種學派的發展，這是不足為奇的。1990 年代中葉，Palmer（1996）
認為 RM 的研究大致上可依三種廣義的方法來分類：

- 就戰術層次而言，RM 主要是用來作為銷售推廣的工具（如，忠誠度方
  案）。
- 就策略層次而言，RM 強調與顧客建立長期的關係，這可藉由法律、經
  濟、科技與地理位置的連結，及其他的「退出障礙」等途徑來「挽留
  （detention）而非維繫（retention）顧客」。
- 就經營哲學的層次而言，RM 被納入行銷哲學的核心，並重新將行銷策
  略的重心從產品與其生命週期，轉向顧客關係生命週期，以及顧客導向
  與功能間協調之整合。

　　Palmer 之研究所做的建議，成為一些行銷人員採納的觀點；他們使用
「關係行銷」一詞作為與大多數傳統的「交易」策略和戰術有所區別的藉
口。

　　Brodie *et al.*（1997）與 Coviello *et al.*（1997）依據其對 RM 文獻的回顧
指出，此一名詞有多種不同的說法（參見圖 1.3）。他們認為 RM 有四種應
用層級：第一個層級，RM 被視為一種複雜的資料庫行銷；也就是說，RM 是
一種以科技為主軸的工具（但與直效行銷和顧客關係管理所使用的科技並
無關聯），公司用它來網羅與管理顧客。此外，就其涵義而言，它並沒有
在行銷功能中注入新的構想與概念，而僅是利用新的與更新的「工具」來
經營多數的傳統顧客交易；即使因而提高了效率，但卻受到一些直效行銷
人員（參見第十一章）之嚴厲的批判，而此一整體的過程稱為顧客關係管
理（CRM）（參見第十章）。

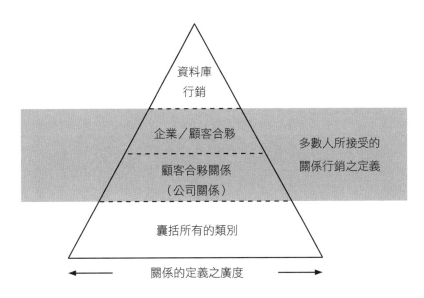

☺ 圖 1.3　關係行銷之定義

（資料來源：參考 Brodie *et al.*, 1997）

　　Brodie 等人所指的第二層級更為廣泛，其將 RM 的焦點視為企業與其
顧客之間實際或潛在的關係，並著重在顧客導向的觀念。第三層級（又較
前者更廣泛），則將 RM 視為與購買者間共同合作的一種「顧客合夥關係」
（customer partnering）之形式，包括在產品或服務設計上的合作。在此

層級中，關係的運作隱含著買賣雙方之間真實的互動。第四個層級（是最廣泛的定義）乃將 RM 視為結合下列觀念之一般性的定義，「從資料庫到個人化服務、忠誠方案、品牌忠誠度、內部行銷、人際／社會關係及策略聯盟等一切的活動與事物」。依此定義，RM 變成各種關係式（嚴格來說，有些並未涉及關係）概念的一個「總括性」（catch-all）用語。

最後這種最為廣泛的定義，在使用傳統的行銷思考來定義 RM 之一些重要特性時，可能帶來混淆與困擾。如同 O'Malley and Tynan（2000）所言，由於「所採行的營運途徑過於歧異化，且又缺乏可被接受的定義」，因此「要將 RM 的輪廓加以明確地界定似乎是不可能的」。RM 的疆界是「完全可轉移且具彈性的」，此一結果亦造就「在尋求實證研究之適切的背景與情境是非常困難的，且讓此一新興的學科領域之觀念性問題更形錯綜複雜」。

貳、RM 的發展緣由

奠基於過去相關的研究基礎，RM 已然成為一個很重要的觀念；然而，它之所以能夠快速的發展，則與二十世紀末實務界認知到行銷的危機有密切相關。為了更深入了解導致關係策略發展的驅動因素，以下將略加檢視傳統行銷之歷史演變與其所存在的弱點，藉以透析 RM 的發展緣由。

一、二十世紀的行銷

誠如大多數的行銷教科書所指出，行銷並非是近代才有的現象。早在遠古時代，人們即已開始從事商品交易，零售商亦早已銷售其生活用品，電影院的經營者利用當時所發展出來的行銷技巧與行銷溝通工具來推廣影片及對其娛樂服務製作「專業的」廣告。在那個時代，這些「行銷者」並未體認到這些技巧或技術不應僅是其商業活動的一小部分而已；相反的，它們已成為二十世紀最具結構化的科學本質，比起那些無知或剛愎自用的行銷專家所能想像的，還擁有更為多彩多姿的應用性。

　　約在二十世紀初，行銷被當作源自經濟學的一門學科（Sheth and Par-vatiyar, 2000）。然而，行銷被視為一種商業活動一直要到二十世紀才開始逐漸盛行開來。當產品與服務並未完全符合人類生存的需求之事實逐漸為大多數的歐洲與北美之消費者所普遍認知時，行銷也在這個時候逐漸受到重視。當時的英國與其他工業化國家，新興的勞工階級主要居住在城鎮與城市中，他們都擁有穩定的工作與正常的工資收入，且皆對大眾化的消費性商品有一定程度的需求（Seth and Randall, 1999）。而隨著大量生產大幅提高了商品及服務供應的範圍與複雜性之後，生產廠商（與少數的服務提供者）發現了更廣大的市場。於是市場競爭的程度逐漸加劇且更為多樣化，而對於品牌的宣傳與差異化亦愈形重要。歷經二十世紀之前三分之二世紀的演進，行銷學門逐漸受到重視，且亦有很大的發展，但其主要的焦點仍為交易與交換的活動和觀念（Sheth and Parvatiyar, 2000）。

二、行銷的黃金年代

　　如果將二十世紀稱為「行銷的世紀」，那麼 1950 至 1970 年代之間則可謂其全盛時期。在此一「黃金年代」期間，大眾對於新產品與服務的胃口似乎永不知足。在西方國家的市場，隨著價格的下跌，更促使消費呈現空前的巨增。此時期亦是獨立的電視廣告大為興盛的年代，它亦逐漸變成行銷者最具威力的大眾市場之溝通媒介。消費者的支出在此時期亦增加了兩倍（保守的估計），而此一現象主要歸功於行銷的威力與影響作用。行銷之如此被認同為最具影響力的領域之一，實乃全世界各國文化漸趨一致所帶來的結果（Sherry, 2000）。無論如何，這似乎亦顯現出，近代的行銷發揮了潛力。

　　行銷的貢獻也因而愈來愈受到重視，促使行銷的教育與研究亦呈現蓬勃的發展。今日我們所學習的許多行銷概念在當時的歐洲、北美及其他世界各地的商業學校之課堂上，便已被傳授與發展。1960 年代，Borden（1964）首度提出行銷活動方案的十二個要素（參見圖 1.4），稍後則將其簡化成我們所熟知的「行銷 4P」（參見圖 1.5）或「行銷組合」（McCarthy, 1978）。在那

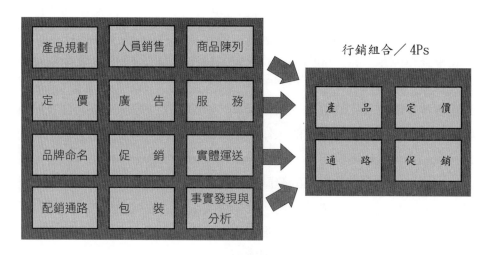

😊 圖 1.4　Borden（1964）的行銷活動方案之十二要素與
McCarthy（1978）的行銷組合

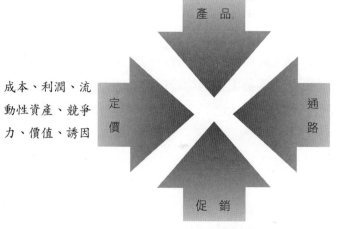

😊 圖 1.5　行銷組合

個時期所發展出來的傳統行銷架構，將行銷視為結合策略性與管理性的過程。此種相互配合的過程，目的在確保行銷組合與公司的內部政策能夠讓公司在競爭的環境中順利經營，亦即可以順應市場的力量（機會與威脅）。

　　此一傳統的行銷架構很快地為學生、教師及實務界所接受，因為它是一個直線思考與直覺的理性之行銷模式，且亦很容易記憶與理解。在這個有高度消費者信賴、有效的大眾廣告、財富累增、同質性高的需求、發展不夠健全的配銷通路下，以及整體而言由製造商主宰市場等的紀元（O'Dr-iscoll and Murray, 1998），「品牌管理模式」與「工具箱」（tool box）式的行銷組合（Gronroos, 1994b），事實上是非常有成效的。

三、市場的變革

　　歷經 1960 年代有利的環境促使行銷蓬勃發展，但此一景象卻發生邊變。在這段期間，美國、英國及其他已開發國家，其消費市場已逐漸達至飽和，人口成長及促使消費者購買力提高之背後的影響因素與主要趨動因素皆已逐漸降溫。大多數的品牌呈現低度的成長，且市場亦逐漸走向由少數廠商壟斷的局面，品牌原本可提供顧客高品質的保證，如今卻已失效，因而演變至必須為每一市場區隔推出不同品牌的區隔化行銷。隨著市場依賴區隔化來提升品牌的效力之後，行銷生產力的問題也進一步凸顯出來（Sheth and Sisodia, 1999）。

　　誠如 Christopher（1996）所言，諸如 1960 年代美國與英國所呈現出來的「成熟市場」，其所展現出來的某些特徵迥異於「成長階段市場」之特色，而行銷的效能亦顯著的下降。具體而言，面對著過度飽和的商品與服務之消費者，他們對需求變得愈來愈挑剔。在這個「購買者的市場」中，顧客開始體現其花費的吸引力，並開始擅加利用此股致命力，並變得愈來愈會精打細算，且行銷的訊息已愈來愈難打動他們了。

　　在消費者權力高張與消費意識愈趨純熟的同時，經由廣告所獲得的利益（相對於成本），將隨著市場走向細分化與「每千人成本」之邊增而大幅下降。此外，隨著消費者對各品牌認知差異愈來愈小之際，那些「高價

品牌」的威力亦逐漸消褪，因而導致製造商品牌的市場占有率與獲利大幅下降，並造就了零售商的私有品牌之興起，許多流通快速的消費性商品（fast-moving consumer goods; FMCG）之頂尖的品牌，至今已有四十多年的歷史；相互對照之下，一些新的品牌雖獲有行銷力量的大力支撐，但其失敗率則愈來愈高。當製造商品牌紛紛搶攻市場占有率之際，由於品牌溢價之下降，因而侵蝕了廠商的利潤。另外，當品牌擁有者為了向權力愈來愈大的零售商爭取貨架空間時，將促使其原先設定的支出「底限」也逐漸往上提升。上述這些變動的綜合影響力，更導致定價與最終的獲利面臨向下走軟的壓力。

即使在 1980 年代末市場的複雜度與競爭情勢愈來愈高，但行銷人員卻仍以過去奉為圭臬的「黃金教條」之行銷工具與觀念來因應；事實證明，這些做法是行不通的。學術界與實務界雖仍以過去所發展的理論與實務為其工作基礎，但卻首度公開聲明行銷的黃金戒律已成過去式（Christopher and Baker, 2000）。根據 McKenna（1991）的觀點，那些仍然採用 1950 ／ 1960 年代盛行於美國市場的行銷模式之公司，他們持續追求一模一樣的行銷實務，這是一種迷思。處在這個年代，消費者、政治、甚至宗教信仰等，每年都會有很大的變化與差異。這個世界任何事物都在變，唯獨行銷似乎仍陷入落伍的窠臼。

四、行銷的危機

當行銷走進 1990 年代時，一切事物似乎變得愈來愈複雜。許多公司開始對於投入大筆行銷支出卻未獲得同等的報酬產生質疑，這是過去幾十年從未有過的現象。而那些積極降低成本與提升報酬率的會計人員，要求行銷部門對於其所開銷的支出提出說明，但所獲得的回應卻是含糊不清。若僅是回答「花費於品牌的建立，而其所獲致的龐大效益是無法衡量的」，這類說辭似乎不再成為有力的辯護理由。

二十世紀末的十年內，我們發現行銷功能在許多組織內逐漸被邊緣化（Sheth and Sisodia, 1999）。即使那些像寶鹼（P&G）與 Unilever 等行

銷先鋒的公司，也逐漸廢除行銷主管的職位（Doyle, 1995），並將其集中在其他的功能活動上。在面對競爭激烈的市場環境，行銷被批評為缺乏創新，且大多數均僅會採取防禦的策略以為因應，就如同 Doyle（1995）所言，此時期的行銷人員往往誤以為行銷僅是一項功能活動，而非一種整合性的企業流程，而此一觀點導引出如下的信念，「行銷功能僅是戰術性的，通常做些膚淺表面的市場區隔與定位，而無法真正的創新與創造持久性的競爭優勢。」此種功能性防禦的觀點，對於行銷人員應有的態度卻帶來了更大的傷害。

五、行銷教育

即使存在上述一些明顯的問題，但在行銷教育學習方面卻沒有多大的改變。行銷理論仍陷入泥濘中，其在定律、規則與預測力的追求方面仍是徒勞無功（Brown, 1995）。行銷組合的思想雖已開始被認為僅能提供「過度簡化膚淺的觀念」（Christopher *et al.,* 1991），但卻仍支配著整個行銷模式（且仍受到很大的爭議），而學術界與實務界亦往往被其所誤導（Grönroos, 1990）。科學導向的行銷「工具箱」（tool box）之學派（Grönroos, 1994b）被批評為「只重視結構而忽略過程」，因而導致「對其他重要的變數缺乏深入研究」的結果（Christopher *et al.,* 1991），亦即這些重要的變數在行銷組合的觀念皆缺乏討論。行銷人員在應用方面缺乏自己的創造力，即使整個商業世界已產生很大的變動，但他們對於在過去十年所學到的行銷原理仍未做修正（Gordon, 1998）。雖然行銷組合的典範在行銷理論發展的過程中，有很長的一段時間內一直都能發揮作用，然而一旦將自己奉為行銷上「通用的真理」（universal truth），則其所帶來的傷害遠大於所做出的貢獻（Gronroos, 1994c）。它曾經主宰了行銷領域40 年以上，貶抑了交換之關係觀點，且混淆了關係在行銷中所扮演的角色（Harris *et al.,* 2003）。由此看來，問題不再只是行銷短視症（marketing myopia），而是短視的行銷觀念（Brown, 1995）。

因此，引導企業經營四分之三個世紀的行銷部門，其重要性已逐漸被

其他的組織功能所取代（Doyle, 1995），且其對問題的解決似乎亦使不上力。根據 Gordon（1998）的看法，行銷人員過度專注在行銷實務中，他們未曾注意到行銷在所有的實務應用上已蕩然無存，即使並未完全毀滅，但肯定是陷入很大的危機中。

參、RM 的前置因素

行銷這個領域從最早開始即一直由消費性商品所主導，尤其是 1950 年代之美國消費者商品之行銷實務（O'Driscoll and Murray, 1998）。1990 年之前的大多數行銷教科書，其闡述的模式、觀念及策略，主要著重在製造業與其消費性的品牌。服務業與產業（B2B）行銷雖然已快速成長且被認定為全體商業環境之重要的組成，但仍一直被視為獨立的學門。對此時期的大多數行銷人員而言，傳統的行銷原理並無法完全「適用」在這些不同類型的行銷實務。它們並沒有去質疑原有的模式之效度，反而僅將非消費性商品（如服務與企業對企業）視為異類來處理，或者在行銷教科書最後幾章另外單獨討論。

然而，許多的行銷人員逐漸體認到行銷教科書所分析者（一種極端），與實務執行面（另一種極端），兩者之間存在很大的「差距」（Gummesson, 1998）。他們所認知的這類差異主要是來自從事產業（B2B）與服務行銷之研究學者的建議，而非針對此類領域之獨立且不同的差異所引發的爭論，因此它應屬於一項總括性研究的基礎，也因此這些研究學者開始探尋一種更整體性的行銷觀點，且他們所提出激進的論點將徹底引發行銷思想的革命。

一、產業行銷研究

產業行銷（industrial marketing）過去以來一直未曾成為行銷的「顯學」，其重要性顯然被消費性商品行銷所掩蓋（Brown, 1998）。此領域的重點似乎擺在原物料、大宗貨運、定價機制及理性的購買模式等，而

行銷在其間僅扮演著邊緣的角色。行銷在此領域所扮演的角色主要是由消費者行銷所盛行的觀點延伸而來，並依一般所認知的差異（如訂單大小與購買頻率）作修正。

　　然而，根據產業行銷與採購社團（Industrial Marketing and Purchasing Group; IMP）多年來努力的成果，上述的觀點與做法很顯然無法真實反應出產業市場運作的複雜性（Naudé and Holland, 1996）。實證研究顯示，許多公司間的交易都是在持久性的商業關係情境下進行，此時雙方之間相互信任與調適乃是常態，而非如同先前的觀點認為公司間的交易主要是奠立在契約的基礎上（Brennan and Turnbull, 2001）。誠如 Baker（1999）所言，產業行銷人員已從經驗學習到，如果你無法在相同的價格下提供「更好」的產品，或者以更低的價格提供相同的產品，那麼你想繼續保有事業的唯一途徑，便是透過一些重要但通常是無形的服務要素，來培植關係與增加價值。相關的研究指出，產業行銷所涉及的不僅僅是公司之間的交換活動，尚且涵括更複雜的人際間互動。此種網絡互動行銷的理論可定義為，公司所採行的一切活動都在於建立、維持與發展顧客關係（Christopher *et al.,* 1991）。根據 IMP 相關的研究指出，交換事件若具有永續的本質，則有助於買方與賣方公司之間關係的形成（Naudé and Holland, 1996）。

　　有趣的是，產業或「企業對企業（B2B）」之研究已將互動、關係及網絡等課題納入，且比RM的研究至少要提早十幾年（Mattsson, 1997b），而此領域的研究強調了存在產業內或產業間複雜關係之重要性（Naudé and Holland, 1996），且為關係行銷人員提供了發展其理念的一個平台。

二、服務業行銷

　　如果產業（或 B2B）行銷是個乏人問津的領域，那麼服務業行銷在過去更是塊有待開墾的處女地。相對於消費性商品而言，服務僅是次級品；即使是服務業的重要性有增無減，但此一觀點仍是個事實。事實上，多數西方國家的發展已逐漸走向以服務為主導的經濟社會，而非以製造生產為主。例如，1990 年代早期，英國已成為服務出口比重高於實體商品的第一

個國家;到了 1990 年代中葉,英國與美國的勞動人口中,已有 75%以上從事服務業。此一變動快速的景象足以說明服務業的重要性,以及未來有必要進行更多的研究。

服務產業之無形性的本質一直是傳統行銷人員一個頭痛的問題,他們所遵循的一些模式(如 BCG 矩陣與產品生命週期等)也一直派不上用場。純粹的服務一般具有無形性、不可分割性、變異性、易逝性及無法「擁有」服務等特徵(Palmer, 1998);這些特徵再加上人員與流程的重要性,皆對傳統行銷觀念帶來很大的挑戰,因為它很難直接套用在服務業行銷。最重要的是,它也為「關係的建立」創造了很大的發展潛力,因為服務本身較難差異化;這些因素都驅使此一研究領域的興起。

三、RM 研究的原動力

由此可知,產業與服務業行銷所面臨的關係議題,要比消費性商品對傳統的行銷模式暴露出更多的問題(Christopher *et al.*, 1991)。產業與服務業行銷之領域的研究所帶來的刺激,乃是將「關係」引入行銷領域研究的關鍵。

肆、RM 的發展

基於行銷人員所面臨的困境以及由產業與服務業行銷研究所啟發出來的一些理念,促使了一些問題逐漸浮現。具體而言,這些問題包括過去年代所發展與設計出來的行銷理論與實務,是否足以用來處理今日的產品與服務之多樣性與複雜性的問題?或者,整個架構是否有必要重建?

一、行銷組合

相關的研究指出,行銷的 4P 模式在應用到企業對企業(B2B)與服務業行銷時存在著太多的限制。Gummesson(1987)即認為,將行銷組合應用到非消費性商品之其他領域時,由於無法認清那些領域之獨特特徵,因而

常是徒勞無功。此外，隨著無形的服務特徵之重要性與日俱增，且對顧客的服務逐漸變成產品間的主要差異化之因素，亦使得行銷組合對消費性商品而言已成為過時的觀念。

　　然而，首度企圖跨越受限的行銷障礙之努力，乃是嘗試對行銷組合模式加以調適。根據 Grönroos（1996）的說法，行銷組合可能仍是適用的，但尚存在著其他要素（通常未被視為行銷功能的一環），有必要加進來（如傳送、安裝、修護、檢修與維護、帳單處理、抱怨處理、顧客教育等）。Gummesson（1994b）亦認為，行銷組合絕對是必要的，但與關係比起來，它則變成次要的。其他的一些學者亦嘗試將行銷組合做為一個容易記憶的架構，並納入合適的新行銷理念。例如，可加入其他的幾個 Ps，如人員（People）、實體呈現（Physical Evidence）、過程（Process）（Booms and Bitner, 1981）、政治權力（Political Power）及公眾輿論（Public Opinion）等。其他調適的做法（參見 Gummesson, 1994b）也大都在於填補應用上的差距。事實上，RM 早期的模式（如 Christopher *et al.*, 1991）亦採用此一觀點，並另外加入「顧客服務」的觀念（以及由一些次功能所衍生出來的許多意涵），且以此作為「修正」後的行銷組合之附加與中心要素（參見圖 1.6）。

　　Kotler *et al.*（1999）則採用稍微不同的方法，他們認為行銷組合代表著賣方之行銷觀點，而行銷人員亦須從顧客的觀點來思考 4Ps。因此，可將 4Ps 改為 4Cs（參見圖 1.7），它意謂著公司必須滿足顧客對經濟性、便利性及有效的溝通等之需要。亦即，價格從顧客的觀點來看則變成成本，而通路則由便利性取代，產品與服務變成顧客的需要與欲求，而促銷則轉變成溝通。

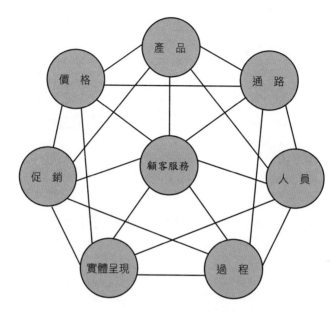

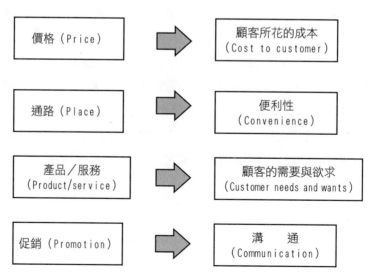

😺 圖 1.6　顧客服務與行銷組合

（資料來源：修正自 Christopher *et al.,* 1991, p.13）

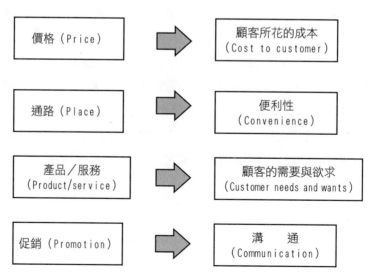

😺 圖 1.7　從 4Ps 到 4Cs

（資料來源：摘自 Kotler *et al.,* 1999, p. 110）

這些貢獻對某些行銷人員來說是頗具價值的，但對其他人來說則未必如此。對他們（後面的這群人）而言，嘗試修正行銷組合似乎僅是對 Titantic（一種品牌名稱）折疊式的躺椅在商業活動作重新的組合與安排而已，他們認為行銷教育長久以來皆採用「行銷工具箱」的模式，因而限制了行銷觀念之涵義與結果的深度探討。在創造消費者真實的需要與欲求方面，行銷事實上已變成教科書式的管理（Grönroos, 1994b），且在思考邏輯與實務操作上皆與 RM 無法相容（O'Malley and Tynan, 2000）。對這些行銷人員來說，行銷組合並沒有任何理論基礎，其在教學上亦不再提供有意義的方針，且實務界亦認同更動態的做法而忽略了行銷組合（O'Malley and Patterson, 1998）。與其對這些行銷組合加以修補，他們倒寧願嘗試全新的變革。

二、顧客的主權

行銷組合並非唯一被挑戰的傳統行銷實務；事實上，行銷的中心信條「顧客主權」（customer supremacy）雖為我們所理解與接受，但其在實務的推行上常有瑕疵。實務上經常發生的問題是，行銷人員在歸因個別消費者之行為時會以一套完整的推理闡釋，並將其所觀察到的某些重複行為賦予一套合理的說辭，但卻往往忽略其背後的「動機」（Knights *et al.,* 1994）。不論其說法是否與顧客之真正的需要、欲求及期望有很大的出入，消費者之動機在過去雖未被真正的理解，但它卻是相當重要的一環（Buttle, 1996）。

由此可知，雖然口頭上說的是「顧客至上」（顧客主權），但實務上行銷人員卻經常忽略了顧客。事實上，行銷人員往往以下面的方式看待顧客：第一、將顧客視為只能從行銷人員手中被動的接收訊息與提示；第二、與顧客的關係一半以上都是對立或敵對的（Buttle, 1996），此時公司所使用的乃是競爭方面的語言（如使命、策略、戰術、情報等等）（O'Malley and Tynan, 1999）。由以上兩點可知行銷人員似乎沒有真正落實「顧客主權」之傳統行銷的教條，他們大都僅專注於策略的發展。

三、市場區隔、定位、市場占有率及行銷研究

以下我們討論一些其他已行之有年的行銷觀念，市場區隔與定位尤其是當中較為脆弱的一環（Doyle, 1995 ）。市場區隔過去曾是核心的行銷概念，但目前似乎已愈來愈不管用。雖然市場仍使用人口統計、心理性統計、態度或生活型態等變項來陳述，但行銷人員歷經長久的觀察逐漸發現，真正有意義的市場區隔是必須能描述「實際的」而非「純理論的」購買行為（Gordon, 1998 ）。以關係為基礎的策略乃是依循顧客真實的需求而發展，其與傳統的行銷有顯著的不同，後者所關注的乃是與統計數據上的消費者之想像的或幻想的關係（Sisodia and Wolfe, 2000）。

市場占有率長久以來即廣泛地被視為一項主要的績效衡量，但此一論點亦逐漸式微。很顯然的，市場占有率的觀念愈來愈模糊與主觀（Doyle, 1995），且大多數的行銷人員恣意的操弄此一變項，以符合他們各自的需求。市場（或行銷）研究亦存在一些限制，行銷人員利用市場研究來確認問題與評估顧客對假想的行銷活動之反應（Gordon, 1998），但其所使用的往往都是過時的歷史資料。此外，在變動快速的市場中，由於耗費行銷人員太多的時間，以至於在回應競爭者的行動上顯得過於緩慢與遲鈍。

四、TM 的式微

傳統的交易式行銷（transactional marketing; TM）模式，亦顯得無法反映複雜的現代行銷之真實面，因而逐漸不符合潮流。TM 被認為過度科學化，因為它主要倚賴定量研究的結果，且著重在短期的經濟面之交易。有位作者曾生動的將之描述成「打帶跑」（hit and run）行銷（Buttle, 1996），因為交易式行銷將每一筆交易看作是，向容易上當的顧客「榨取」的絕佳機會，而從未考慮到未來尚有交易的可能。一種極端的情形是，它認為顧客是無心與無知的，因此可盡其可能的操縱與剝削顧客（Gummesson, 1994b）。

基於對TM模式所引發出來的問題之認知，曾有人提出行銷之功能性與

理論性的「中年危機」（mid-life crisis），目的在引起大眾的注意與重視。在這波全面性對 TM 之圍剿中，不僅行銷的某些特定要素面臨挑戰，且其整體的效度亦遭受質疑。因此，行銷若要成為一門學科繼續發展下去，那麼這些公開批判所引導出來的「典範轉移」（paradigm shift）是必要的（Grönroos, 1994b）。很顯然，在服務業和企業對企業（B2B）行銷中，關係行銷的思考（此二領域已開始重視關係的觀念）已吸引其他行銷人員的注意；這些人皆將之視為新興起的一般性行銷之典範，且皆認為有朝一日可能取代交易式行銷（但仍存在一些爭議）。

五、早期的 RM

由於傳統行銷觀念存在一些理論的縫隙，致使 RM 的觀念開始進入所有的行銷領域，並因而成為行銷領域中的一環。關於那些早期投入 RM 領域之「探索者」，有許多不同的說法。Fred Webster 發表一篇研討會的文章：「行銷本質的變動」（*The Changing Nature of Marketing*）（Webster, 1992），一直被推崇為首度「探索 RM」的先鋒之一（Baker, 2000），但另有人認為（如 Buttle, 1996）Berry（1983）是此一主題中最早有實質貢獻的著作發表。Evans（2002）指出，1950 年代一些著名的學者（如 Borch 與 Alderson）其對行銷的定義，皆已隱含著關係的發展，且在「擴散／採用理論」（diffusion/adoption theory）的內容中已清晰建立的「採用」之構念，其關注的是經常的、堅定的購買行為。Varey（2002）則推崇直效行銷之先鋒 Lester Wunderman，認為他早在 1949 年即使用了對客戶進行「關係行銷」一詞。Gummesson（1999）亦指出，Dale Carnegie 1936 年所出版的書：《如何贏得友誼與影響別人》（*How to Win Friends and Influence People*），應可視為關係行銷的聖經；此外，Parvatiyar and Sheth（2000）也指出，RM 的起源早在前工業時代即已出現。

無論 RM 是如何傳承下來的，它的觀念在整個行銷領域中已普遍被接受，且很顯然的，企業的策略性競爭優勢不能僅是傳送基本的產品特徵，其中公司的獲利力僅與滿足現有顧客有關（Barnes, 1994）。在產業行銷、

服務業行銷、配銷通路管理，甚至是零售商品行銷本身，其行銷重心很明顯地從不知名的大眾顧客，轉移至與多多少少知道或至少可辨別其身份之顧客身上，並與其建立良好關係（Grönroos, 1994b）。

市場力驅動（market-driven）的企業經營雖到現在才被體認到，但它已成為一股趨勢；它是一種發展行銷策略同時又要因應購買者行為變動的反覆過程（Sheth and Sisodia, 1999）。下列的事實已非常明顯：以傳統行銷組合為基礎的一組狹窄之功能性技能，必須轉型成一組更為廣泛的經營方針，即是以傳送「卓越的顧客價值」為最重要的目標（Christopher, 1996）。我們所需要的行銷模式是朝向創造而非控制市場，以具有發展性與前瞻性的教育，並以漸次的改善及永續的經營流程為主，而非僅依賴簡單的市場占有率之戰術與原始的銷售資料（McKenna, 1991）。此外，過去強調談判協商力量的敵對心態，很顯然亦應轉向追求相互利益的合作方式。

伍、RM 定義的演進

雖然一個更清楚的RM之輪廓有助於確定「關係行銷」這個名詞真正的涵義，但我們仍期望它能更具體的表達。可以肯定的一件事是，最早期的RM 並不是一個很容易界定的概念，亦即很難有一個大多數「關係行銷人員」都能接受的定義。目前有關 RM 與 CRM 之爭議，或可說是 RM 定義之爭議中最典型的案例（參見第十二章）。

即使已有相當多的學術研究與實務界皆對它感到興趣，但RM一般仍被視為「包羅萬象的哲學」（umbrella philosophy），即涵括有多種不同關係的版本，而非一個可大力發展的目標與策略之完整且一致的概念。Dann and Dann（2001）認為，有關此一主題之已發表的定義，約有 50 種左右。Harker（1999）在其發表的著作中，估計約有 28 個重要的 RM 定義。由於尚有其他的名詞通常被作為關係行銷的替代品，或用來描述類似的概念，因而讓人對它產生更大的混淆（Buttle, 1996）。這類名詞包括直效行銷（direct marketing）、資料庫行銷、顧客關係管理、資料導向的行銷

（data-driven marketing）、一對一行銷、忠誠度行銷、「單一區隔」
（segment-of-one）行銷、重疊式行銷（wraparound marketing）、顧客
夥伴關係（customer partnering）、共生行銷（symbiotic marketing）、
個別行銷（individual marketing）、關聯行銷（relevance marketing）、
連結（bonding）、頻率行銷（frequency marketing）、整合行銷（in-
tegrated marketing）、對話行銷（dialogue marketing）、及互動式行
銷（interactive marketing）（Vavra, 1992; Buttle, 1996; Tapp, 1998）
等；上述行銷名詞僅是所列舉的一些名稱而已，這類相關的名詞大都描述
了RM哲學某一特定的層面而已，並未涵括整體的概念，且在任何真實的涵
義中很難「獨當一面」。例如，一般所描述的「直效行銷」或「資料庫行
銷」，雖然無法完全反映RM的觀念，但卻也涵括了許多被認同的關係策略
與戰術。然而，若將RM與資料庫／直效行銷視為同義詞，卻不是一個可全
然接受的說法。顧客關係管理（customer relationship management; CRM）
（將於第十章與第十二章詳細探討），則是另一個「關係的派別」（rela-
tional approach），其在直效行銷領域中已受特別的重視。CRM的定義亦
同樣的模糊，但它似乎與「顧客的終生關係」之管理有密切相關，且通常
經由資訊科技的運用（Ryals, 2000），其特質較偏重戰術性而非策略性，
當RM的定義愈來愈清楚之際，這類的區別也就愈趨明朗（參閱第十章與第
十二章）。

一、廣博的教堂？

　　RM可用於各種不同的主題與觀點。有些人採較狹窄的功能性行銷觀
點，亦有人採取較廣泛的看法，且強調方法上與經營方針上應具實用性
（Parvatiyar and Sheth, 2000）。隨著RM的應用涵括更包羅萬象的觀念
與理論架構，RM被批判為只具華麗辭藻（或浮誇之詞）（rhetoric）之特
性，未能明確地說明其概念之實際的意義（Möller and Halinen, 2000）。
根據Dann and Dann（2001）的說法，當你詢問任何二位關係行銷人員有
關RM的定義與其核心的原理時，所獲得的結果可能至少有4種定義與5個

「肯定會有」（must have）的變項。然而，隨著與 RM 有關的理論之持續
發展，或許上述所強調的差異將可更明朗化。特別值得一提的是，要對 RM
作完美的定義是不可能的，即使是實務界亦然。對關係行銷這類名詞之整
體性的了解是，它如同「關係」這個模糊的概念一樣，也只能從多個不同
的角度來定義；關係畢竟涉及許多「模糊的」實體與「模糊的」的疆界，
且含有許多重疊的性質（Gummesson, 1994a）。

　　一些捍衛 RM 地位的人士可能認為，RM 應持續地保有一系列有彈性的
概念與觀點，而非謹守一個僵固無彈性的理論；因為在不同的產業，RM 之
應用即有所不同，此即為一個強而有力的理由。事實上，RM 應該維持「廣
博教堂」（broad church）的地位（參見第十二章）。另外，不要光以某
個觀點來「直接套上」RM，這對 RM 的發展才是最有利的（Grönroos,
1994b）。事實上，從一般的關係管理角度來看，某公司所發展出來的策略
可能與另一家公司相反，但卻仍然符合某特定產業甚至是個別類型的顧客
之需求，畢竟差異化乃是行銷的核心概念。因此，經由對過去已定型的策
略提出挑戰，或藉由鼓勵行銷人員持續地審視其經營策略以配合其變動的
關係，如此才是 RM 對行銷思想與實務的主要貢獻。

二、共通的基點？

　　即使在RM的涵義與應用上仍缺乏一致的共識，但有關此一主題的行銷
文獻亦曾被熱烈的探討過，對於相關的研究是否應建立在某些共通的基礎
上，我們很清楚的可以發現，由於目前眾說紛云的觀點，導致對RM的定義
並無一致的看法（這也是為何有人認為「典範」尚未成型的原因）。事實
上，有關適切的範疇之描述，一直是導致最近對 RM 批判的原因之一（O'
Malley and Tynan, 2000）。然而，同樣明顯的是，許多定義似乎又有一些
共通點，照這樣來看，即使困難仍很明顯的存在，但我們應在進一步探查
RM 之前嘗試為其建立一個「最適切」（best fit）的定義。

三、RM 的根源

根據 Gordon（1998）的觀點，RM 並非是一個全然獨立的哲學思考，而是源自傳統的行銷原理。此一觀點認為，基本的焦點專注在顧客的需要上仍是正確的，但行銷實務的推動上仍需要做些根本的改變（Christopher, 1996）。事實上，如果 RM 僅是傳統行銷所延續下來的觀念，那麼發展 RM 定義的最佳出發點則是只要了解傳統行銷是如何運作即可。此一傳統的觀點係利用 Chartered Institute of Marketing（CIM）之行銷定義所彙整而成，其定義如下：

> 在有獲利的條件下，確認、預期與滿足顧客需求的管理過程。

此一定義包含了許多假設，其對於討論關係策略的發展都是非常重要的。「過程」（process）乃假設傳統行銷包含一系列的活動，而這些活動有部分是由公司的其他功能所完成；它隱含著功能性的行銷部門負有一特定部分的職責，且與「行銷組合」有密切的相關。此外，該定義亦認為「確認、預期與滿足顧客的需求」是行銷部門特有的職責，「可獲利」的假設則意指上述這些職責必須以具有競爭優勢的方式來完成（Gordon, 1998），然而它並未明確的指出達成此獲利力水準所應花費的時間長度。

此一傳統行銷的闡釋與其他類似特質所強調的重點，不外就是傳統行銷之功能性與過程的本質，但並未明顯的指出顧客的長期價值（Buttle, 1996）。交易式行銷之特有的原理乃認為競爭與追求自利是價值創造的驅動因子；此一論點卻受到 RM 支持者的挑戰，他們認為互惠合作（而非競爭與衝突）才能創造價值（Sheth and Parvatiyar, 1995）。

四、早期的定義

如同前述，Berry（1983）是最早將「關係行銷」一詞引進近代行銷觀

念的學者之一，他認為此一「新」的思考邏輯可定義為：

　　　　吸引、維繫及……強化顧客關係。

　　過去雖已體認到顧客的網羅與維繫皆是行銷職責的一部分，但此一觀點則特別強調「行銷的關係觀點」，也意謂著留住顧客與發展顧客關係對公司是同等重要的（甚至前者更為重要），就長期而言，它們皆比顧客網羅更重要。若將顧客類型加以區分，那麼更進一步的強調，並非所有的顧客或潛在顧客都要以相同的方式來對待。傳統或大眾行銷的焦點隱涵著，不論顧客的身份為何（非公司的顧客、現有的顧客及過去的顧客），皆以相同的方式來對待他們，且他們帶給組織的價值也都是相當的。相反的，RM則認為必須以不同的方式（甚至可能是對立的）來溝通，完全視顧客的身份地位與價值而定。

　　五、合作性行銷

　　Grönroos（1996）與其他學者則將此概念更往上推進一大步，他們都相當質疑傳統行銷的一個觀點，即公司與顧客之間是一種敵對的競賽者。很明確的是，過去一直將市場視為一個「戰場」，且行銷實務都圍繞殺戮戰場的思考邏輯上（攻擊、競爭、俘擄、取而代之等類似的用詞）。傳統行銷模式之一般的觀點是，企業要贏得競爭不僅是對競爭者而言，尚且要能戰勝顧客。相反的，RM則著重在建立「價值鏈結的關係」（value-laden relationship）與「行銷網絡」（marketing network）（Grönroos, 1994b），而非上述對抗的關係。

　　此一態度的轉變拋開了傳統「贏與輸」的哲學，這是顯而易見的。Sheth and Sisodia（1999）曾指出，這種摒棄敵對心態的轉變，意謂著從「談判權力」的觀點走向追求互利的合作觀點。Gummesson（1997）認為，RM的做法將可讓雙方自交易過程中獲得價值，且Voss and Voss（1997）亦指出，共享的價值是設計與執行RM方案之重要的目標。事實上，「關係行

銷的人員」會致力於追求可創造「雙贏」結局的策略（Gummerson,
1997），使得雙方皆可自買賣的合夥關係獲得價值。此一成果可因雙方在
整個關係生命週期一系列之互動中，經由互利的交換活動與履行承諾而達
成（Grönroos, 1994b）。

此種行銷的觀點亦隱含著供應商並非獨自的創造價值，亦非單獨自其
他公司所創造的價值而獲益。相反的，RM 被視為與個別的顧客確認與創造
新價值之持續的過程，然後在涵括的關係過程中共享此價值利益（Gordon,
1998）。在這些說法中，「關係」有一個很明確的定義，即「富有意義的
交易事件」之關係夥伴共同創造的價值之整個加總（Buttle, 1997）。

六、關係的負擔

Berry 最初的定義中有一個重要的觀點須特別注意到。RM 所衍生出來
利他的慈善行為似乎被認為推翻如下的事實，即利潤的動機仍是主要的企
業經營之動力。RM 與傳統行銷之間的差異即是，RM 乃經由共同生產與合作
而達成獲利，而非經由操縱的手段。我們認為 RM 對雙方都可帶來潛在的利
益，買方可降低交易成本，而賣方可更進一步的了解顧客的情況與需求
（Tynan, 1997）。

然而並非所有的關係皆為有利可圖（或潛在獲利）的。Berry（2000）
指出，有些顧客通常比其他人更具獲利，且有些顧客則毫無利潤可言。根
據經驗法則，雖然留住顧客是獲致成功的買賣關係之要訣，但其對公司而
言亦是一項「負擔」（burdens）（Håkansson and Snohota, 1995）。事實
上，真正高獲利的顧客僅占一小部分而已，公司往往從這些顧客所獲得之
利潤用來彌補大部分賠錢的顧客（Sheth and Sisodia, 1999）。

針對類似上述的問題，Storbacka *et al.*（1994）認為銀行業的顧客約
有 50%左右是無利可圖的，而且這是常有的事。在其最近針對斯堪的納維
亞金融機構所做的調查研究中，Storbacka（1997）指出，約有 1%顧客對利
潤的侵蝕須由前 25%的銀行顧客之獲利來彌補。其他的研究者亦有類似的研
究結論。例如，在某些產業中，Cooper and Kaplan（1991）發現 20%的顧客

占了總顧客獲利的 225%；大約 70%的顧客維持在損益兩平的水準上下，而約有 10% 顧客其虧損金額相當於公司最終利潤的 125%。如果讓這種情況繼續拖延下去，這對大公司來說是相當危險的，此時它們很難打進小型公司的市場，因為後者已有效的鎖定其高獲利的顧客群（Sheth and Sisodia, 1999）。

基於對這類造成潛在虧損的某些顧客關係之認知，於是有人認為強調關係觀點的行銷管理，必須特別重視下列三個重要的目標（Strandvik and Storbacka, 1996）：

☙ 謹慎選擇所要建立的關係。
☙ 維繫與加強現有的關係。
☙ 妥善處理關係的終止。

關係之所以會結束，可能有兩個原因：第一、行銷往往傾向於接受「顧客的自我挑選」（customer de-selection）或「逆選擇」（adverse se-lection）的做法，當作行銷程序的一部分（Smith, 1998）。依據 Smith 的說法，會造成此一結果乃因為「對未獲利的顧客大量傾銷，並且選擇性的尋求與維繫一些獲利較多的顧客」。這意謂著公司必須不斷地監測成本效益的比值（Tynan, 1997），以防發生嚴重的虧損，並儘可能地排除掉那些帶來損失的顧客。雖然此一觀點直覺上似乎違反關係的經營哲學，但它卻代表著商業的現實，且必須納入 RM 的定義。

公司必須有效的經營「關係負擔」之第二個理由是（Håkansson and Snohota, 1995），將製造損失的顧客視為企業經營的一部分包袱。就此觀點來說，行銷必須發展一個補貼的原則（Sheth and Sisodia, 1999），亦即一套於何時與如何補貼的策略性準則。此觀點認為補貼對企業而言未必就是不好的，而且如果做得好的話，或可扭轉競爭劣勢為競爭優勢，行銷人員必須接受短期損失的負擔，以追求長期的獲利，這就是一項挑戰。

七、關係、網絡與互動

有關關係行銷之較早期的定義與此一主題之著作，大致上都有更深一層的特色，即它們大都專注在供應商與顧客關係（「供應商—顧客之二元關係（dyad）」）。然而，最近的相關文獻則擴大 RM 的範疇（Buttle, 1996）。根據 Gummesson（1999）的說法，行銷不僅是買方與賣方之間的二元關係而已；相反的，它應涵括完整系列的「關係、網絡與互動」，其間每家公司（更嚴格的來說是公司的員工或業務代表）皆執行一部分的商業交易活動。由於行銷活動乃是社會的一環，亦具有社會的屬性，因此有人認為（Gummesson, 1999），這些關係、網絡及互動自遠古的時代即一直是企業的核心。

如同本書後面章節所特別提出的觀點，RM 的思想發展應擺脫供應商與顧客之間單純「雙向對話」之關係，並且應同時考量與其他公司關係的發展。在所有的這些關係中（包括單純的二元關係與複雜的網絡關係），各成員都會彼此主動的接觸；此即 Gummesson（1999）所稱的「互動」。因此，RM 可定義為「朝向建立、發展與維持成功的關係式交換之一切的行銷活動」（Morgan and Hunt, 1994）。

八、RM 的定義

上述大部分的概念、構想與發展皆涵括在 Grönroos（1994b）重新對 RM 所做的定義內，他描述 RM 的目標如下：

> 確認與建立、維持與強化，且在必要的時候與顧客和利害相關團體（stakeholders）結束關係，這些活動皆在有獲利的條件下進行，因而可使得所有參與成員的目標皆可達成；此外，此一關係亦須確保互利的交換承諾得以履行。

沒有任何一個定義是完美的，有時候亦可能需要將其他的概念與構想

考慮進來。但如同 Harker（1999）所指出的，上述之定義應屬充分與完整的，且代表著大多數研究者所認定的 RM 之本質。在往後的各章中，我們將更深入的探討這些概念如何轉化成策略與戰術，以及其所帶來的利益。具體而言，我們將檢視此一定義的深層涵義，包括下列六個構面，其與傳統的行銷顯著的不同（Gordon, 1998）之處：

💡 RM尋求新的顧客價值，然後與這些顧客共享。

💡 RM體認到其關鍵的角色，即顧客既是購買者也同時會界定其所想要獲致的價值。

💡 RM的企業應該設計與結合流程、溝通、科技及人員，以支援顧客價值的提供。

💡 RM意謂著買方與賣方之間持續性的合作。

💡 RM重視顧客一輩子購買的價值（即終身價值）。

💡 綜合言之，RM追求建立組織內一連串的關係，創造顧客所期望的價值，以及與其主要的利害相關團體（包括供應商、配銷通路、中間商及股東）建立關係。

（摘自 Gordon, 1998, p.9）

　　隨著 RM 愈來愈受到重視的同時，也意謂著市場交易的本質從間斷式（discrete）轉向關係式（relational）交換，從雙方過去沒有交換的記錄與對未來沒有互動的預期轉向有過交換（易）經驗與計畫未來持續的互動（Weitz and Jap, 2000）。在此一新思維下，互動是一個重要的概念，因為在此之前一直認為購買者是被動的；事實上，此乃行銷組合管理典範下所隱含的基本假設（O'Malley, 2003）。

　　專欄 1-2 針對 TM 與 RM 的待客之道作一比較，我們可藉此比較此兩者戰術面的不同之處，這些要素亦將於往後各章節加以深入探討。

專欄 1-2

TM 與 RM 的比較

交易行銷
- ❏ 以單一次銷售為主導
- ❏ 間斷的顧客接觸
- ❏ 專注在產品的特徵
- ❏ 短期時間幅度
- ❏ 較不重視顧客服務
- ❏ 在符合顧客期望方面僅作有限的承諾
- ❏ 品質是生產人員所關注的

關係行銷
- ❏ 以留住顧客為重心
- ❏ 連續的顧客接觸
- ❏ 專注在顧客價值
- ❏ 長期時間幅度
- ❏ 非常重視顧客服務
- ❏ 對符合顧客期望方面作出高度的承諾
- ❏ 品質是所有人員所關注的

（資料來源：摘自 Payne *et al.*, 1995）

　　如同 Sheth and Sisodia（1999）所指出，我們必須謹記在心的是，行銷是由脈絡情境所驅動的，且此一情境是會變動的，因此未來亦是持續在變動，這是無庸置疑的。行銷人員必須質疑與挑戰那些普遍被接受的「像法律般的通則」（或根深蒂固的概念），因為這些觀念皆會隨著行銷情境背景而變動。RM 是否真的代表行銷典範的移轉也許不重要，但須注意的是，RM 的確能真實地反映目前許多重要的行銷現實與問題（Ambler and Styler, 2000）。當我們想要建立關係行銷的重要地位時，往後各章節所討論的 RM 構想、觀念、主張與認知等，皆須通過檢驗。

摘　要

　　本章介紹了關係行銷的發展，以及其在學術界、顧問與實務界所衍生出的許多有趣的議題。雖然有許多不同的觀點，但顯然亦存在許多的共通點，這些共通點類似RM的根源。在這變動快速與複雜的市場，我們很容易發現到傳統行銷所存在的問題，本章亦說明了RM愈來愈受到重視，且亦認同它沒有任何一個可為一般人所接受的定義，而在嘗試釐清RM的思想時，有必要深入探索各種不同的看法（從簡單到整體的觀念）。

　　RM最早的定義是分析與發掘顧客所想要的一些事物，不僅是網羅與留住顧客很重要，尋求刪除（或者順應）無利可圖的顧客之道，亦是非常重要的。此外，RM理論的發展尚涵括與重要的利益相關團體之關係，因此，我們可以RM之較廣泛的定義作為基準點，開始深入探討，然而，此一探索之旅亦未必是一帆風順的。例如，我們很難想像還有什麼東西會比「關係」更為複雜、更為矛盾。事實上，行銷的現實卻迫切的要求我們必須去學習與了解此一複雜性與兩難的困境，以及由其所產生的不確定性、模糊性與不穩定性（Gummesson, 1997），如此，我們才得以進一步發展行銷的理論。

討論問題

1. 在走入二十世紀末之際，我們可察覺出傳統行銷存在哪些弱點？
2. 存在哪些影響因素，導致關係行銷的蓬勃發展？
3. 在關係行銷的發展過程中：(a)企業對企業（B2B）與(b)服務業行銷，各扮演何種角色？
4. 傳統行銷與關係行銷主要的差異為何？

個案研究

最實際的是赤誠

下列是最近發生的事件，它們存在哪些共通點？

☐ Stuart Hampson 先生是一家歷史悠久的機構 John Lewis 之沉默寡言的總裁，而他持續與員工對立導致夥伴關係瓦解，最後其盈餘亦直線下滑。

☐ Marks & Spencer 於匆忙推動商店重新設計、廣告及挑選具「顧客意識」的員工時，首度聘僱一位外部的行銷主管。

☐ 英國航空公司在執行一項引發爭論且令人困窘的工作（即扭轉尾翼）時，集中了其所有的行銷，努力於滿足商業旅客的需求，因為他們的座位大都位於飛機的後半部。

☐ 在發現去年的營業收入僅上升 3% 之後，寶鹼（P & G）公司強力的投入廣告活動，而非採行僅有成果才賦予代理商佣金的做法。

　　上述的案例我們僅看到其表面，並未著墨太多。然而，若稍加深入探討，則可能會出現一些令人困擾的情形：即一旦行銷天空上閃亮的星星隕落時，將會有哪些稱為「拼命的行銷」（desperation marketting）之顯著的案例來取代。

　　然而這並不是一個很精準的說法。事實上，撰述成功行銷法則的那些公司，正紛紛丟盔棄甲，並收拾著行銷人員利用戰術所遺留下來的殘局，以讓混亂的市場恢復秩序，難道不是這樣嗎？

　　當然一般說來卻也未必如此，由於這些拼命的行銷人員一直掌控公司的核心地位並忽略了行銷的基本理念，因而導致他們自食其果。對他們來說，4P 的原理是讓他們邁向成功之路的手段（不論是有意或本能的），但當市場陷入僵化、官僚或更糟的自滿

時，這些原理即變成無用武之地了。

　　他們也給予了行銷一個惡劣的名稱，而且視行銷為一件可恥的事；因為許多公司認為行銷應該是忠心耿耿的，因此應該保持緘默。事實上，他們或可稱為赤誠（radical）行銷人員，這是依據2001年所出版的一本書來取名的（赤誠行銷：從哈佛到哈雷學到的打破傳統產業十項法則，並將之發揚光大，Sam Hill and Glenn Rifkin, Harper Business），赤誠行銷人員發自內心與顧客緊繫在一起，任何的事務皆應如此推動。

　　該書的作者主要舉美國的例子來說明，如哈雷公司與哈佛商業學校，其中僅有 Richard Branson 與 Virgin Atlantic 是例外。然而英國雖未常被提及，但它在赤誠行銷的演化中亦有其不容忽視的角色扮演。茲以 Ken Morrison 為例，他今年六十七歲，是 Morrison 超市連鎖店的創辦人，公司目前的市價高達二十三億英鎊，且根據其在九月份的報導，半年的利潤已躍升 15%。

　　這家北英格蘭之主要的連鎖商店以基本的市場攤販之原則來經營，擁有高度垂直的基礎架構，亦即並未過度依賴轉包的供應商，但公司對於發行忠誠卡的做法相當不屑。對 Morrison 而言——是個赤手打天下的經營者——就如同其他赤誠行銷人員一樣，成功的關鍵乃在一些瑣碎細節的事。這些細微事情——以及許許多多的關懷——有助於增強他的力量來抗衡諸如 Wal-Mart 之類的巨大零售商。

　　之後，他設立了 Sir Michael Bishop，並與航空站內的 British Midland 互相競爭。Richand Branson 對這些店皆付出了很大的心力。雖然，British Midland 在 British 航空公司的許多航線皆擁有優越的位置，但他亦能生意興隆，部分原因是 Bishop 是一家糖果店，然而，這也是讓他感到經營艱困的地方。即使在最艱困的處境，他亦能成功的嚴格要求前線的店員保有真誠服務顧客的熱忱，而不像其

他大型規模的競爭者，其員工吝於提供服務的態度一樣。

另一個赤誠行銷的案例是 Unipart Group of Companies，它是一家歐洲先進的汽車零件與物流公司，剛開始營運時是屬於老舊的 Britesh Leyland 之一部分事業，但 1987 年被 John Neill 所領導的經營團隊併購後，成為獨立經營的公司。

Neill 在開明作風的經營方式上已成為一個榜樣，不僅是管理當局與員工幾乎擁有一半以上的經營權，而且 Unipart 可能是第一家設立企業大學的公司，稱為 Unipart「大學」，用來教導與傳播一些先進的經營理念，而 Unipart 目前的營業額已超過十億英鎊。

這類赤誠的行銷公司與缺乏機敏的公司，兩者最大的區別在於高階主管「擁有」行銷功能，他們積極的追求成長與大力地擴增利潤，且他們對待顧客的方式是，不僅仔細的聆聽顧客的心聲，且當顧客無所適從時會引導他們正確的方向。他們可以很輕易打敗那些因規模過大而招致嚴重僵化的公司，這些公司由於過於官僚而缺乏彈性，且不把敵人當作競爭對手而僅視為隔壁的另一個部門而已。換句話說，他們已忘記與顧客之間的連結可能是相當脆弱的──因此更應小心翼翼地呵護，避免連結斷裂。由此可知，赤誠是最真實的。

個案研究問題

1. 依據此一個案研究，你認為如何區別出「贏家」與「輸家」？
2. 討論個案中的這些公司在刊出此篇文章之後，它們如何以及是否已改善其行銷功能？

參考文獻

Ambler, T. and Styles, C. (2000) 'Viewpoint-the future of international research in international marketing: constructs and conduits', *International Marketing Review*, **17** (6), 492-508.

Baker, M.J. (1999) 'Editorial', *Journal of Marketing Management,* **15**, 211-14.

Baker, M.J. (2000) 'Writing a literature revier', *The Marketing Review*, **1**, 219-47.

Barnes, J.G. (1994) 'Close to the customer: but is it really a relationship?', *Journal of Marketing Management*, **10**, 561-70.

Berry, L.L. (1983) 'Relationship marketing', in Berry, L.L., Shostack, G.L. and Upsay, G.D. (eds) *Emerging Perspectives on Service Marketing*. Chicago, IL: American Marketing Association, pp. 25-8.

Berry, L.L. (2000) 'Relationship marketing of services: growing interest, emerging perspectives' in Sheth, J.N. and Parvatiyar, A. (eds) *Handbook of Relationship Marketing*. Thousand Oaks, CA: Sage, pp. 149-70.

Berry, L.L. (2002) 'Relationship marketing of services: growing interest, emerging perspectives', in Sheth, J.N. and Parvatiyar, A. (eds), *Handbook of Relationship Marketing*. Thousand Oaks, CA: Sage, pp. 149-70.

Booms, B.H. and Bitner, M.J. (1981) 'Marketing strategies and organisational structures for service firms', in Donnelly, J. and George, W.R. (eds) *Marketing of Services*. Chicago, IL: American Marketing Association.

Borden, N. (1964) 'The concept of the marketing mix', *Journal of Advertising Research*, June, 2-7.

Brennan, R. and Turnbull, P.W. (2001) 'Sophistry, relevance and technology transfer in management research: an IMP perspective', Middlesex University Business School, unpublished.

Brodie, R.J., Coviello, N.E., Brookes, R.W. and Little, V. (1997) 'Towards a paradigm shift in marketing; an examination of current marketing practices', *Journal of Marketing Management*, **13** (5), 383-406.

Brown, S. (1995) *Postmodern Marketing*. London: Routledge.

Brown, S. (1998) *Postmodern Marketing II*. London: International Thompson Business Press.

Buttle, F.B. (1996) *Relationship Marketing Theory and Practice*. London: Paul Chapman.

Buttle, F.B. (1997) 'Exploring relationship quality', paper presented at the Academy of Marketing Conference, Manchester, UK.

Christopher, M., (1996) 'From brand values to customer values', *Journal of Marketing Practice*, **2** (1), 55-66.

Christopher, M., Payne, A. and Ballantyne, D. (1991) *Relationship Marketing*. London: Butterworth Heinemann.

Christopher, M. and Baker, S. (2000) 'Relationship marketing: tapping the power of marketing' in Cranfield School of Management, *Marketing Management: A Relationship Marketing Perspective*. Basingstoke: Macmillan, pp. 283-90.

Cooper, R. and Kaplan, R.S. (1991) 'Profit priorities from activity-based costing', *Harvard Business Review*, May-June, 130-35.

Coviello, N., Brodie, R.J. and Munro, H.J. (1997) 'Understanding contemporary marketing: Development of a Classification Scheme', *Journal of Marketing Management*, **13** (6), 501-22.

Dann, S.J. and Dann, S.M. (2001) *Strategic Internet Marketing*. Milton, Queensland: John Wiley and Sons.

Doyle, P. (1995) 'Marketing in the new millennium', *European Journal of Marketing*, **29** (12), 23-41.

Doyle, P. (1995) 'Marketing in the new millennium', *European Journal of Marketing*, **29** (12), 23-41.

Evans, M. (2002) 'The unreliable marketing route map and the road to hell (?)', Competitive Paper, Academy of Marketing Conference 2002, Nottingham University.

Gordon, I.H. (1998) *Relationship Marketing*. Etobicoke, Ontario: John Wiley & Sons.

Grönroos, C. (1990) 'Relationship approach to the marketing function in service contexts; the marketing and organization behaviour interface', *Journal of Business Research*, **20**, 3-11.

Grönroos, C. (1994a) 'From marketing mix to relationship marketing: towards a paradigm shift in marketing', *Asia-Australia Marketing Journal*, **2** (1).

Grönroos, C. (1994b) 'From marketing mix to relationship marketing: towards a paradigm shift in marketing', *Management Decisions*, **32** (2), 4-20.

Grönroos, C. (1994c) 'Quo vadis, marketing? Towards a relationship marketing paradigm', *Journal of Marketing Management*, **10**, 347-360.

Grönroos, C. (1996) 'Relationship marketing: strategic and tactical implications', *Management Decisions*, **34** (3), 5-14.

Grönroos, C. (2000) 'Relationship marketing: the Nordic School perspective' in Sheth, J.N. and Parvatiyar, A. (eds) *Handbook of Relationship Marketing*. Thousand Oaks, CA: Sage, pp. 95-117.

Grönroos, C. and Strandvik, T. (1997) 'Editorial', *Journal of Marketing Management*, **13** (5), 342.

Gummesson, E. (1987) 'The new marketing: developing long term interactive relationships', *Long-Range Planning*, **20** (4), 10-20.

Gummesson, E. (1994a) 'Broadening and specifying relationship marketing', *Asia-Australia Marketing Journal*, **2** (1), 31-43.

Gummesson, E. (1994b) 'Making relationship marketing operational', *International Journal of Service Industry Management*, **5**, 5-20.

Gummesson, E. (1996) 'Relationship marketing and imaginary organisations: a synthesis', *European Journal of Marketing*, **30** (2), 31-44.

Gummesson, E. (1997) 'Relationship marketing-the emperor's new clothes or a paradigm shift?', *Marketing and Research Today*, February, 53-60.

Gummesson, E. (1998) 'Implementation requires a relationship marketing paradigm', *Journal of the Academy of Marketing Science*, **26** (3), 242-9.

Gummesson, E. (1999) *Total Relationship Marketing: Rethinking Marketing Man-*

agement from 4Ps to 30Rs. Oxford: Butterworth Heinemann.

Gummesson, E. (2001) 'Are current research approaches in marketing leading us astray?' *Marketing Theory*, **1** (1), 27-48.

Håkansson, H. and Snohota, I. (1995) 'The burden of relationships or who next?', in *Proceedings of the 11th IMP International Conference*, Manchester, UK, pp. 522-36.

Harker, M.J. (1999) 'Relationship marketing defined? An examination of current relationship marketing definitions', *Marketing Intelligence and Planning*, **17** (1), 13-20.

Harris, L.C., O'Malley, L.and Patterson, M. (2003) 'Professional interaction: Exploring the concept of attraction', *Marketing Theory*, **5** (1), 9-36.

Knights, D., Sturdy, A. and Morgan, R.M. (1994) 'The consumer rules? An examination of the rhetoric and "reality" of marketing in financial services', *European Journal of Marketing*, **28** (3), 42-54.

Kotler, P. (1992) 'Marketing's new paradigm: what's really happening out there?', *Planning Review*, **20** (5), 50-52.

Kotler, P., Armstrong, G., Saunders, J. and Wing, V. (1999) *Principals of Marketing*, 2nd European Edition. New York: Prentice Hall.

Levitt, T. (1960) 'Marketing Myopia', *Harvard Business Review*, July/August, 45-56.

Little, E. and Marandi, E. (2003) *Relationship Marketing Management*. London: International Thomson Business Press.

Mattsson, L.G. (1997a) 'Relationships in a network perspective', in Gemünden, H. G., Rittert, T. and Walter, A. (eds) *Relationships and Networks in International Markets*. Oxford: Elsevier, pp. 37-47.

Mattsson, L.G. (1997b) '"Relationship marketing", and the "markets as networks approach"-a comparative analysis of two evolving streams of research', *Journal of Marketing Management*, **13** (5), 447-61.

McCarthy, E.J. (1978) *Basic Marketing: A Managerial Approach,* 6th edn. Homewood, IL: Richard D. Irwin.

McKenna, R. (1991) *Relationship Marketing*. London: Addison Wesley.

Möller, K. and Halinen, A. (2000) 'Relationship marketing theory: its roots and direction', *Journal of Marketing Management*, **16**, 29-54.

Morgan, R.M. and Hunt, S.D. (1994) 'The commitment-trust theory of relationship marketing', *Journal of Marketing*, **58** (3), 20-38.

Naudé, P. and Holland, C. (1996) 'Business-to-business marketing', in Buttle, F. (ed.) *Relationship Marketing Theory and Practice*. London: Paul Chapman.

O'Driscoll, A. and Murray, J.A. (1998) 'The changing nature of theory and practice in marketing: on the value of synchrony', *Journal of Marketing Management*, **14** (5), 391-416.

O'Malley, L. (2003) 'Relationship marketing', in Hart, S. (ed.) *Marketing Changes*. London: International Thomson Business Press, pp. 125-45.

O'Malley, L. and Patterson, M. (1998) 'Vanishing point: the mix management paradigm reviewed', *Journal of Marketing Management*, **14**, 829-51.

O'Malley, L. and Tynan, C. (1999) 'The utility of the relationship metaphor in con sumer markets: a critical evaluation', *Journal of Marketing Management*, **15**, 587-602.

O'Malley, L. and Tynan, C. (2000) 'Relationship marketing in consumer markets; rhetoric or reality?', *European Journal of Marketing*, **34** (7), 797-815.

Palmer, A.J. (1996) 'Relationship in marketing: a universal paradigm or management fad?', *The Learning Organisation*, **3** (3), 18-25.

Palmer, A.J. (1998) *Principles of Services Marketing*. London: Kogan Page.

Parvatiyar, A. and Sheth, J.N. (2000) 'The domain and conceptual foundations of relationship marketing', in sheth, J.N. and Parvatiyar, A. (eds) *Handbook of Relationship Marketing*. Thousand Oaks, CA: Sage, pp. 3-38.

Payne, A., Christopher, M. and Peck, H, (eds) (1995) *Relationship Marketing for Competitive Advantage*: *Winning and Keeping Customers*. Oxford: Butterworth Heinemann.

Reichheld, F.F. (1996) *Loyalty Effect: The Hidden Force behind Growth, Profits and Lasting Value*, Boston, MA: Harvard Business School Press.

Seth, A. and Randall, G, (1999) *The Grocers.* London: KoganPage.

Sherry, J. F. Ir (2000) 'Distraction, destruction, deliveracne: the presence of mindscape in marketing's new millennium', *Marketing Intelligence and Planning*, **18** (6/7), 328-36.

Sheth, J.N. and Parvatiyar, A. (1993) *Relationship Marketing: Theory, Methods and Application. Atlanta,* GA: Atlanta Centre for Relationship Marketing.

Sheth, J. N. and Parvatiyar, A. (1995) 'The evolution of relationship marketing', *International Business Review*, **4** (4), 397-418.

Sheth, J. N. and Parvatiyar, A. (2000) 'The evolution of relationship marketing', in Sheth, J. N. and Parvatiyar, A. (eds) *Handbook of Relationship Marketing*. Thousand Oaks, CA: Sage, pp. 119-45.

Sheth, J.N. and Sisodia, R.S. (1999) 'Revisiting marketing's lawlike generalizations', *Journal of the Academy of Marketing sciences,* **17** (1), 71-87.

Sisodia, R. S. and Wolfe, D. B. (2000) 'Information technology', in Sheth, J. N. and Parvatiyar, A. (eds) *Handbook of Relationship Marketing*, Thousand Oaks, CA: Sage, pp. 525-63.

Smith, P.R. (1998) *Marketing Communications: An Integrated Approach*, 2nd edn. London: Kogan Page.

Storbacka, K. (1997) 'Segmentation based on customer profitability: retrospective analysis of retail bank customer bases', *Journal of Marketing Management*, **13** (5), 479-92.

Storbacka, k., Strandvik, T. and Grönroos, C. (1994) 'Managing customer relations for profit: the dynamics of relationship quality', *International Journal of Service Industry Management*, **5**, 21-38.

Strandvik, T. and Storbacka, K. (1996) 'Managing relationship quality', in Edvardsson, B., Brown, S.W., Johnston, R. and Scheuing, E.E. (eds) *Advancing Service Quality*: *A Global Perspective*. New York: ISQA, pp 67-76.

Tapp, A. (1998) *Principles of Direct and Database Marketing*. London: Financial Times Management/Pitman Publishing.

Tynan, C. (1997) 'A review of the marriage analogy in relationship marketing' *Journal of Marketing Management*, **13** (7), 695-704.

Varey, R. J. (2002) *Relationship Marketing: Dialogue and Networks in the e-Commerce Era*. Chichester. John Wiley and Sons.

Vavra, T.G. (1992) *Aftermarketing*. Homewood, IL: Richard D. Irwin.

Voss, G.B. and Voss, Z.G. (1997) 'Implementing a relationship marketing program: a case study and managerial implications', *Journal of Services Marketing*, **11** (4), 278-98.

Webster Jr, F. E. (1992) 'The changing role of marketing in the corporation', *Journal of Marketing* **56** (October), 1-17.

Weitz, B. A. and Jap, S. D. (2000) 'Relationship marketing and distribution channels', in Sheth, J. N. and Parvatiyar, A. (eds) *Handbook of Relationship Marketing*. Thousand Oaks, CA: Sage, pp. 209-44.

Whalley, S. (1999) 'ABC of relationship marketing', *SuperMarketing, 12 March*, 12-13.

第二章

關 係

學習目標

1. 關係的重要術語
2. 組織的關係
3. 激勵性的投資
4. 關係忠誠度
5. 不切實際的關係發展

 前言

　　本章將更深入地探討「關係」一詞的涵義，以及各種定義與概念所引發關係行銷的爭論（甚至產生混淆）。

壹、關　係

關係理論強調「關係」可提升行銷交易活動的素質；Mitchell（2001）對此觀點作了如下的注解：

> 傳統的市場雖有很強大的威力，但卻受到相當大的限制。實際的人類交換活動遠比市場交換更為多彩多姿。當人與人之間在「關係」或「社群」（communitiee）（而非市場）上進行交易時，他們不僅是以金錢交換商品，且亦從事理念、意見、資訊及洞察力等的分享活動。他們彼此之間總會有交談的過程，且亦可能發展出情感、連結力、忠誠的連帶（ties of loyalty）及責任感等關係。此外，他們也開始分享與交換彼此的價值觀與價值。如果人們的價值觀愈趨一致，則更有可能彼此形成很強與最有支持性的連結力。

由此可知，關係是非常重要的。雖然如此，但如同許多行銷概念一樣，對於「關係行銷」中「關係」一詞的涵義亦有許多種的看法。RM的批判者認為，由於缺乏明確意義，導致許多研究者恣意的採用最適合其研究議題的關係定義（O'Malley and Tynan, 1999）。此外，亦有人批判，不能從公司的角度來討論與定義關係，而須以消費者的角度來看。在建立與維持關係方面，消費者應被公平的對待，此一說法似乎被視為理所當然（Carlell, 1999）。本章將試圖超越修辭學的意義，來釐清行銷人員所談論的關係之真正涵義。

■關係術語

關係的隱喻在近代的行銷思想與實務中扮演著重要的地位（Fournier, 1998）。「關係」這個字眼似乎是我們所關注的許多事務之基礎，若使用

頗富情感的語氣來描述商業的策略，則可能招致嚴厲的批判。然而，這類用詞在行銷上並非新的語言，Levitt（1983）於二十年前即使用喜愛之類的語言來表達其看法，他認為銷售僅是與顧客之間關係的圓滿達成，且是雙方密切結合（婚姻）的開始。這類人類關係之比喻是最常被採用的（參見 Tynan, 1997; Smith and Higgins, 2000）。RM 這個詞彙存在相當多的用詞，諸如「戀愛的階段」、「一夜情」（one night stands）、「婚外情」（extra marital dalliances）（參見 Brown, 1998）、迷戀與一夫多妻制（Tynan, 1997）。根據 Smith and Higgins（2000）的說法，誘惑亦是 RM 最常被引用的比喻，即使在誘惑者不記得為何要與如何誘惑的情況下亦是如此。此外，過去以來也一直存在有關「關係」之較負面的用詞，諸如暗渡陳倉、賣淫與掠奪等，這些都是不道德的行為與商業實務（Tynan, 1997），甚至是許多無知的消費者亦被說成「耍詐」或「毫無誠意」的購物者。

由此可知，在關係行銷的領域中充斥著許多的隱喻，然而，若我們開始引用修辭學的字義，則其困難度亦隨之提高。如同 O'Malley and Tynan（1999）所指出的：

> 一個隱喻作為概念的闡釋時，它必須矯正字面上含糊的意義，並同時具有創意。因此，就 RM 的情形來說，了解消費者與組織間的交換本質並非人際間的關係，這是非常重要的；但人際間關係的特質卻可用來描述或了解交換活動的本質。

很顯然的，某些組織誤解 RM 的語言，認為所有的顧客—供應商之接觸皆可達非常親密的地步，而不管其非人際交換活動頻率的多寡。這些行銷人員口中所謂的親密，對某些顧客而言可能被視為干擾（Smith and Higgins, 2000），並因而產生抱怨。當行銷的宣傳過度誇張且因而被大打折扣時，將會遭致更多消費者之批判（Brown and Patterson, 2000）。此外，當各種類型的重複行為（包括虛假的忠誠）被認為是關係的維持時，使用

關係作為此一情境背景下的隱喻，則可能會產生誤導的作用（Carlell, 1999）。

因此，我們必須先了解兩個重要的問題：

⚷ 顧客—供應商之間的互動可稱得上是「關係」？
⚷ 顧客是否願意與公司發展關係，或者是否一定為人際間的關係（Buttle, 1996）？

毫無疑問的，上述兩個問題並沒有簡單直接的答案。稍後我們將會討論有哪些事證可支持上述其一或兩者的概念，以及是否或可能須具備哪些條件。

貳、關係的形成

一開始我們似乎會以較保守的觀點來討論社會關係，本質上它僅發生在個人之間的互動上。具體言之，在企業對企業的市場上，公司人員之間的關係明顯的可視為買方與賣方組織及這些組織內個人之間的互動行為（Blois, 1997）。如同稍後我們將說明者，這類雙邊與網絡關係通常會發展成深厚的友誼，甚至亦可能取代對其自己公司的忠誠度。

過去曾有許多人嘗試發展RM的計畫方案，其思考的基礎在於究竟要為顧客做哪些事情（Palmer, 2000）。此外，這些人通常都認為每個消費者對建立與維持關係皆有相同的興趣（Carlell, 1999）。相對照之下，Barnes and Howlett（1998）對此觀點則表達了不同的看法，他們認為在交換的情境中必須存在兩個特徵，如此才能視為有關係存在，包括：

⚷ 彼此認知到有關係存在，且為雙方所認同。
⚷ 關係應超越偶爾的接觸，且被視為具有某種特殊的身份地位。

　　雖然認同關係應不只涵括這些特徵，但 Barnes and Howlett 認為若不具備這些因素，則「真正的關係」是不存在的。每天所發生大多數的商品（尤其是消費品）交換之單方的與無情感的本質，都足以說明它們很難符合這類的準則。可以確定的是，如果我們想要進一步探討「關係」，則須獲得「身份地位的認同」，然後關係的層次才得以有進一步的發展。由此可知，在消費者市場上，人際關係的存在是較不明顯的。事實上，此一觀點就如同 Brown（1998）的看法一樣：「消費者是否有相當的意願，想要和企業組織建立關係？」

　　根據一項實證研究指出，不論供應商執行何種行銷策略，購買者通常並不會想要與公司建立關係（Palmer, 1996）。最常看到的情況是，賣方很想要發展「關係」，但是消費者卻只是喜歡依循交易的途徑（Bund-Jackson, 1985），此種情境在某些產業中亦經常出現。有趣的是，過去的相關研究亦存在另一種相反的觀點（Sisodia and Wolfe, 2000）：

　　　　今日的消費者對於「一次完成的」（one and done）交易之購物傾向（如麥當勞）似乎有較低的期望，而對於長期性（時間縱貫面）的購買（如看牙醫）則有較高的期望。諷刺的是，許多屬於第一種情況（一次交易）的公司都傾向推行RM，而屬於第二種情況（長期性交易）的公司卻不重視 RM。

　　在顧客關係管理（CRM）的風潮下，此領域的延伸應用似乎不再令人有任何質疑；事實上，如同 O'Malley and Tynan（1999）的觀點，「研究人員目前對消費者市場的交換之看法，認為它是（或應該是）關係式的，因此會致力於尋求一些人際關係屬性的相關事證。」

　　即使對關係層次的定義有認知上的困難，特別是在消費性商品領域中，但行銷人員對某些類型的關係之認知（可能是隱喻的或是真實的），總是存在商品交換的情境中。

參、關係的分類

關係的類型有相當多不同的形式，這些都可能存在買方與賣方之間，但其與產業、公司、消費者與許多其他因素有關。Gummesson（1999）曾做了一番努力，試圖將各種類型歸納成其所提出的30Rs模型，本節並不想列出這許許多多的類型（可參閱第二篇的專欄II-1），但我們將討論各種關係分類的準則，以及說明其對關係策略發展之影響。

一、組織的關係

有關個別顧客是否會與組織發展關係，或者是否必為人際間的關係之類的問題，很早以前便有學者提出。雖然社會關係必然存在於個人之間，但有趣的是，顧客—供應商關係（不論何種層次或親密程度）通常是持續不斷的，即使是組織中最先啟動關係的人員已離職亦是如此。此一現象說明了某些類型的關係必然是存在於顧客（個人或公司）與組織之間，而與公司的員工無關。Gummesson（2000）稱此種關係為「鑲嵌的知識」（embedded knowledge），他進一步闡釋此一觀念如下，如果員工離職，那麼「人力資本」（human capital）將因而損失；但是，鑲嵌的知識則仍為結構資本（structural capital）的一部分，它並不會隨著員工而消失；相反的，它是公司所「擁有」的資產。

從RM的觀點來看，結構資本包括公司（視為一個實體）所自行建立的關係，以及由員工所發展出來的關係（兩者可能是相互伴隨的）。依照Gummesson 的觀點，「公司在其結構上所連結的關係愈成功，則其對個別員工的依賴將愈低，且對其結構資本的貢獻（價值）就愈高。」會員俱樂部或慈善機構是最具體的例子，這些組織的忠誠度未必與其成員之努力有直接的關聯。即使組織的員工未曾與顧客建立密切連結的關係，但顧客與這些組織的關係可能持續好幾年。例如，足球會員俱樂部的球迷可能會對某一特定的球員很死忠，直至這些球迷轉往支持另一個足球俱樂部為止。

在首度或往後數次與組織之接觸過程中，我們可發現到聲譽是非常重要的。當組織與顧客的關係不僅僅是交換，尚且涵括了「先前之印象足以影響未來行為之社會互動」，此時聲譽更是重要。從之前的互動中對另一方產生「值得信賴」（trust-worthiness）的經驗，便有可能創造聲譽的效果（Roussean *et al.,* 1998），如此將可再度取代個人的關係。因此，一位顧客可能基於聲譽的理由，以及其與公司員工之間的人際關係，而經常與供應商互動。

依據鑲嵌的知識與聲譽效用等的理論基礎，我們或可認為，在人際或非人際的商業關係之建立中，組織的關係可視為前置或中介的因素。Blois（1997）亦指出，即使是在不同的情感層次，但關係會隨組織而存在的；他認為，除非採用與上述相反的觀點來定義「關係」，否則公司很難不與他方有關係。O'Mally and Tynan（1999）亦認為，若以兩個或以上變項之間的關聯性來描述時，則消費者與組織之間所存在的關係便顯得相當清楚了。

二、學習的關係

關係是「產生知識」（knowledge-generating）過程的一部分（Håkansson and Johanson, 2001）。Peppers and Rogers（2000）曾指出，關係乃奠立在知識的基礎上。他們認為，當顧客願意告訴公司某些自身的事時，意謂著公司有責任來為該顧客提供量身製作的提供物（offering）。從這個觀點來看，雙方的關係便已開始啟動。當顧客提供給公司的訊息愈多，則對公司愈有價值，因為這些訊息將可讓公司得以持續的調適其產品或服務，以符合顧客更具體的需要。隨著每次互動的過程，此一關係愈來愈緊密。雖然傳統的行銷傾向將視資訊視為一種權力的來源，但「學習的關係」（learning relationship）則隱含著資訊是一項建立關係之有價值的資源。這種發展競爭優勢之關係基礎的觀點，強調關係學習（relationship learning）是創造差異化優勢之重要的途徑（Selnes and Sallis, 2003）。

三、激勵性的投資

　　Dwyer *et al.*（1987）指出，供應商與顧客之間所發展出來的關係類型，決定於買方與賣方對於關係承諾所作的激勵性投資（motivational investment）之水準。他們據此提出四種關係類型（除了「沒有任何交換」的情形外；參見圖2.1）：

💡 雙邊關係（bilateral relationships）。
💡 賣方維持的關係（seller-maintained relationships）。

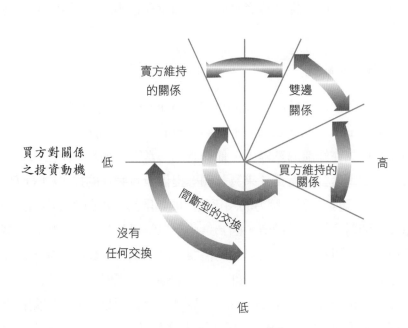

賣方對關係之投資動機

高

賣方維持
的關係

雙邊
關係

買方對關係
之投資動機

低

高

買方維持的
關係

間斷型的交換

沒有
任何交換

低

🐾 圖2.1　假想的買方—賣方關係之區別範圍

（資料來源：摘自 Dwyer *et al.*, 1987,　p. 14）

ᚻ 買方維持的關係（bayer-maintained relationships）。

ᚻ 間斷型的交換（discrete exchanges）。

　　雙邊關係意指雙方皆有高度的動機在關係方面投入足夠的資源，此種情況反映出第一章中所定義與討論的各種關係之觀念。這類的雙邊關係特別會出現在企業對企業市場（B2B），但某些情況下仍可能出現在一些消費者市場（如金融服務）。至於雙邊關係之另一種極端的情形乃是間斷型的交換，此時雙方之間皆為低涉入，且為單純的交易關係（參見第四章）。

　　依據 Dwyer *et al.*（1987）的觀點，除了雙邊關係與間斷型交換之外，尚存在單由某一方積極投入的關係類型。就 Dwyer *et al.*的觀念來說，若僅因為某一方或另一方為低投資動機，則意指雙方仍有關係存在，亦即它只是意謂著不同的關係類型而已。

　　買方維持的關係類型其例子通常出現在汽車市場上，如 Toyota、福特與其他的製造商等，通常會與其供應商分享生產方面的資訊。另外，諸如 Tesco 與 Sainsbury 之類的零售店亦會提供其「銷售點」（point of sale）的資料給供應商，以利其配送任務的進行。值得注意的是，買方主導的關係特別容易出現在買方是一個強勢的夥伴之情境中，然而，過去十幾年來此種情勢亦有顯著的改變，此乃因為資訊逐漸被視為一種商業機密，且可用來維護本身權力的一項要素，並可藉以對供應商的掌控。

　　在消費者市場中，雖然顧客有可能主動地想要發展關係，但多數的情況下是由供應商來經營雙方的互動。在這類市場上，買方與賣方之間的關係，一般都被認為是非常疏遠的；也就是說，連結夥伴雙方之間的鏈既少又微弱（Moller and Halinen, 2000）。例如，在大量生產的消費性商品市場中，「關係」通常僅侷限在服務「熱線」（hotlines）與個人化的信函而已（Hennig-Thurau, 2000）。在這類市場中，許多公司皆採用傳統行銷技術最普遍的戰術（如大眾郵遞信函），而非 RM 的技巧。根據 McDonald（2000）的說法，供應商大都對其顧客關係的觀感產生困擾，亦即懷疑雙方的關係是否已達令人擔憂的地步，即使在溝通活動頻繁的情況下，亦很

難將此種情況視為某類型的關係。

四、較高層次的關係

雖然較高層次與更緊密的關係較可能出現在企業對企業（B2B）的情境中（參見第八章與等九章），但某些消費者組織亦可能發展為更高層次的關係，亦即提升「關係階梯」（relationship ladder），請參見第三章圖3.3。一般而言，推行的 RM 層次愈高，則可獲得持久性競爭優勢之潛力將愈大（Berry, 2000）。

例如，地方性足球隊的球迷或一些自發性的組織機構（如受歡迎的慈善機構或政黨），可能出現一些深厚與互動頻繁的情感關係之行為。當個人加入這類組織的會員時，他將會很清楚地表達其與組織和其他會員建立關係的期盼（Gruen, 2000）。事實上，即使許多活動摻雜有濃厚的商業色彩（從旁觀者的觀點來看），上述的現象仍然是存在的。因此，我們常可發現足球俱樂部一些噱頭十足的商業花招，經常改變其活動設計以吸引其球迷購買新款式的商品，雖然年輕球迷的父母親可能感到忿忿不平，但此舉並不會影響年輕球迷對球團的忠誠度（參見本章個案研究）。在非營利的部門中，一位極端忠誠的顧客不僅會經常地捐獻，還會積極地參與基金籌募的活動，自願為組織服務或甚至掌理組織的事務（Garbarino and Johnson, 1999）。

建立親密的合夥關係乃是一種策略，其主要目標在於「槓桿運用夥伴之親密關係、商譽或品牌名稱的力量，以提升與促進關係式市場的行為」（Swaminathan and Reddy, 2000）。此種策略所採取的活動方案非常廣泛，包括親密互動的整套方案、善因行銷（cause-related marketing）、共同建立品牌（co-branding）、雙重簽署（dual signature）及其他相關的活動等。

諸如 MBNA, Royal Bank of Scotland, Membership Services Direct 與其他的公司，安排與規劃一些會員活動（如大學信用卡、社會或團體保險或壽險政策），有助於拉近消費者與其相關組織之間親密的關係。然而，

消費者是否會認同其與實體的（而非名目的）供應商之間的親密關係，這是令人懷疑的，說得更實際一點，消費者將此種「關係」視為一種對相關組織貢獻所獲得的利益之相對的成本效率途徑。從實體供應商的觀點來看，它可能是一種以特定需要或特別的活動組合（與某些組織之會員有相關聯者）來瞄準目標顧客的手段（有關認同卡關係之涵義的完整討論，請參見 Horne and Worthington, 1999）。

有些親密關係（affinity）團體係由一群具類似意識的人所組成，他們擁有共通的興趣，不僅是供應商／發起者，且彼此之間皆會主動的想要建立關係。這類的例子包括專業社團（通常是由生產者所發起），諸如 Harley Davidson 與 Jaguar 俱樂部等。

其他類型的親密關係包括 Foxall *et al.*（1998）所謂的「常客行銷」（freguency marketing）；它強調公司規劃與設計一些相互連結的活動方案，用來將顧客與品牌加以連結，這類活動包括鼓勵顧客加入團體俱樂部成為會員以獲得特殊的優惠、發行通訊聯絡的冊子、聯合採購、信用卡、各種促銷活動與其他的尊榮會員卡等，這類的例子包括收藏家俱樂部，諸如 Swatch 手錶與 Royal Doultion 陶瓷藝品等的收藏。

肆、關係忠誠度

在討論關係時，很難不涉及忠誠度的概念。事實上，「忠誠度行銷」（loyalty marketing）一詞通常會與 RM 交互使用。此乃因為它的概念是非常的重要，亦即大多數人皆一致認同顧客忠誠度「乃是二十一世紀市場上最盛行的課題」（Singh and Sirdeshmukh, 2000），以及它是發展持久性競爭優勢之重要的基礎（Dick and Basu, 1994）。

然而，忠誠度似乎有被過度濫用的情況，雖然它已被廣泛地運用，但大多數的作者（或學者）對此一名詞的涵義卻無法給予一致的定義，也因此造成其在行銷文獻中缺乏一致性。一般最常見的假設是，認為忠誠度將會展現出在某一特定期間向相同的供應商重複購買，次數則不確定（Kendrick, 1998）。然而，忠誠度一詞遠比前述的說法複雜許多。就其最廣泛的涵義來說，忠誠度意指最高層次的關係，它深入到情感的層面而非無理性的層次。然而，在商場環境中的使用上卻被貶低了其高層次的意義，但仍有些公司持有不同的看法。雖然忠誠度本身是一個重要的關係概念，但其精緻的意涵在過去傳統的品牌忠誠度之研究顯然被忽略了（Fournier, 1998）。忠誠度的概念具有一些特別神通廣大的威力，行銷人員大都強調它是「不同於」或「附加於」一般的行銷活動上，雖然仍存在著一些不同的看法，但上述的觀點似乎最為盛行（Mitchell, 1998）。

一、忠誠度的定義

有關商業活動忠誠度之本質，目前主要有兩種主流觀點（Javalgi and Moberg, 1997）：

♀ 以行為的觀點來定義忠誠度。通常是強調購買的次數，並藉由監測這類購買與品牌轉換的情形來衡量此一變數。
♀ 以態度的觀點來定義忠誠度。它融入了消費者偏好與對某一品牌的傾向，作為決定忠誠度程度之標準。

不論是何種來源的忠誠度，一般都會假設它代表著在某特定期間向相同的供應商重複的採購。例如，Neal（1999）定義顧客忠誠度為：

在某一產品類別中，購買者選購相同的產品或服務，與其在相同產品類別中所購買的總次數之比例；其假設前提是，可接受的競爭性產品或服務是很方便就可買到的。

從行為面的定義來看，其可能產生的問題是顧客之所以會重複的惠顧，除了忠誠度外，尚有許多其他的理由，包括其他可資選擇的機會很少、習慣性、低所得及便利性……等等（Hart *et al.,* 1999）。由此可知，上述忠

誠度的意義僅是關係長度（relationship longevity），而非指關係強度（relationship strength）（Storbacka *et al.,* 1994）。

有關忠誠度之更完整的定義為：

歷經一段長期的時間，某一決策單位皆自一群「供應商」中選定其中一家「供應商」之偏差的（即非隨機性）行為反應（即重複惠顧），這是一種基於對品牌的承諾所衍生出來的心理層面之（決策制定與評估）程序的功能。（Bloemer and de Ruyter, 1998）

在上述的定義中，Bloemer and de Ruyter 所描述的雖是「零售商店的忠誠度」，但一般而言亦可應用至供應商的情況。由此可知，僅是重複惠顧並不足以定義忠誠度，若要能更具可信度，則忠誠度必須被定義為「有偏差的重複購買行為」或者「基於喜愛的態度而做重複的惠顧」（O'Malley, 1998；Dick and Basu, 1994；Hart *et al.,* 1999）。由此可知，顧客忠誠度之最堅定的概念化乃視其為一個多重層面的構念，同時考慮到心理與行為的組成成份（Too *et al.,* 2001）。忠誠度可能衍生自關係外在的因素，諸如關係所依附的市場結構（且可能受到地理區域的限制），但亦可能來自內在的因素，諸如關係強度及關係發展期間一些重要事件的處理（Storbacka *et al.,* 1994）。

二、影響忠誠度的前置因素

關於忠誠度之前置因素有兩種不同的觀點；第一種說法認為，忠誠度通常建立在「硬性」（hard）的因素構面基礎上，諸如貨幣、便利性、可靠性、安全性及性能上等的價值，而且這些因素亦皆為選擇產品或服務之主要考慮因素（Christopher, 1996）。Fredericks and Salter（1998）所提出的一個模式（圖 2.2）以圖形來說明，其涵括的重要構面將於本書後面的章節作詳細討論。

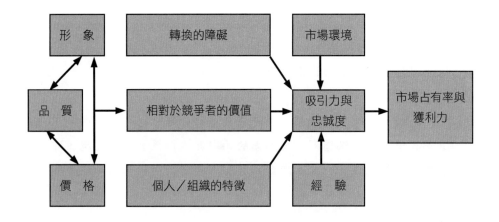

😊 圖 2.2　顧客忠誠度：一個整合型的模式
（資料來源：摘自 Fredericks and Salter, 1998, p. 64）

　　此一觀點認為，雖然顧客對某一產品或服務有正面的經驗，將有助於增加某類型暫時性的忠誠度，但本質上仍須了解到「金錢會說話」（money talks）與「每個人心中皆有一個價格」（everyone has a price）之道理（Hassan, 1996）。在某些消費者市場上（如 FMCG 零售業），這種競爭的程度與範疇皆以價格為主要的市場，想要培植「真實」的忠誠度，幾乎是不可能的任務（Pressey and Mathews, 1998）。

　　另一種觀點則是由 Dick and Basu（1994）所提出；在其發展出來的模式中，一些較無形的軟性因素（諸如情感與滿意度等），對於態度具有決定性的影響作用。此一觀點認為，顧客忠誠度主要是個人相對的態度與重複惠顧兩者之間因果關係強弱的函數，且會受到社會規範與情境因素或經驗之中介的影響（圖 2.3）。

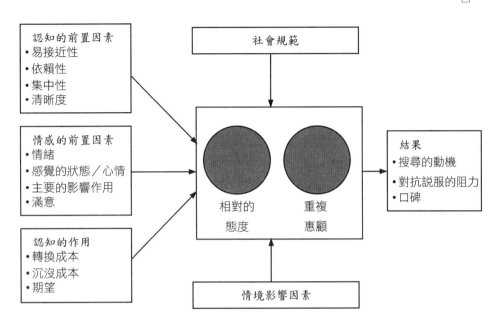

圖 2.3　顧客忠誠度的架構

（資料來源：摘自 Dick and Basu, 1994, p. 100）

　　前述的兩個模式有如下的涵義，即顧客滿意有助於提高忠誠度，此一推測乃認為忠誠度是建立在滿意度的基礎上，而後者則可藉由提供卓越的顧客服務以獲致正面的差異化，並進而獲得滿意度（Javalgi and Moberg, 1997）。然而，有研究指出（Hassan, 1996），忠誠度不能與滿意度互相混淆（即滿意度愈高，亦有降低負面忠誠的可能性），滿意度未必可留住顧客（忠誠），且不滿意亦未必會導致顧客的變節（Buttle, 1979; O'Malley, 1998）。滿意度與忠誠度之間不僅存在非簡單的線性關係，且各產業之間亦可能呈現不一致的結果（Singh and Sirdeshmukh, 2000）。Dick and Basu（1994）所提出的「相對態度／行為矩陣」（參見第五章圖 5.3），則以圖形來說明「虛假的忠誠度」（spurious loyalty）可能來自缺乏選擇的機會。誠如 Storbacka *et al.*（1994）所言：

　　顧客忠誠度未必與正面的態度有關，且長期的關係未必要求顧客給予正面的承諾。此兩者的區分是重要的，因為它挑戰了如下的觀點──顧客滿意（態度）可導引出長期持久的關係（行為）。

　　事實上，亦有研究指出，忠誠度與滿意度未必有連帶關係（Hassan, 1996），且忠誠度與獲利力亦未必是相關聯的（East, 2000）。

三、忠誠度行為的類型

　　描述忠誠度類型與非忠誠的顧客行為有許多方式（例如，可參閱 Brassington and Pettitt, 1997），Uncles（1994）提出其中一種說法，他以三種方式來討論顧客的再度惠顧之行為：

- 轉換的行為（switching behavious）：意指購買僅是一種「A 或 B」兩者選一的決策──亦即顧客留下來（忠誠）或投向競爭者懷抱（轉換）。
- 偶然的行為（promiscuous behavious）：意指顧客從事「一連串的購買」決策，但仍落在「A 或 B」的決策範疇內──亦即顧客總是留下來（忠誠）或者突然轉變至其他各種方案之選擇（偶然的）。
- 一夫多妻的行為（polygamous behavious）：同樣的，顧客從事一連串的購買，但他們對其中數項商品皆有忠誠的行為，意謂著顧客對你的品牌比起其他的品牌存在或多或少的忠誠。

　　根據消費者研究所顯示出來的跡象似乎傾向於支持如下的觀點，即偶然的與一夫多妻制的型態較為普遍（Uncles, 1994）。例如 Barnard and Ehrenkerg（1997）指出，多數的消費者皆為多種品牌的購買者，且其中僅有十分之一的購買者是百分之百的忠誠。這可能由於顧客擁有全面性的需求，因此光從某一公司的產品與服務是無法有效的滿足其需求的。有關此一論點，Uncles（1994）提出下列一些例子：

✿ 美國 Safeway 的顧客約 1%僅逛該商店。

✿ Britain 之經常搭飛機的旅客平均約為三個常客俱樂部的會員。

✿ Maclean 的牙膏銷售報導指出,其顧客中約有一半左右每年僅向公司購買一項商品(20%購買二項,而購買三項者約有 10%)。

由此可知,顧客會依據其特定的需要來「組合與搭配」(mix and match)所要的產品與服務(Kandampully and Duddy, 1999)。由此一觀點來看,忠誠的購買者是否一定比「偶然的」或「一夫多妻制的」購買者更具獲利力,似乎令人質疑。研究的結果顯示,忠誠者在各種不同的商品類別中往往是產品或服務之輕度購買者,而多品牌(或更廣泛的各種產品)購買者則可能是重度使用者(East, 2000)。想要了解在何種情況下,較不忠誠的「重度」購買者會比百分之百忠誠購買者更常購買公司的產品或服務(因而更具吸引力),這並非是困難的事情(Uncles, 1994)。

四、忠誠度的體系架構

我們生活在忠誠度體系架構(loyalty scheme)的年代下,這是毫無疑問的(Hart *et al.*, 1999)。事實上,如果我們認同在「忠誠度」相關的研討會與期刊文章所發表的論點,那麼便可了解到體認這類體系架構之重要性,絕非是誇大其辭。許多學者皆會特別舉出商店忠誠卡之運用的案例,作為說明零售業風行關係行銷的例證(Pressey and Mathews, 1998)。然而根據 Uncles(1994)的說法,尊奉此一觀點的人認為顧客會主動的與其偏愛的品牌(產品製造商、服務供應商、品牌擁有者或零售商)發展關係,而後者會進一步的提供購買者更大的心理保障,並創造出歸屬感。對忠誠且重度使用者或常客而言,此一忠誠度體系架構所提出的利益是,讓這類歸屬感得以強化。根據 Bolton *et al.*(2000)的觀點,這類活動方案的目標在於,藉由提供更高的滿意度與價值給某些顧客,以期在可獲利的市場區隔中建立更高的顧客留住率。

Hart *et al.*(1999)提出一個相當廣泛的動機論之說法,可用來建立忠誠度的架構:

♀ 藉由獎酬其惠顧，以與顧客建立持久的關係。

♀ 經由延伸產品的用途與交叉銷售（cross-selling），以獲致更高的利潤。

♀ 蒐集顧客的資訊。

♀ 降低商品化的品牌（亦即與一群商品有所差異化）。

♀ 防衛市場地位（對抗競爭者之忠誠架構）。

♀ 先發制人的競爭行動。

　　忠誠方案活動的主要目標之一即在蒐集（並做資格篩選）顧客資料，此類資料具有潛在的價值，這是毫無疑義的，而且此一價值通常可消弭忠誠架構所引發的任何成本（參見第十章）。此外，根據不同的顧客動機與期望來提供此類資料，根據 Kelly（2000）的說法，當你的顧客握有忠誠卡（loyalty card）時，將立即在顧客心中產生期望，因此你必須馬上研究這些顧客的行為；此外，他們也期望供應商能根據其所提供的資訊為他們做些有益的事，此種「合作」將成為建立進一步關係的基礎。然而，顧客期望與競爭優勢兩者並非是相符合的。Khan（1998）指出，除非零售業者開始運用其所蒐集的資料，否則它們很難判斷其蒐集資料的正當性。至少有一個思想學派曾指出，公司可能過度強調資料的蒐集，因而造成資料蒐集的成本明顯地高過所獲得的任何優勢（O'Malley, 1998）。

　　根據Hart *et al.*的說法，另一個發展忠誠架構之主要理由是，與顧客建立持久的關係。雖然在某些情況下，供應商真誠的想要與顧客建立關係，但大多數的忠誠架構似乎僅是戰術性的活動，協助廠商在競爭激烈的市場上防衛其短期的地位（Uncles, 1994），而不是一項建立關係的長期規劃之方案。這類的架構有如「典型的」銷售推廣活動一樣，僅是針對「品牌游離者」（brand-switchers）提供一些短期性的誘因（Palmer, 1998; Uncles, 1994）。

　　獲利力亦是另一項驅動因素，但仍存在一些衝突的事證。雖然是某一產業忠誠架構的先鋒者（例如，美國航空公司的常客優惠活動方案與Tesco的 Club Card 等），短期內可能獲致額外的業績，但這類誘因很快的將成

為「該產業的常規」（sector norm），亦即任何顧客都可享有的（Palmer, 1996）。所有早先所獲得的利益，很快地將變成經營企業之不可避免的成本（Uncles, 1994），因為它們皆已變成一種體制，且成為期望的提供物之一部分。當忠誠酬賓方案在任何產業皆已成為顧客所期望者，那麼毫無疑問的，任何人都將成為最終的贏家（Palmer, 1998），讓這種情況更加惡化的是，一旦忠誠架構變成常規且顧客都期望能獲得獎酬，那麼「持續的推動忠誠階梯往上攀升」的任務將愈來愈昂貴（Uncles, 1994），最後，此種情勢亦將影響到關係的建立。在整個活動期間內，事實上顧客一開始僅被賄賂而已，但卻有可能演變成毫無意識的要求，且會尋求更多的誘餌，就好像在交換中必須獲得這些誘餌才得以滿足一樣（Tynan, 1997）。

　　上述的一些活動方案其效度既然受到如此多的質疑，為何「忠誠架構已達飽和的產業部門」仍繼續大量投資？也許它僅是一種「追隨領導者」的案例：當 Tesco 推出忠誠方案時，Sainsbury 一開始堅拒配合與追隨，但此一決定在十二個月之內便被否絕掉，另一個理由可能是，忠誠方案的成效很難衡量。此一問題度乃源自各公司績效的比較有其困難度，因為採行忠誠方案的公司其做法各有所不同（Palmer, 1998）。在此種情況下，對供應商而言比較保險的做法是，維持原有的忠誠架構而非冒著失去顧客的風險。第十章末所討論的「個案研究」，會說明 Safeway 因捨棄其忠誠方案而遭遇一些風險。

　　也許可以確定的是，嘗試應用 RM 於消費者市場時，必須集中在「低涉入」的商品類別，諸如 FMCG 產品、白色與棕色標籤的商品，以及諸如超級市場和加油站等服務業（O'Malley and Tynan, 1999；另參見專欄 2-1）。事實上，許多學者皆曾指出，在許多零售部門所從事的 RM 中，這類忠誠架構都是主要的活動方案（Pressey and Mathews, 1998），許多這類的架構似乎都不是主動推行的，而是基於防衛的理由（Khan, 1998）。結果，根據 Mintel 最近的報告（引自 Khan, 1998），顧客自忠誠架構所獲得的利益比零售業者本身所獲得的還要多（參見專欄 2-2）。

專欄 2-1

忠誠方案

　　時下所盛行的忠誠架構（loyalty schemes）乃是最近才有的現象，此項技術也許相當精緻複雜，但其與以「促銷」的方式來「鎖住」消費者似乎沒有很大的差別。「合作運動」（Co-operative Movement）已推動忠誠架構數十年，剛開始時以「紅利」（divid）為基礎（依據活動期間採購數量的多寡來分配紅利），但到後來則採用優待券（trading stamps）。1960 年代早期的時候，粉紅色與綠色的贈品是非常重要的誘因，加油站業者已連續實施這類活動方案多年，剛開始時採用「低技術」的回收儀器（如卡片、印花戳記等），後來便以高科技更精緻的設施來取代（如 Esso Tiger Cards, Mobil/BP Premier 積點等）。航空公司所推行的常客優惠方案（如 Virgin Freeway、Air France Frequent Plus）更加擴展此類忠誠架構的內涵，且很少航空公司不採用折價的方式。商店忠誠卡則是最近興起的行銷方案之手法，且其忠誠方案活動的形式非常多，並已行之多年（如特殊事件行銷、折扣等）。

專欄 2-2

忠誠卡

Chastered Institute of Marketing 發行的雜誌 *Marketing Business* 其前任總編輯 Jane Simms，曾於 1998 年 12 月／ 1999 年 1 月當期出刊的雜誌之編輯者欄，撰寫一篇對於忠誠架構感到挫折的短文，內容節錄如下：

> 我曾被來自PRs人員以新聞稿與電話砲轟，他們熱心的大聲疾呼關係行銷與忠誠架構之利益——此即他們一般所稱的忠誠卡（loyalty cards）。我的資金之成長與忠誠卡有關，而他們對我並沒有任何忠誠意識，忠誠度是一項無法獲致的神聖境界（Holy Grail）。行銷人員愈快將其重心圍繞在消費者之一些無任何爭議的事物上，則他們將愈難快速地回收任何行銷基金，且可能因而惹惱了顧客，那些致力於將其忠誠架構與顧客「鎖在一起」的公司，將赤裸裸的把自己公諸於世。忠誠度是一種感覺，它必須博得對方的芳心——是無法買到的——而且當顧客並非是偶然才購買，則他們才算是真誠的忠誠。

資料來源：Jane Simms, *Marketing Business*, December 1998/January 1999.

五、忠誠度的背景

忠誠卡所具有的特徵在關係維持上承擔一部分的角色,但它們無法真正的被視為關係行銷哲學之同義詞。忠誠方案並非行銷的萬靈丹,通常僅是更精緻的銷售推廣活動,且其花費的成本往往高過所獲得的優勢(O'Malley, 1998),忠誠架構至多僅可作為強化的機制而已,因為整體上來看,它似乎僅是獎酬那些「已是忠誠的顧客」,而非其他的消費者(Ward *et al.*, 1998)。參與許多這類的活動方案,嚴格來說僅是針對部分的顧客所進行的經濟性決策,且對相關的顧客行為沒有任何影響作用(甚至也沒有負面的影響)(Bhattacharya and Bolton, 2000)。David Sainsbury 廢除作為「電子式 Green Shield 戳記」的 Tesco 忠誠卡,或許比許多在同時間給予顧客信用點數的做法更為實際。從顧客的觀點來看,許多忠誠架構所提供的僅是「我也有提供」(me, too)的利益,這些利益雖是受歡迎的(因為多數人都喜歡不須任何付出便可獲得某些東西),但這些利益並不保證可獲得持續的忠誠,且對顧客之品牌選擇決策而言通常很少發揮作用(Uncles, 1994)。從一些事證來看,很顯然忠誠架構已逐漸無法發揮影響情感承諾的作用(Palmer, 1998),或者說其對留住顧客的影響作用已愈來愈微弱(Bolton *et al.*, 2000)。誠如 Dowling and Uncles(1997)所言,「大多數的忠誠體系架構,根本未曾改變市場結構。它們或許有助於保護在位者,且可能被視為合法的行銷戰術之一部分,但卻可能因而提高了市場支出的成本。」在許多情況下,忠誠架構可能是一項昂貴但卻是無效的方案。

伍、不切實際的關係發展

第四章我們會提及在某些產業中,公司或多或少都想從關係策略的發展而獲益,從更個人主義的角度來看,它可能是另一種情景;即便是一般的跡象亦皆顯示某一特定的企業可自關係策略中獲益,但為何許多的公司

未必致力於發展這類的關係。這類「不切實際的」RM之情景，乃與顧客或供應商本身的特質有密切的關聯。

一、不切實際的顧客關係之發展

根據Palmer（1996）的說法，存在許多不切實際的顧客關係之情景，包括以下幾點：

- 沒有任何理由（或幾乎是不可能的事），某一購買者將再度的向某一供應商購買。
- 購買者希望避免這類關係，因為如此一來可減少對賣方的過度依賴。
- 購買過程是很正式化的，因此可防止任何一方基於社會因素而發展關係。
- 購買者的信心十足，因而降低了減低風險的必要性（參見第五章）。
- 建立關係所需的成本促使購買者在價格敏感的市場中失去成本優勢。

1.重複購買的可能性很低

隨著旅遊的興盛，消費者在不同的地點與短暫停留的地點（如航空站）購物之百分比增加，這類的購買者很不可能向同一供應商再度惠顧，而且與供應商發展關係亦無任何好處；事實上可能會因此一舉止而受到騷擾（若被取得資料）。

2.避免過度依賴

經由建立關係所獲得的利益會被因遭受機會的損失所抵銷時，此種情境便可能存在。例如，有些公司提供排外條款的改良型優惠條件（如不動產經紀商的佣金比率）。然而，決定單一代理關係的顧客便可能受到條件限制（如限制了透過各種不動產經紀人之快速銷售的機會），因而選擇提供公開契約給其他供應商的方式。他們放棄了建立關係所帶來的任何利益（如減少佣金），而另行追求多數供應商的利益（如更多的選擇機會）。

這意謂著，當消費者被迫放棄所有的選擇，或當消費者感覺到有很大的壓力必須符合他人的利益時，他們雖很有可能自然地減少選擇，但顧客對此一壓力亦可能會產生抗拒（Sheth and Parvatiyar, 2000）。

3.正式的契約

正式的購買情境（諸如政府機構的採購）可能沖淡或緩和買方與賣方之間過於緊密的關聯。事實上，這類的關係可能都受限於契約或法律上的規定，在這類情境中，關係的建立對於任一方而言既不歡迎，且亦無益於長期的利益。

4.低風險的情境

在許多的交換情境中，風險（其為「尋求關係」的主要動機之一）都很低，因此，消費者既不需要亦不重視親密的關係（參見第五章）。

5.價格敏感的市場

在某些市場中，消費者為了獲利更多而寧願張大眼睛多方尋找最佳的交易時機，而非縮小搜尋範圍而僅向某一供應商作承諾。事實上，他們更偏好利用組織潛在的不安全感來與各個供應商周旋，以期能獲得附加的價值。

在類似下列的情境中，如消費者認為無法從關係中獲得任何好處，此時供應商便須謹慎評估昂貴的關係建立策略是否值得。從供應商的觀點來看，問題在於想要探悉與了解實際的情境（例如，何種情境下顧客不可能重複惠顧），是相當困難的，除非顧客願意提供這類的資訊。

二、不切實際的供應商關係之發展

上述提及的「避免過度依賴」之情境未必僅是買方的問題，事實上，在某些情境中，賣方亦可能迴避過度依賴的情形。這類的情景頗類似Palmer（1996）所指出的有關顧客之情形一樣，包括：

💡 沒有任何理由可解釋為何賣方會一直看上某一買方。

💡 賣方避免建立關係，否則會造成對買方的過度依賴。

💡 採購過程相當的正式化，以至於任何一方很難因社會因素而建立關係。

💡 由於市場本質很難差異化，因此賣方苦無機會來發展關係。

💡 產業的本質使得「建立關係」變成不適當。

1. 重複採購的可能性很低

意指顧客不可能對某一特定供應商重複惠顧（可能因為購買者的居住地離該供應商很遠，或者由於產品或服務的本質，想要再次購買是不可能的），此時在關係建立上做投資很難有獲利的回收。

2. 避免過度依賴

這反映出供應商不想「將所有的雞蛋放在一個或少數幾個籃子裡」的心態。在企業對企業市場（B2B）中，由於顧客的數目通常不多，因此特別容易產生這種情境；然而，在某些金融服務業（或其他存在高風險的產業）亦可能存在此種情境，此時由於高曝光率可能導致組織難以防禦而遭致很大的損失。從供應商的觀點來看，如果購買者是有價值的（或具有潛力）顧客，或者購買者致力於建立更親密的關係，則將面臨經營上的困境。發生「避免過度依賴」的範例如下：某供應商由於過度依賴一個或少數幾個零售商，導致市場環境發生變化時而遭致傷害（當 Marks & Spencer 的一些英國供應商，在公司的採購政策於 1999 年改變時，其成本便暴露無遺）。

3. 正式的契約

此種情境反映出購買者的兩難局勢，供應商可能承擔法律方面的風險（特別是定有公共政策契約時），此時他們甚至嘗試與官方代表建立關係，但卻可能被解讀為賄賂或貪污的行為。

4.無法差異化的市場

在無法差異化的市場上,雖然RM一直被視為一項有潛力的工具,但亦可能有相反的解讀。大多數無法差異化的產品或服務之供應商,其顧客在任何時刻都有可能因某些「誘惑」(如促銷折扣)而琵琶別抱,此時昂貴的關係策略成效便受到質疑。事實上,英國超市曾發生此一問題;當時有些主要的業者(如 Tesco, Sainsbury)採用其所謂的關係式策略,但仍有其他業者(如 Asda, Safeway)則仍採用促銷的途徑。

5.價格敏感的市場

當公司過度倚賴市場投機主義時,便可能發生此種情境。Blois(1998)指出,美國的 NECX 公司即是這類的組織。Blois 在一項個案研究中指出,公司之所以能夠生存,主要有賴於電腦供應市場之需求與供給皆存在高度的不確定性。Blois 認為,如果公司想要與顧客發展關係,那麼它將可能因為「起伏不定的」缺貨情境而有所顧慮。

陸、關係的情境背景

關係本質上是動態的,且從未安排「一條可讓我們能夠小心翼翼地走下去之路」(Smith and Higgins, 2000)。然而,毫無疑問的,有些公司似乎已擁有掌握與處理關係之純熟的技術。Grönroos(2000)曾引用愛爾蘭共和國Superguinn商店之創辦人兼總裁Fergal Quinn的話,他說:「如果供應商能有效的經營關係,那麼顧客絕對會回籠。」Quinn 稱此為「回力球原理」(boomerang principle),其神奇之處在於「你與顧客是站在同一邊的,……因此你與顧客之間的關係不會是敵對的,而是一種合夥的關係」。

當關係的隱喻變成是銅板的正反面時,危險將隨之而至。許多學者認為「消費者—組織間的關係」是很現實的(O'Malley and Tynan, 1999),

現實到彼此之間似乎一點關聯性也沒有，如同 Van den Bulte（1994）所言，在長久與重複使用一段時間之後，關係的隱喻可能變得陳腔爛調，以至於人們可能忘卻了這段關係，並將其關係昇華至理想化的境界，而 RM 亦可能出現這類情況。事實上，當某類重複行為（特別是虛假的忠誠）被視為「關係」時，我們可能會懷疑此種關係隱喻是否有問題（Carlell, 1999）。

如同前面所述，忠誠度是一個被過度使用與濫用的名詞，雖然 RM 與忠誠度行銷（或所謂的 CRM）具有一些共通的要件（如資訊科技的運用、顧客知識及直接的顧客溝通等），但兩者之間是否具有密切的關聯性則是令人質疑的（Hart *et al.,* 1999）。忠誠方案與其他以行為為基礎的倡導者認為，關係的形成主要依附在「刺激─反應」的功能上（Barnes and Howlett, 1998），而非有賴於任何類似關係之相關的事物上。忠誠方案很少是精緻的銷售推廣活動，因而消費者大多僅對方案而非品牌忠誠（O'Malley, 1998），雖然忠誠架構在關係維持上扮演一部分的角色，但它們絕對不是RM 哲學的同義詞（Pressey and Mathews, 1998）。

不論關係到達何種層次，我們絕不可預期關係會持續永久，在行銷的領域內，存在著各種條件可能導致關係的終止，而這些條件將於本書後面章節再作更詳細的討論。至目前為止我們可以指出的是，長期關係本身可能埋藏著自我毀滅的種籽（Grayson and Ambler, 1999）。可以肯定的是，我們不能妄下結論說，關係會自然純熟，不論關係過程中是否存在某些經驗，許多關係皆可能因某些瑣碎或繁雜的事務而面臨潛在瓦解的困境，雖然顧客目前感到滿意，但若未能維持此種滿意狀態，則未必能確保將來會更滿意。隨著顧客「忠誠度」可能逐步的下降（先不論其定義為何），且可能未被發現，但直到被警覺到時為時已晚（Gummesson, 1998a），Laura Ashley 和 Markes & Spencer 即是這種情況下的犧牲者。

由此可知，任何時刻提及「關係」一詞，皆須體認到並非所有的關係都是親密且持久的，關係本身有其不同的層次。然而，我們對關係所能強調的是，關係本身決定了顧客─供應商互動的類型與本質；即便如此，不論關係的層次為何，對行銷人員而言都是他們所感興趣的。

摘　要

　　本章探討與「關係」有關的核心概念，我們討論了顧客是否願意與組織建立關係，以及是否必為「人際的關係」。我們認為，在某些情境中，組織的關係是可能存在的，且它們在人際與非人際的商業關係之建立過程中，充當前置與中介的因素。

　　本章所論及的「學習關係」乃建立在對顧客的「認識與了解」之基礎上，且更重要的是必須能依據此類知識來發展關係。我們亦探討了「投資的動機」，如何影響所存在的關係類型，以及除了雙邊與間斷型的交換關係外，尚論及「供應商主導」與「購買者主導」的關係概念。此外，本章亦討論了關係的層次，包括歸屬感、認同方案及頻率（常客）行銷。

　　忠誠度是一個與RM核心思考有密切關聯的概念，必須審慎加以推敲的一個名詞，而且亦須認知到塑造忠誠度的前置影響因素。此章討論了忠誠度的行為類型，並具體地剖析忠誠架構的議題。

　　本章亦探討了不切實際的關係發展之潛在的情境（包括從顧客與供應商兩種角度來討論），以及指出造成此類情境之影響因素。

　　本章最後嘗試從RM爭議之處的角度來評析關係的觀念，我們認為，存在許多不同層次的關係，且皆是行銷人員所感興趣的。

討論問題

1. 關係隱喻可採用何種方式運用於行銷上？
2. 組織與其顧客之間的關係如何發展？
3. 購買者與供應商之間存在哪些不同層次的關係？
4. 忠誠架構的哪些層面與關係發展有何關聯？

個案研究

Manchester United 計畫建立球迷的論壇

當 Manchester United（曼徹斯特聯盟）公布一項建構獨立的支持者論壇之計畫時，即相當於在宣示其與足球俱樂部和其舊有的球迷之間進入了關係新紀元，此論壇的建構是由 Electoral Reform Society 所監製。

球迷一般會被要求提名推薦各類別的代表——包括季票的持有人、殘障人士球迷、包廂貴賓及獨立的贊助者協會之會員，此一社團將選出十五名會員。

此項活動最近舉辦了 Premier League 的「顧客發起人」之午餐會，目的在於改善球迷與俱樂部之間的溝通。俱樂部之最高層人員體認到，贊助者在整個事業經營上扮演著重要的角色。

該社團的涉入顯示出，俱樂部希望此一論壇乃獨立於董事會之外。

Manchester United 的首席執行長 Peter Kenyon 指出：「我認為公司必須致力於與球迷之間的溝通，我們像其他任何的企業一樣，必須傾聽顧客的心聲——這些顧客即是消費公司服務的那些人。」該集團的行銷主管 Peter Draper 補充道：「這種諮詢式的論壇是俱樂部的外部單位，且我們每年皆會定期的開會。會員所提供的資訊將可讓我們更了解球迷的需要，且有助於讓 Manchester United 成為一個優良的俱樂部。」

球迷們大都歡迎此一創舉，Manchester United 獨立的贊助者協會之 Andy Walsh 說道：「贊助者是俱樂部一個整體的部分，它對於填補球迷與董事會之間所存在鴻溝，是一個絕佳的構想與機會。」

其他的一些俱樂部亦相繼提出有關球迷本身的計畫。例如，Newcastle United 在過去的兩年來與其贊助者的關係一直很惡劣，因此其於上個月宣稱，它將建立一個三百名會員的論壇，並自球迷中隨機挑選，以溝通俱樂部的觀點與提出改進的意見。

然而，Manchester United 在之前為了對抗 Newcastle 印製了配合此選舉活動的選票，因此它將成為第一個創立顧問群的俱樂部，而這些顧客都是由會員提名所選出來的。

Manchester United 之前一直被部分的贊助者批評，認為它過於重視商業利益而忽視了球迷的需要，而如今它卻是最先採納 Premier Leagues 顧客發起人之章程的俱樂部之一。

此一章程乃是 Football Taskforce 花費兩年研究出來的成果，其主要闡述如何改善俱樂部對待球迷的態度。它限制了更改相關條文的次數，並列出每一俱樂部顧客服務代表之任命的辦法，以處理贊助者所提出的抱怨事件；若有違反規定，則將被 Premier League 處以罰金。然而，一些批評者認為，如果沒有獨立的仲裁機構來強化章程，那麼俱樂部將可能抗拒這類懲罰。

（資料來源：Matthew Garrahan, *Fiuancial Time*, 21st August 2000）

個案研究問題

1. Manchester United 所推行的計畫能否「填補董事會與球迷之間所存在的鴻溝」？
2. 足球俱樂部尚有哪些措施可用來改進其與球迷之間的關係？

參考文獻

Barnard, N. and Ehrenberg, A.S.C. (1997) 'Advertising: strongly persuasive or nudging?', *Journal of Advertising Research*, January/February, 21-31.

Barnes, J.G. and Howlett, D.M. (1998) 'Predictors of equity in relationships between service providers and retail customers', *International Journal of Bank Marketing*, **16** (1), 5-23.

Bhattacharya, C.B. and Bolton, R.N. (2000) 'Relationship marketing' in mass markets' in Sheth, J.N. and Parvatiyar, A. (eds) *Handbook of Relationship Marketing*. Thousand Oaks CA: Sage, pp. 327-54

Bloemer, J. and de Ruyter, K. (1998) 'On the relationship between store image, store satisfaction and store loyalty', *European Journal of Marketing*, **32** (5/6), 499-513.

Blois, K.J. (1997) 'When is a relationship a relationship', in Gemünden, H.G., Rittert, T. and Walter, A. (eds) *Relationships and Networks in International Markets*. Oxford: Elsevier, pp. 53-64.

Blois, K.J. (1998) 'Don't all firms have relationships?', *Journal of Business and Industrial Marketing*, **13** (3), 256-70.

Bolton R.N., Kanna, P.K. and Bramlett, M.D. (2000) 'Implications of loyalty programme membership and service experience for customer retention and value', *Journal of Marketing Science*, **28** (1), 95-108.

Brassington, F. and Pettitt, S. (1997) *The Principles of Marketing*. London: Pitman.

Brown, S. (1998) *Postmodern Marketing II*. London: International Thompson Business Press.

Brown, S. and Patterson, A. (2000) 'Knick-knack, Paddy-Whack, Give a Pub a Theme', *Journal of Marketing Management*, **16** (6), 647-62.

Bund-Jackson, B. (1985) 'Build customer relationships that last', *Harvard Business Review*, November/December, 120-28.

Buttle, F.B. (1996) *Relationship Marketing Theory and Practice*. London: Paul Chapman.

Buttle, F.B. (1997) 'Exploring relationship quality', paper presented at the Academy of Marketing Conference, Manchester, UK.

Carlell, C. (1999) 'Relationship marketing from the consumer perspective', paper presented at the European Academy of Marketing Conference (EMAC), Berlin.

Christopher, M. (1996) 'From brand values to customer values', *Journal of Marketing Practice*, **2** (1), 55-66.

Dick, A. and Basu, K. (1994) 'Customer loyalty: towards an integrated framework', *Journal of the Academy of Marketing Science*, **22**, 99-113.

Dignam, C. (2000) 'Leader: deference is dead and loyalty seems not to be far behind', *Marketing*, 11 May London: Haymarket Business Publications, p. 23.

Dowling, G.R. and Uncles, M.D. (1997) 'Do customer loyalty schemes work?' *Sloane Management Review*, Summer, 71-82.

Dwyer, F.R., Schurr, P.H. and Oh, s. (1987) 'Developing buyer-seller relationships', *Journal of Marketing*, **51**,11-27.

East, R. (2000) 'Fact and fallacy in retention marketing', Professorial Inaugural Lecture, 1 March, Kingston University Business School.

Fournier, S. (1998) 'Consumers and their brands: developing relationship theory in consumer behaviour', *Journal of Consumer Ressarch*, **24**, 343-73.

Foxall, G.R., Goldsmith, R.E. and Brown, S. (1998) *Consumer Psychology for Marketing*. London: International Thompson Business Press.

Fredericks, J.O. and Salter, J.M. (1998) 'What does your customer really want?', *Quality Progress*, January, 63-8.

Garbarino, E. and Johnson, M.S. (1999) 'The different roles of satisfaction, trust and commitment in customer relationships', *Journal of Marketing*, **63** (2), 70.

Grayson, K. and Ambler, T. (1999) 'The dark side of long-term relationships in marketing', *Journal of Marketing Research,* **36** (1), 132-41.

Gruen, T.W. (2000) 'Membership Customers and Relationship Marketing' in Sheth J. N. and Parvatiyar, A. (eds) *Handbook of Relationship Marketing*. Thousand Oaks CA: Sage, pp. 355-80.

Grönroos, C. (2000) 'The relationship marketing process: interaction, communication, dialogue, value', in 2nd WWW Conference on Relationship Marketing, 15 November 1999-15 February 2000, paper 2 (www.mcb.co.uk/services/conferen/nov99/rm).

Gummesson, E. (1999) *Total Relationship Marketing: Rethinking Marketing Management from 4Ps to 30Rs.* Oxford: Butterworth Heinernann.

Gummesson, E. (2000) 'Return on relationships (ROR): building the future with intellectual capital', in 2nd WWW Conference on Relationship Marketing, 15 November 1999-15 February 2000, paper 5 (www.mcb.co.uk/services/conferen/nov99/rm).

Hart, S., Smith, A., Sparks, L. and Tzokas, N. (1999) 'Are loyalty schemes a manifestation of relationship marketing?', *Journal of Marketing Mangement,* **15**, 541-62.

Hassan, M. (1996) *Customer Loyalty in the Age of Convergence.* London: Deloitte & Touche Consulting Group (www.dttus.com).

Hennig-Thurau, T. (2000) 'Relationship quality and customer retention through strategic communication of customer skills', *Journal of Marketing Management*, **16**, 55-79.

Horne, S. and Worthington, S. (1999) 'The affinity credit card relationship: can it really be mutually beneficial?', *Journal of Marketing Management*, **15**, 603-16.

Håkansson, H.and Johanson, J.(2001) 'Bussiness Network Learning: basic considerations' in Håkansson, H. and Johanson, J. (end) *Bussiness Network Learning.* Amsterdam: Elsevier Science.

Javalgi, R. and Moberg, C. (1997) 'Service loyalty: implications for service providers', *Journal of Services Marketing*, **11** (3), 165-79.

Kandampully, J. and Duddy, R. (1999) 'Relationship marketing: A concept beyond the primary relationship', *Marketing Intelligence & Planning*, **17** (7) 315-23.

Kelly, S. (2000) 'Analytical CRM: the fusion of data and intelligence', *Interactive Marketing*, **1** (3), 262-7.

Kendrick, A. (1998) 'Promotional products vs price promotion in fostering customer loyalty: a report of two controlled field experiments', *Journal of Services Marketing*, **12** (4), 312-26.

Khan, Y. (1998) 'Winning cards', *Marketing Business*, May, 65.

Levitt, T. (1983) 'After the sale is over', *Harvard Business Review*, November/December, 87-93.

McDonald, M. (2000) 'On the right track', *Marketing Business*, April, 28-31.

Mitchell, A. (1998) 'Evolution', *Marketing Business*, November, 16.

Mitchell, A. (2001) 'It's a matter of trust', *Marketing Business*, April, 33.

Möller, K. and Halinen, A. (2000) 'Relationship marketing theory: its roots and direction', *Journal of Marketing Management*, **16**, 29-54.

Neal, W.D. (1999) 'Satisfaction is nice, but value loyalty', *Marketing Research*, Spring, 20-3.

O'Malley, L. (1998) 'Can loyalty schemes really build loyalty?', *Marketing Intelligence and Planning*, **16**, (1), 47-55.

O'Malley, L. and Tynan, C. (1999) 'The utility of the relationship metaphor in consumer markets: a critical evaluation', *Journal of Marketing*, **15**, 587-602.

Palmer, A.J. (1996) 'Relationship marketing: a universal paradigm or management fad?' *The Learning Organisation*, **3** (3), 18-25.

Palmer, A.J. (1998) *Principles of Services Marketing*. London: Kogan Page.

Palmer, A.J. (2000) 'Co-operation and competition; a Darwinian synthsisof relationship marketing', *European Journal of Marketing*, **34** (5/6), 687-704.

Peppers, D. and Rogers, M. (2000) 'Build a one-to-one learning relationship with your customers', *Interactive Marketing*, **1** (3), 243-50.

Pressey, A.D. and Mathews, B.P. (1998) 'Relationship marketing and retailing: comfortable bedfellows?', *Customer Relationship Management*, **1** (1) 39-53.

Rindova, V.P. and Fombrun, C.J. (1999) 'Constructing competitive advantage: the role of film-constiuent interactions', *Strategic Management Jornal*, **20**, 691-710.

Rousseau, D.M., Sitkin, S.B., Burt, R.S. and Camerer, C. (1998) 'Not so different after all: across discipline view of trust', *Academy of Management Review*, **23** (3), 393-404.

Selnes, F. and Sallis, J. (2003) 'Promoting relationship learning', *Jornal of Marketing*, **67** (3), 80-96.

Sheth, J.N. and Parvatiyar, A. (2000) 'Relationship marketing in consumer markets: antecedents and consequences' in Sheth, J.N. and Parvatiyar, A. (eds) *Handbook of Relationship Marketing*. Thousand Oaks CA: Sage, pp. 171-207.

Singh, J. and Sirdeshmukh, D. (2000) 'Agency and trust mechanisms in consumer satisfaction and loyalty judgements', *Journal of Marketing Science*, **28** (1), 150-67.

Sisodia, R.S. and Wolfe D.B. (2000) 'Information technologry' in Sheth, J.N. and Parvatyar, A. (eds) *Handbook of Relationship Marketing*. Thousand Oaks CA: Sage, pp. 525-63.

Smith, W. and Higgins, M. (2000) 'Reconsidering the relationship analogy', *Journal of Marketing Management*, **16**, 81-94.

Storbacka, K., Strandvik, T. and Grönroos, C. (1994) 'Managing customer relations for profit: the dynamics of relationship quality', *International Journal of Service Industry Management*, **5**, 21-38.

Swaminathan, V. and Reddy, S.K. 'Affinity partnering: conceptualisation and issues' in Sheth, J.N. and Parvatiyar A. (eds) *Handbook of Relationship Marketing*. Thousand Oaks CA: Sage pp. 381-405.

Too, L.H.R., Souchon, A.L. and Thirkell, P.C. (2001) 'Relationship marketing and customer loyalty in a retail setting: A dynamic exploration', *Jornal of Marketing Management*, **17** (3/4), 287-319.

Tynan, C. (1997) 'A review of the marriage analogy in relationship marketing', *Journal of Marketing Management*, **16** (7), 695-704.

Uncles, M. (1994) 'Do you or your customer need a loyalty scheme?', *Journal of Targeting, Measurement and Analysis*, **2** (4), 335-50.

Van den Bulte, C. (1994) 'Metaphor at work' in Laurent, G., Lilien, G.L. and Pras, B. (eds) *Research Traditions in Marketing*. Boston, MA: Kluwer Academic, pp.

405-25.

Ward, P., Gardner, H. and Wright, H. (1998) 'Being Smart: a critique of customer lo-
yalty schemes in UK retailing', *Customer Relationship Managent,* **1** (1), 79-86.

第三章

關係經濟學

學習目標

1. 關係行銷之經濟正當性
2. 網羅顧客與留住顧客
3. 關係發展的階段
4. 終生價值概念
5. 轉換成本
6. 關係壽命

前言

　　如同前面章節所提及的論點，有關關係行銷之精確的定義並沒有一致的看法，且相關的哲學、組織或經濟的概念亦相當紛歧。然而，誠如許多學者所提出，透過對關係行銷研究後已發展出重要的想法與概念，這些都是關係行銷理論與實務的重要基礎。

　　第一章我們曾指出，獲利力是任何策略發展之背後的驅動力量，因此，本章將從關係經濟學（relationship economics）的角度來論證此一觀點。

壹、關係經濟學

　　傳統行銷所秉持的一個原理，即認為自利與競爭乃是價值創造的驅動因子。此一原理受到 RM 的挑戰，因為 RM 的信念強調互惠合作以傳送該價值（Sheth and Parvatiyar, 1995b）。縱使 RM 會帶給人們一種表面上很親切與合作無間的形象之錯覺，但採用關係策略的公司，其背後的主要目標（或最終目標）乃在於持久的獲利力。即便在關係式交換中，其所關注的雖不在於短期的結果，但對關係的各成員來說，經濟效益仍是很重要的（Morgan, 2000）。如同 Grönroos（1994）在其對 RM 所下的定義中指出，關係策略必須在「有獲利」的前提下來進行，Gummesson（1994）亦指出，「就經營管理的術語來說即是賺錢；也就是說，他們所關注的問題是關係投資組合（portfolio）如何獲得報酬。」

　　由此可知，RM 並非利他主義者，而是強調利潤導向的論點（Buttle, 1996），亦即關係的獲利力乃是其重要的目標之一（Storbacka *et al.*, 1994）。因此，用來支持RM理論的經濟觀點（通常可用「關係經濟學」來表達），它主要在探討執行關係策略所能獲得的相關利益。Sheth and Parvatiyar（1995a）稱此觀點為「開明的自利」（enlightened self-interest）。

■漏洞水桶的理論（Leaky bucket theory）

　　過去的觀點認為，傳統行銷的焦點一直鎖定在創造新的顧客，此種「攻擊性行銷」（offensive marketing）策略除了網羅全新的顧客外，亦嘗試吸引對競爭者不滿意的顧客，尤其是在競爭非常激烈的時期（Storbacka *et al.*, 1994）。相對照之下，RM 的觀點則是，雖然網羅顧客是重要的，但它只是整個過程中的中間階段（Berry and Gresham, 1986）。防禦的首要原則乃是留住自己的顧客（Kotler, 1992）。

　　RM 的觀念有兩個焦點，即是網羅顧客與留住顧客（Christstopher *et*

al., 1991）。RM 所強調的是，除了「攻擊性策略」外，公司亦須採用「防禦性策略」（defensive strategies），以最小化顧客流動率（Storbacka, 1994）。此種雙管齊下之方法背後的邏輯，最適合以漏洞的水桶之隱喻來說明（參見圖 3.1）。雖然網羅顧客是以將顧客留住為前提與基礎，但此理論更強調留住顧客的重要性（Grönroos, 1995）。

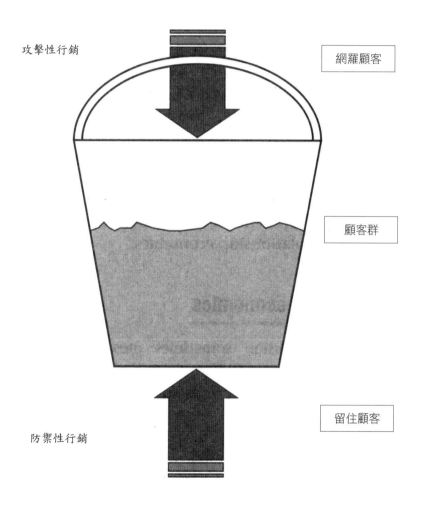

攻擊性行銷

網羅顧客

顧客群

留住顧客

防禦性行銷

🐛 圖 3.1　漏洞水桶理論

　　為能達成目標，公司必須同時開發新客源並想辦法防止顧客流失，公司的目標在於留住顧客，或者增加利潤，兩者皆是為了要提高對公司有利的顧客數目，為能提高獲利力，則網羅與維繫顧客的雙重策略皆要能同時有效的運行。

貳、網羅顧客

　　對一個企業來說，持續不斷的注入「新血」（new blood）是必要的，一旦整體顧客數目下滑，則對獲利力將會造成影響；尤其是固定成本（特別是人事成本）偏高的服務業，任何流失的顧客皆須有相當數目顧客的補充，如此才得以讓公司維持平衡。

　　一般而言，多數公司過去大都強調網羅顧客的過程，而市場成長亦須能提供新的潛在顧客之穩定來源。然而即使是在高人口成長、高成長的產業部門及／或低度競爭等的太平日子之情況下，替代品或新的競爭者不斷的進入市場，並瓜分掉「客源」，此種可能性總是存在的。時值第三個千禧世紀來臨之際，一些預言家認為人口成長將會趨緩，或者甚至為負成長。此種現象將會影響到潛在顧客的數目，尤其是那些處在較會恣意揮霍之低層級的成年人之潛在顧客，同時，隨著國際貿易的開放，競爭的情況不會趨緩，而只會更糟。由此可知，在一般的條件下想要網羅顧客，似乎愈來愈困難了。

參、留住顧客

　　雖然RM有雙重焦點，即強調網羅與留住顧客的雙重策略，但後者通常更為重要；事實上，它已變成RM之強烈的信念之一，即強調「留住行銷」（retention marketing）第一，而「網羅行銷」（acquisition marketing）第二（Gummesson, 1999）。由於留住顧客已逐漸被認知到它可帶來顯著的利益（尤其是在飽和的市場），因此兩種行銷之重要性有所不同

（Dawes and Swailes, 1999），此一觀點獲得多數學者的支持，而許多人更進一步的推廣此一觀念，因為他們認為網羅顧客的成本約為留住顧客成本的五到十倍（如 Gummesson, 1999）。因此，有愈來愈多的公司接受如下的論點：努力留住現有的顧客要比花費大筆支出致力於遏止顧客流動量，更有意義（Barnes, 1994）。

為了進一步強化公司必須將主要的焦點擺在留住顧客的論點，有人提出關係壽命（longervity of relationship）亦可提供額外的潛在利潤之看法。例如 Reichheld（1999）指出，這些利益是具有累積性的，而且關係生命週期持續愈久，公司的財務性優勢將愈大。

因此，留住顧客具有雙重的利益，包括：

🔑 留住現有顧客的成本要比網羅新顧客的成本還低。
🔑 確保顧客之長期忠誠度可創造卓越的利潤。

上述兩種利益乃是強化 RM 基礎之兩個經濟性的論證（Buttle, 1996），雖然上述說法有過於簡化之嫌，但無庸置疑的是，它們一直是發展 RM 之主要的原動力，且愈來愈多的人已體認到這些潛在的長期利益之重要性。

一、零變節率

雖然 RM 主要著重在留住顧客，但即使是在獨占的市場上，卻沒有任何一家公司有完全的把握將所有的顧客留住，縱使有些行銷大師呼籲企業要制定「零變節率」（zero defections）的公司政策，但實務上似乎是做不到的，且其對獲利目標亦無任何助益，由於或多或少會有顧客流失，因此留住全部的顧客是無法達成的。例如，有些顧客可能遷居；有些顧客則可能逝世。在競爭激烈的市場上，顧客可能會基於某些公司本身所無法掌控的因素，而轉向（暫時性或永久性）購買競爭者的產品或服務；此外，嘗試達到全部（或幾乎全部）顧客都留下來的做法，將可能因其所需投入的

成本相當昂貴而變得無利可圖，因此，此一做法並不切實際。由此可知，留住顧客的策略不應將目標鎖定在不計代價的把顧客留下來（Gummesson, 1999），而且公司必須知道哪些顧客要割捨，而哪些顧客應強力維繫。

二、留住顧客策略的檢驗

有關對RM所認同的觀點若將其作一般化的陳述，則會存在一些危險；例如，RM逐漸被視同真理，並習慣的將它視為醫治各種病痛的處方。雖然這些觀點在很多情況下都是成立的，但公司在考量全盤的應用關係策略之前，仍應先思考一些與留住顧客之經濟層面不一致的地方。

肆、網羅與留住顧客的成本

一般認為，在計算留住顧客所帶來的利益之一項重要的要件是，網羅顧客的成本是否超越留住顧客的成本。在一般的書籍與關係行銷的教科書中（如 Christopher *et al.,* 1991；Gummesson, 1999）通常都有類似如下的說法，即「獲得一位新顧客的成本約相當於留住一位現有顧客成本的五到十倍」。然而，此一廣被接受的行銷箴言似乎有過於簡化之嫌，雖然它仍有被質疑的地方，但一些證據似乎都明顯的支持此一說法。根據諸如 Bain and Co 之類的顧問公司至今所做的調查研究（參見 Reicheld, 1996），在某些產業中會出現特定公司的不同案例（Payne and Frow, 1997），亦即公司之間存在一些差異，且缺乏通用的特徵。如同 Payne（2000a）所強調的：

> 留住顧客與網羅顧客之權衡的領域，乃是一個相當重要的課題。有關各種行銷策略對顧客終生價值在利潤方面的影響之未來的實證研究，奠基在明確的區隔化之基礎上，它有助於我們更廣泛地理解留住顧客的經濟性，以及其對最大化獲利力的影響。

一、前端的成本（Front-end cost）

最常被選定作為留住顧客策略應用之成功案例的產業中，似乎在其營運方面皆有很高的前端成本（如銀行業、信用卡與保險業）。這類經常出現且較重要的前端成本包括：

- 很高的人員推銷成本。
- 佣金費用。
- 細節資訊蒐集的直接與間接成本。
- 設備的提供。
- 廣告與其他行銷溝通支出。

1. 人員推銷

雖然多數企業皆有採用人員推銷的活動，但對某些企業而言似乎更為頻繁，特別是在產品或服務較為複雜的企業，人員推銷活動一直是必要的。大量行銷的媒體通常無法有效地處理複雜性的產品或服務。銷售人員的能力足以解析與強調產品或服務的特色，且可以回應顧客所提出的任何問題。因此，人員推銷用於複雜或高價值產品的銷售上，是一項高品質的行銷溝通工具（可從事協商與談判）。在服務業中，由於提供物（offering）之無形性加上複雜性的本質，更使得人員推銷有其重要性。

人員推銷的負面作用即是成本高昂，由於產業特性、複雜度、地理區域與其他各種因素之不同，使得出差拜訪顧客的銷售人員在一特定的期間內，很少能接觸到較多的潛在新顧客，即使是在定點商店內的銷售人員，雖然是顧客主動前來店內，但平均每天所能接觸的新顧客之數目亦是有限的。轉換率（即將潛在的顧客轉變成現有的顧客之比率）則是另一項變動的因素，一般而言其數值並不很高，這類人員推銷的本質皆導致需要經常花費成本來監控，否則可能超脫掌控的範圍（參見專欄 3-1），所有這類

因素都隱含著網羅拜訪一位顧客的成本是相當高的，尤其是當顧客購買決策過程中人員推銷扮演重要的角色時，更是如此。

專欄 3-1

人員推銷

我曾服務過的一家高科技公司，發現到支援一位銷售人員的工作須花費約十二萬元——包括薪資、佣金、各項費用與福利。在這家公司中，平均每位銷售人員一年進行二百次銷售訪問，他們必須參加許多的會議與訓練，因此平均一天無法拜訪一位顧客。根據公司提供的數據顯示，拜訪一位潛在的顧客約須支出六百元，平均來說，每三次拜訪可將一位潛在顧客轉變成現有顧客，由此計算之，可知公司每獲得一位新顧客，其成本約一千八百元。事實上，此數據也許更高——因為尚未涵括為提高知名度與興趣而對目標市場所做的推廣活動之成本。假定每位新顧客中平均每年花費五千元，且維持三年的忠誠度，如果邊際利潤為10%，則顧客的終生價值為一萬五千元，就此一案例來看，該公司在新顧客的網羅活動方面顯然是虧損的。

（資料來源：Kotler, 1992）

2.佣金

如果公司採用銷售佣金制（不管內勤或外務），則人員推銷的固定成本可望降低，但網羅顧客的變動成本亦將隨之提高。在採用銷售佣金制的情況下，網羅顧客的成本通常要高於留住顧客的成本。

3.資料蒐集

當資料蒐集是非常重要的，且合約的簽訂與其他費用項目皆涵括在內的情況下，可能都會使得期初成本增加。這類的案例中（如保險業），公司在合約的壽命週期之前幾年內，可能尚無法獲致產品或服務的利潤。

4.設備的提供

意指設備的長期租用（如電視出借）或器材供應（如數位TV之免費的提供），此時在合約的壽命週期內這些方面的投資都被取消，因此，在到期前任何解約的合約都可能產生虧損。相反的，任何合約只要超過此期限仍為有效的，則將可帶來額外的利潤，在此種情況中，留住顧客的利益是顯而易見的。

5.廣告與其他溝通成本

在需要使用廣告來作為打開知名度之先鋒（如確保一個品牌在市場上的知名度）時，維持此類知名度的成本（尤其是在長期品牌建立的情況下），皆應列入網羅顧客成本的計算中。

二、前端成本高的產業

當產業處在人員推銷、佣金、大量的資料蒐集時，高額的品牌知名度建立之投資，或需要較高的設備提供之費用等情境下，其網羅新顧客的成本必然將超越留住顧客的成本。因此，依據上述的邏輯推理，我們可發現需要較高的前端成本之產業，若能將顧客壽命週期延長，則可因抵銷一些成本而獲益（參見圖 3.2）。在這些情況下，關係持續時間愈長，則成本相對於收益將愈低，且可能的獲利將愈高（參見終生價值該節的內容）。例如，Grossman（1998）的研究指出，信用卡公司MBNA吸引一位新顧客平均花費約$100,000；然而，若顧客持續 5 年使用該信用卡，則每年約可帶來$100 的利潤，而且若顧客持續 10 年，則每年的利潤約$300。

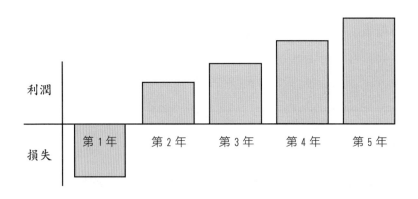

😊 圖 3.2　金融服務業與其他高網羅顧客成本的產業之典型的利潤型態
（未標明數字，僅作為說明之用）

三、前端成本低的產業

　　網羅顧客成本之連續帶（spectrum）的另一種極端（如FMCG零售業），其網羅顧客的成本通常較低，因為密集的人員推銷、佣金制、詳細的資訊蒐集及設備的供應等，對達成一筆個人的銷售未必是需要的。事實上，FMCG商品的消費者似乎僅對一項或少數幾項的利基有興趣，諸如地點、認知的服務品質、價格競爭力、產品的種類與品質、或促銷的提供物等，這些因素將有助於銷售的刺激。這類因素基本上都可能是影響留住顧客的關鍵。

　　廣告與其他（非人員推銷）行銷溝通成本，通常皆涵括在網羅顧客之成本的計算內，而非完全歸屬於前端成本之列。在網羅顧客方面，若廣告與銷售推廣成本皆較高，則很難區別這類相同的訊息在留住顧客過程中所發揮的作用。廣告或可用來作為提醒購買者之採購偏好的參考（East, 2000），因此它在保衛現有顧客的基礎上通常有其作用，而在積極的吸引新的購買者方面則未必有效（Barnard and Ehrenkeng, 1997）。

　　如果公司對於潛在新顧客所採用的銷售推廣活動，其做法與對現有的顧客是相似的或相同的，則網羅顧客的成本應對等的均攤至留住顧客的成本。事實上，若公司對購買一次以上的顧客提供複雜的獎酬（多數的零售

業與航空業之忠誠方案皆屬於這類做法），則留住顧客的成本可能大於網羅顧客的成本。

伍、留住顧客策略的經濟分析

對大眾行銷（mass marketing）而言，RM 似乎是一個相當昂貴的方案；準此，僅當公司認為是值得的且為實際可行的，才可能致力於推行這類策略（Berry, 2000）。然而目前有關RM管理之討論，大都忽略掉如何衡量這類關係的經濟效益（Blois, 1999）。事實上，大多數的RM文獻通常都隱含著如下的看法，即認為關係所導致的成果必然符合效益原則（Ambler and Style, 2000）。當網羅／留住顧客成本的比值很低時，昂貴的關係技術之經濟分析便須加以嚴密的探察，尤其是在相當昂貴的忠誠方案之情況中更應如此，因為很諷刺的是，這類產業部門大都很盛行關係策略，但其效度卻存在很大的問題（如FMCG零售業）。在這類忠誠方案中用來留住顧客的誘因通常是昂貴的（就算仍能維持應有的獲利），因而導致最終的價格提高很多。在這類的市場中，其可能產生差異的地方在於「忠誠酬賓方案」與「降低價格競爭活動」兩者之間的成本（Palmer and Begge, 1997）。這並不是一種新的現象，從英國超市零售業之發展史來看，公司的做法經常介於價格戰與差異化的優勢等策略兩者之間。航空業中，一些老牌的與「低成本的」航空公司之間的競爭，也曾有類似的經驗。

根據現有的事證來看，那些體認到高前端成本的產業，在推行關係策略時通常會強調與著重顧客留住策略，而非網羅顧客的活動。然而在網羅顧客成本較低，或網羅與留住顧客成本差異很小時，引進昂貴的關係策略可能變成公司很大的一項負擔。

有關提升留客率所帶來的效益之大多數的說法，通常都過於誇大其辭。根據 East（2000）的說法，一些學者（如 Doyle, 1998; Kotler *et al.*, 1999）指稱，只要提高留客率 5%左右，利潤便可增加 25～85%；但要達到此一目標通常是很困難且成本昂貴的。

一、長期利益

留住顧客的經濟分析亦可從時間幅度的觀點來探討，從競爭優勢的形式到可帶來長期優勢之長期關係兩者之間構成一連續帶（Mumpky, 1997）。Gummesson（1997）曾引用關係報酬率（return on relationship; ROR）一詞來說明此一概念，他定義 ROR 為「建立與維持一組織的關係網絡，所產生的長期淨利成果」。此時應該特別強調長期導向，因為忠誠度是逐漸累積起來的（Reichheld, 1993）。

而我們可從兩個層面來探討長期利益：

☙ 關係階段（relationship stages）。
☙ 顧客的終生價值（lifetime value）。

二、關係階段

如同之前所做的定義，關係行銷可視為一種確認、建立、維持及強化（及在必要的時候終止）關係的手段（Grönroos, 1996）。此一定義認為，一旦公司開始思考個別顧客（而非大眾市場），便須加以辨認不同的關係發展階段中不同的顧客。更重要的是，此一定義亦隱含著每種類型的顧客（如潛在顧客、顧客、之前的顧客），應以不同的方式來對待，包括傳遞不同的特定訊息（而非大眾傳播），及在交易活動中給予不同的「價值選擇權」（value options）（如獎酬）。

辨識RM中不同的關係階段之觀念亦包括了如下的隱含假設，即關係發展階段愈高，則對公司的獲利力愈大，結果帶給組織的利益亦愈大。如同稍後即將討論的，此種說法在某些產業可能過度簡單化。

三、階段模式

存在各種不同的模式可用來說明此一概念（參見圖 3.3），且幾乎皆可

同時適用於企業對消費者（B2C）及企業對企業（B2B）的關係。Dwyer *et al.*（1987）提出一個五階段的模型，其中每一階段皆代表著「關係的某一方如何對待另一方」之重大的轉變，這些階段包括：

- 知曉（awareness）。
- 探索（exploration）。
- 擴張（expansion）。
- 承諾（commitment）。
- 解散（dissolution）。

1. 知曉

知曉係指某一方察覺到另一方是一個「合適的交換夥伴」（feasible exchange partner），雖然某一方為了增加其吸引力而可能「擺一些姿態」（positioning 或 posturing），但雙方之間的互動尚未發生。

2. 探索

探索意指交換中「研究與試驗的階段」。在此一層次中，潛在的夥伴會考量一些交換中的責任義務、利益及負擔等，包括心理層面與投入的實際成本。Dwyer *et al.*認為此一階段尚包括諸如吸引、溝通與協商、權力的發展運用（參見第八章）、規範的發展（如合約的簽訂），及期望的發展（如信任與承諾；參見第五章）……等等的步驟。

3. 擴張

在擴張的階段中，從交換夥伴中所獲得的利益增加，且雙方變得愈來愈相互依賴。

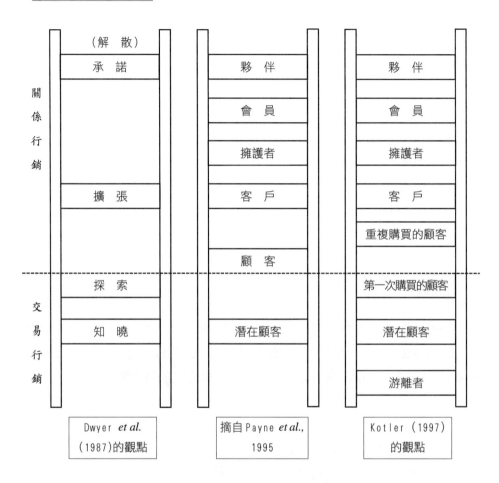

🐾 圖 3.3　關係層次的階梯或階段

4.承諾

承諾意指夥伴雙方之間對關係的持續性做出內隱的或外顯的宣誓。

5.解散

此一模式包括解散階段，旨在提醒我們，在任何關係中隨時都有可能脫離此種關係。

　　Dwyer *et al.*（1987）提到了一個重點，雖然所有的交易都存在一些關係的特質，但都將許多的交換活動視為「實際上是間斷性的」（practically discrete）（或非關係性的），是有其涵義的。換句話說，諸如上述的各個關係階段並非自發性產生的，而僅當雙方察覺到關係的潛在利益時才有可能存在的。雖然在組織市場（企業對企業；B2B）中，這類緊密的、雙邊的關係類型是存在的且可明顯的察覺到（Blois, 1997），但消費者商品或消費性服務市場是否存在此種共識性，則仍令人質疑，因為這些市場中許多交換關係通常是間斷性的。

　　此外，尚有其他模式可用來描述顧客發展的關係階段。Payne *et al.*（1995）採納「忠誠度階梯」（ladder of loyalty）之長期建立的概念，發展出「關係階梯」（relationship ladder）之概念。「階梯」的隱喻與「登上」更高的關係階層，都是很容易理解的。Kotler（1997）亦提出一個類似關係階梯之階段性的模式；上述所提及的三個模式，可以圖 3.3 作個比較。

　　在上述的三個模式中，雖然每個模式皆有一些不同的觀點，但它們基本上都強調，將顧客從某一階段推進更高的另一個階段之構想，它們也都說明了如下的觀點，亦即傳統行銷著重在銷售交易的達成，而RM所關注的遠超過此階段，即強調顧客關係的發展與強化。

　　在 Kotler 所提出的模式中，整個過程始於游離者（suspects）的確認。以大眾行銷的觀點來看，雖然形成很高的「浪費」（以接觸每千人所需的成本來評量媒體成本，無可避免的會接觸到非目標視聽眾），但它的主要目的在區隔化與鎖定目標客群。若以資料庫行銷的術語來說，則此種方法意謂著購買游離的目標顧客群之名字與住址的名單。上述的任何一種方法，都可用來確認這類潛在的顧客，並可當作整個程序之起始點。

　　在較高的階層屬於潛在顧客（prospect）而非游離者，且大都具有一些特徵，可用來判斷其對商品或服務可能購買的機率大小。並非所有潛在的顧客都具有相同的潛力，因此可進一步將潛在顧客區分成更細的階層（參見圖 3.4），在此階層中較上面層級之潛在顧客（其為已擁有產品或服務

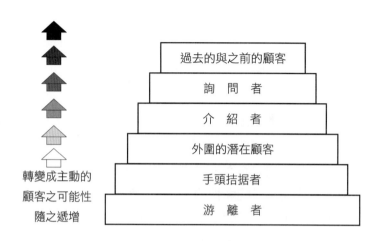

轉變成主動的
顧客之可能性
隨之遞增

（圖中由上而下）
過去的與之前的顧客
詢　問　者
介　紹　者
外圍的潛在顧客
手頭拮据者
游　離　者

🐌 圖 3.4　潛在顧客之階層

（資料來源：摘自 Tapp, 1998）

經驗的使用者），最有可能轉變成現有的顧客；次佳者即為那些會主動詢問某一產品的顧客，一般都假定這些人會努力的與公司接觸，他們也較有可能因被激勵而購買。至於介紹者（referrals）則為下一層的顧客，他們一般會引薦與帶來為數眾多的顧客，而且亦很有可能成為採購者之心理上的參考框架（因為他們都擁有相關的資訊）。而外圍的潛在顧客（profiled prospects）（因其處於外圍邊界而如此稱呼）可能傳達出一些採購的訊息，而「手頭拮据（者）」（hand raisers）在某些場合（如消費者調查）亦可能釋出購買的訊息，他們亦皆為潛在的顧客。最後，游離者則可利用人口統計或生活型態分析來探索，直效或資料庫行銷人員特別常用此種「潛在顧客階層」的模式，作為排定顧客溝通之優先順序的參考依據，且亦可作為測定「關係傾向」（relationship pronenese）之變數，據此對市場做區隔（Buttle, 1996）。

　　Kotler（與 Payne 不同）將首度與重複購買的顧客加以區別，可以確定的是，此兩種情況下的購買決策過程是不同的。在重複購買的情況下，消費者已有實際的經驗（與耍噱頭或道聽塗說有別）來進行購買過程，此時或可區別出關係行銷人員與傳統行銷人員的差異，因後者主要著重在單

一次的交易。在此刻，關係行銷人員之主要的任務在於具備將顧客推向更高層次關係階段的技能，而每一階段皆代表著公司與顧客關係強度之強弱（Kotler, 1997）。此一觀點與傳統的行銷人員對照之下迴然不同，後者並無任何企圖心來鼓勵顧客步上更高階的忠誠度階梯（Gummesson, 1999），傳統的行銷則將每次的交易活動都視為獨立的，而RM則依過去的經驗來看待每一次的交易，並藉以預測未來的交易（Dwyer *et al.*, 1987）。

Kotler 的階段模式認為，公司會努力將重複購買的顧客轉變成「客戶」（clients），依其定義，客戶乃指更高層次的關係，且雙方之間存在某種（未表達出來的）心理契約的形式或「連結」（bond）。若將來更上層樓進入「擁護者」（advocates）的階層，則意謂著顧客從僅是對公司回應，轉變至積極的參與組織的行銷活動，且多數人皆會做口碑相傳的推薦。至於「會員」（members）則與公司更為親密，對公司有更高的歸屬感；而「夥伴」（partner）則為更高層次的關係，其定義（參見 Gordon, 1998）與 RM（參見第一章）的某些涵義相同，此時顧客將變成價值創造過程中的一部分。

陸、行銷的真實面

對所有的關係概念而言，使用「階段」或「忠誠度階梯」等理論來區別真實與表面的意義，是非常重要的。例如，沒有任何研究可告訴我們，公司為提升其顧客的忠誠度階梯之層次，則應該致力於哪些忠誠行銷活動（Hart *et al.*, 1999）。諸如擁護者、會員或夥伴之類的名詞，往往會給予深入的聯想，即假設很少消費者會樂於與公司或組織有關係，他們或許僅將其視為日常的瑣事而已，如果顧客並未認同此類的關係，則不足以認定顧客對公司的歸屬或親密關係。即使供應商在其信念上視此種過程為一項長期的承諾，但最終決定此種關係的仍是顧客本身。真正的問題在於公司如何確認其最佳的顧客，以及公司如何以最具經濟效率的方式留住這些顧客（Moules, 1998）。由於每一更高階層都需花費更多的成本，因此公司有

必要確定何時（及是否）值得往上一階層推進（Kotler, 1992）。

然而，有些公司卻積極推出一些戰術，並已成功的建立會員形式的關係，它即屬於某種類型與程度的親密關係，而此種情況並未包括一般所謂的「消費者俱樂部」（customer clubs），因為它通常無法體現高層次關係所要求的互惠條件，且大多數的消費者亦皆僅止於註冊登記或簽立入會合約等表面的手續而已。旅遊業或許是這方面最先進的案例，且許多業者（尤其是航空業者）皆已成立俱樂部，其會員可享受到一般人未享有的尊榮與待遇。有些組織，如英國航空公司，則採取更進一步的措施，它依據顧客對公司的承諾（依其消費金額來判定），明顯的區分不同等級的會員，經理級的俱樂部（Executive Club）會員（可能是藍卡、銀卡或金卡的持有者）會依其身份地位而享有不同等級的特權與尊榮。另外，FMCG 零售業者亦嘗試差異化其提供給顧客的待遇。例如，1999 年 Tesco 推出兩種等級的「會員制」，皆在其基本卡的持有人之上，包括「鑰匙卡持有者」（keyholders）與「白金鑰匙卡持有者」，可因他們具有更高等級的身份而可獲得更佳的獎酬（或有價值的提供物）。

有些組織其在關係連結（或更高階層的關係）上所採行的做法更為明顯，這類組織包括政黨團體、慈善機構等，其志工會員會積極參與並給予承諾，且不計其代價與努力，而所獲得的未必是貨幣性的獎酬（可能僅是心理層面的）。諸如足球迷俱樂部或藝術團體之類的組織，亦皆可能會出現高層次關係的境界，且通常伴隨著潛在資格資歷的提升。政黨團體的會員可能主動積極的參與該政黨政策之擬定——「價值創造」之政治事務。此類型的會員資格甚至意謂著會員可能兼職或專職的參與組織管理的事務。

「階梯」或「階段」理論的另一個問題是，它隱含著如下的一個假設，即關係層次從低到高乃呈現線性階升的現象。我們或可理解到，不論公司所做的努力為何，一位消費者可能會基於各種理由（如較佳的供給來源），而將自己自關係階層中降級，或事實上不再成為該公司的顧客。例如，一位英國航空公司之 Executive Club 會員，可能因該會員資格年度所累積的點數之關係，而仍停留在某一關係階級，該會員可能決定將其部分或全部

的旅程改搭其他（沒有會員關係）航空公司的班機，如此一來他即自Executive Club 會員中自動降級，或喪失一切所有的會員之權利，而這種不同的身份可能因英國航空公司參與Oneworld聯盟，而可在各航空公司之間獲得保留（參見專欄 3-2）。由此可知，顧客身份的變動可能朝上升或下降的層次移動。

柒、終生價值

RM 之所以重要，有部分原因是大家逐漸體認到人們終其一生之消費潛量相當可觀（Ambler and Styler, 2000）。「終生價值」（lifetime value）的觀念意謂著公司應該對任何個別的顧客避免採取短期利潤的觀點（事實上可能是虧損的），而應該考慮到公司與該顧客之終生的關係，由而所獲致的利益。為成功地追求顧客留住策略，公司應預測個別顧客在很長的一段期間所帶來的價值，而非僅專注在顧客的數目（Dawes and Swailes, 1999）。此一概念並非是新穎的；例如，銀行傳統上即提供了誘人的條件，吸引年輕的顧客前來開戶，雖然此舉在短期內可能是高成本的，但這些銀行之所以會如此做，因為它們了解到此產業部門的顧客傳統上較不常轉換至競爭者的機構（雖然對傳統銀行的忠誠可能會改變，尤其是網路銀行的興起）。

專欄 3-2

Oneworld 常客優惠活動計畫方案
（至 2003 年 9 月截止）

Oneworld 航空 旅程計畫	Oneworld 綠鑽石身份	Oneworld 藍寶石身份	Oneworld 紅寶石身份	參加此項 計畫活動
英國航空 Executive Club	金 卡	銀 卡	不適用	藍 卡
美國航空 AAdvantage	高級白金卡	金 卡	金 卡	AAdvantage
Aer Lingus TAB	黃金圈 精 英	黃金圈 尊 榮	黃金圈	TAB
國泰太平洋 Marco Polo Club	鑽 石	黃金卡	銀 卡	Aisa Miles
芬蘭航空 Finnair Plus	白金卡	金 卡	銀 卡	Finnaair Plus
Ibevi Iberia Plus	白金卡	金 卡	銀 卡	藍卡 Clasica
LanChile LanPases	Comodoro	白金銀卡	白金卡	LanPass
Quantas Frequent Flyer	白金卡	金 卡	銀 卡	Frequent Flyer

　　顧客的終生價值乃是執行留住顧客政策的主要原動力。在考量對關係策略作投資之決策時（以提升顧客留住率），也許會依據所想像的顧客終生價值作為評量基礎，而終生價值則立基於過去的歷史資料，這類決策可能包括用來維持或強化競爭優勢的產品或服務品質設計之投資，或者預防不滿意的顧客流失到競爭者的產品或服務；若屬後面這種情況，則公司應有效的建立「離開障礙」，以提升顧客留住率（參閱後面所討論的轉換成本）。

　　終生價值其負面的概念是，我們很難保證，即使顧客與供應商仍維持和以前相同的關係層次時，或者他實際上即一直是公司的忠誠顧客，他是否仍會不斷的惠顧該供應商。當企業的離開障礙很低時（如零售業），且市場變動快速與競爭非常劇烈（如電信市場）時，更容易發生上述的情況。此外，若產業中經常採用銷售推廣的活動，則上述的情形亦會發生。事實上，如果顧客認知到各家公司之間的差異僅在於所提供給他們的「賄賂」之大小而已，則他們很可能變成無特定選擇對象的購買者，也就是說，他們會主動的尋求有最佳賄賂提供物的廠商，以期能自該次交易活動中獲得最大的滿足（Tynan, 1997）。在此種情況下，若未考慮其他的指標，則「終生價值」的意義將蕩然無存。根據不同的關係階梯之階層採用不同的關係策略，較高階層的關係則無可避免的會支出更高的成本。由此可知，企業應了解到如何決定（以成本效益為基礎）何時將可「邁向更高階層的關係階段」，這是很重要的一個課題（Kotler, 1992）。

捌、轉換成本

　　若未論及轉換成本的主題，則討論留住顧客的策略將會遭致一些難題。從消費者的觀點來看，轉換成本是構成顧客離開公司的有效障礙。購買者從某供應商轉換至另一供應商將產生「一次成本」（one-time costs），而 B2B 行銷的情境中亦有類似消費者市場的轉換成本問題（Bhattacharya and Bolton, 2000）。了解這類「真實的」成本可能大於或小於顧客所知覺

到的成本，這是非常重要的（Stewart, 1998）。這類轉換成本的產生，可能源自供應商、消費者本身，或甚至是關係。在RM的課題中這是一個有爭議性的領域，其爭議的部分是，有些成本或障礙是被接受的，因為在任何良好的關係下，或在消費者的主動要求下，它們都是「自然」發生的。然而，亦有其他類型的成本與障礙則是具有脅迫性的，而且與關係策略的原則和精神（若這些原則是存在的話）相悖離。這類真實的或心理層面的「成本」，彼此間可能有關聯，約可歸納為下列八項：

- 搜尋成本。
- 學習成本。
- 情感成本。
- 慣性成本。
- 風　　險。
- 社會成本。
- 財務成本。
- 法律障礙。

1. 搜尋成本（Search costs）

搜尋成本意指那些為了尋求其他替代的供應來源，所必須花費的時間與精力（如搜尋型錄以尋找某特定的商品或服務）。

2. 學習成本（Learning costs）

學習成本意指為了學習如何有效能與有效率的和新供應商打交道，所必須花費的時間與精力（如重新認識與適應之前你未曾走過的超級市場之貨架佈置的場景）。

3.情感成本（Emotional costs）

關係維持一段時間之後，便可能與組織或該組織的某位員工產生情感的連結（tie），此項成本常會與慣性成本產生混淆（參見下述）。

4.慣性成本（Inertial costs）

為了打破習慣性行為所須做的努力，此項成本往往被低估。有句俗話說「要我到別的地方去可能有些麻煩」，這可作為發生此種慣性之最佳的比喻。

5.風險（Risk）

投向新的供應商多少會冒點風險，即使風險不會立即顯現，但一般人仍較偏好繼續向現有的供應商惠顧，而非轉至過去從未接觸過的其他供應商。比如說，人們的一般傾向是「寧願與你所知悉的魔鬼共舞」，而不願「與不熟悉的魔鬼為伍」，這或可作為上述情境的寫照。

6.社會成本（Social costs）

現有的供應商在某些方面可能對顧客的社交生活具有貢獻。在某些超級市場中仍存在「單身漢購物之夜」（singles shopping nights）的營業，也許是這類社會成本之較誇張的例子。另一個或許更為普遍的例子是，為了爭取其他顧客與員工在公司所辦的活動（如慶祝晚會），有進行社交活動的機會，所須花費的代價。

7.財務成本（Financial costs）

關係的中斷可能會帶來財務方面的損失（如通常發生在轉換抵押債主所須賠償的成本），或者失去因關係壽命長久所能獲得的報酬或優惠（如某些忠誠方案、無償保險等）。

8.法律障礙（Legal barries）

在某些情況中，契約的簽訂即可確保與消費者的關係可維持一段時間。

Pressey and Mathews（1998）指出，過去在發展關係的努力上，大都鎖定在採用上述各種類型的障礙或成本。然而，關係行銷人員一般很難認同此種做法，他們認為 RM 不應該只是「緊緊的將顧客綁住」（Barnes, 1994），採用這些做法來留住顧客的公司，事實上是在「矇騙自己」。因此，「強化與發展顧客關係」若定義為，「藉由懲罰的威脅做法，以更有效的栓住與制止顧客的流失」（Worthington and Horne, 1998），則是備受批評的。如果公司創造太多的障礙或過高的轉換成本，則顧客可能會有負面的反應（Sheth and Parvatiyar, 2000）。這類的觀點否定了 RM 是遠離競爭的方式，它並不強調採用敵對與粗糙的交易方式。

然而，應用成本／障礙（如財務性懲罰）與由顧客所自行創造出來的障礙（如情感或社會成本），或者是一種關係發展自然的結果（如搜尋、學習或與風險有關的成本），這些來源彼此之間應是有別的。由公司所發展的關係，若是視 RM 為經由懲罰障礙來「鎖住」顧客，則相對於讓顧客自願參與其中的做法是一種較拙劣的關係（Barnes, 1994）。這類懲罰障礙可能會帶來不滿與怨言（Storbacka *et al.,* 1994），進而可能（例如在契約到期後）導致顧客最後真的流失。對於過去所歷經的一切關係，實際上僅算是「虛假的關係」（pseudo-relatronship），也只是單方面的把顧客留住（他們實際上並不願意），只因為離開你所付出的代價太高（Barnes, 1994）。根據 Gummesson（1994）的說法，這種「操縱型的行銷」（manipulation marketing）可作如下的比喻：

　　　使用人工肥料與殺蟲劑也許可提高短期的農作收穫，但如此一來不僅破壞了農作物賴以繁衍的土壤，且短期貪婪的本質將表露無遺。若以此種生態情境來比喻，則 RM 認為行銷活動應有更長遠與更廣闊的視野。

　　相較之下，由顧客自己所創造的障礙，其結果通常是可令雙方都感到滿意（或至少不會不滿意）的，這些都是由供應商對關係所創造出來的附加價值。例如，所謂策略性組合（strategic bundling）意指將具有便利性及／或節省成本的相關產品或服務，整組提供給顧客（Payne, 2000b）。因此，緣於關係而所獲得的結果（諸如搜尋或學習成本）之障礙，雖然它是供應商致力追求的顧客之潛在成本，但卻非由供應商所直接創造出來的。例如，對那些期間非常長的服務而言，它雖可能構成一種轉換障礙，但並非是無法打破的障礙（Stewart, 1998）。

玖、關係壽命

　　一般而言，若能善用留住顧客的技術，則可提升公司的收益、降低成本及改善財務績效。Reichheld（1986）同意此一說法，他並提出一些經由顧客所貢獻的整個「利潤生命週期」而可讓公司獲得的各項利益。然而，在接受此一樂觀說法之前，尚須注意到一件事，此即這類的分析仍是存疑的，並無法適用在所有的情境。以下為此一模式（參見圖 3.5）所提出來的一些臆測：

- 隨著時間之收入的成長。
- 隨著時間，成本的節省。
- 口碑所帶來的收入。
- 價格的溢酬。

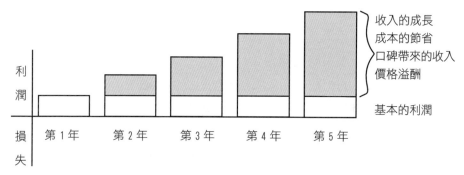

圖 3.5 隨著時間之利潤成長

（資料來源：摘自 *The Loyalty Effect*：*The Hidden Force Behing Growth, Profits and Lasting Value* by F. F. Reichheld, Boston, MA 1996, p. 43.）

一、收入的成長（Revence growth）

　　Reichheld（1996）認為，大多數的企業顧客，其購買支出會隨時間而增加。事實上，這是指擁有低顧客流動率（且可能存在高離開障礙）的產業，在這類產業中，我們可以合理的假定，隨著時間的推進，過去收入會遞增而非遞減；但一般說來，這可能是個過度樂觀的假設。在顧客高流動率與低離開障礙的產業，我們或可假想成如下的情況，來自某位顧客之收入的增加，很可能被另一個顧客在同一期間因購買支出減少或甚至停止購買，因而完全抵銷掉。由此可知，若發生此種情況，則公司未必會有淨收入的成長。

　　在大多數的企業中，若未將供應商之提供物（以商品種類或價值來表示）的支出相對於競爭者的提供物列入考量，則我們很難認定其收入是否有成長。有些產業甚至可能發生顧客並沒有任何成長的情形（根據 Reichheld 的看法），諸如園藝維護的承包，通常都涉及一「固定的」服務水準，基於一些外在的因素（諸如寒冷季節瓦斯的用量、或打電話的通數），某些其他產品或服務的需求水準會呈現波動的情況，但就整個年度來看，其需求水準的成長幾乎是零。這類型產業的供應商（如英國瓦斯公司或

BT），都已透過進行產品或服務之延伸而克服了此一問題（如英國瓦斯公司推出信用卡業務、BT 推出叫醒的電話服務）。另一方面，促銷所提供的特別優惠，或可提高短期的使用量（需求量），然而一般而言，我們很難接受如下的觀點（特別是在目前競爭激烈的環境中），「壽命的增長（沒有任何的中斷），自然會導致更多的購買支出。」

二、成本的節省（Cost savings）

若具備註銷某段期間內成本之能力，將可為供應商帶來利益。市場上若存在其他機會可為顧客節省一些成本，則亦有助於此一目標的達成。Reichheld（1996）指出，顧客忠誠度所帶來的營運成本優勢，對零售業而言尤其明顯，因為「針對經常變動的顧客來銷售產品的商店，比那些只銷售商品給相同顧客的商店，前者的商品存貨必然高出許多」。他更指出，一群穩定的顧客「有助於存貨管理之效率的提高，減少降價的情形，以及使產能比預測更為單純化」。

當零售業的存貨相當穩定（如五金店），或公司與顧客之間已建立非常密切的關係（如流行服飾店）時，上述的情境是存在的。在某些領域中，特別是FMCG產業為部門，則可能出現完全不同的景象，處在顧客較為世故、更專業及更冷漠的時代（Lannon, 1993），想要與這類顧客建立關係，其成本將更高而非降低。在這類市場上，顧客長期間下來已學會如何操縱供應商來達成自己的目標（例如，顧客購物時可能沿街與許多商家議價），但最後其所花的成本必然是增加而非遞減。由於網路上可供選擇的零售業與其他的供應商非常的多，且比價也是很容易的工作，因此都可能促使顧客「專挑甜櫻桃」（cherry pick）的供應商，如此一來，上述的情況會更加惡化。

三、口碑所帶來的收入（Referral income）

同樣的，此項利益對某些產業而言更為明顯。口碑推薦一直都是許多企業所致力追求的目標，且亦是網羅顧客的一個很有價值之管道。然而，

倚賴口碑推薦來獲得收入的成長，其前提假設（在所有其他條件不變的情況下）是，競爭者是無知的以及市場成長相當快速，然而上述這些情況在現今的許多產業部門都不存在。此外，即使公司可自某些口碑推薦而獲益，但競爭者本身同樣的可自遠離該公司之顧客的口碑推薦而獲益。因此，較為中肯的說法是，那些在各方面「都能把事情做好」的公司，其自口碑推薦所獲得的利益可能稍稍大於競爭者。

四、價格溢酬（Price premiums）

Reichheld（1996）指出，公司可自長期的、忠誠的顧客身上獲致價格溢酬（price premiume），這類的策略亦可由消費者的本質與離開障礙的大小來確定。然而，此一說法在許多市場上卻未必成為事實，因為它們廣泛的使用各種促銷方案，因而造就了「這一代的消費者對促銷活動愈來愈精明」，這些消費者都精通於從某個供應商轉向另一個供應商購買，以獲取最優惠的促銷提供物（Harlow, 1997）。尤其在競爭激烈的市場，欲將價格溢酬應用在長期的顧客身上，以實現此一策略的目標似乎是不可能的。即便有公司努力做此嘗試（參見專欄 3-3），但卻可能威脅到顧客滿意的水準，因此這是一種危險且相當耗成本的策略。此外，隨著網路購物之價格的透明化，更使得此一策略在未來已不再那麼重要了。

專欄 3-3

Amazon

2000 年 5 月至 9 月間，世界知名的網路書商 Amazon，嘗試採用動態的訂價策略，即依據現有的顧客之屬性特徵，對產品訂定不同的價格。Amazon 認為經常光顧的顧客較可能願意支付較高的金額，因此可對產品訂定較高的價格。不久之後，訊息留言版與論壇（諸如 DVDTalk. com）開始討論此事件，且有關訂價差異化的傳聞亦開始在 Amazon 所認定的新顧客與現有的顧客之間散播開來。當顧客發現真有這回事時，便開始引起極大的騷動與加以譴責。Amazon 的發言人則指稱，「公司的此一做法在於測試消費者對不同的價格水準之反應。」最後公司出面承認這是錯誤的政策，並向顧客允諾以後不會再發生類似的事情。

（資料來源：摘自 Mohammed *et al.*, 2002）

拾、了解你的顧客

任何有關長期留住顧客之價值的討論，亦皆須體認到，並非每個顧客對公司利潤的貢獻是相同的。事實上，我們之前已說明過，有相當大比例的顧客，不論是短期或長期，其對公司而言都是有虧損的。

這些造成公司利潤虧損的顧客，其結果是非常嚴重的，因此流失掉無獲利的顧客，對公司來說反而是有益的。此一論點要能成立，其前提是公司專注在 RM 活動上，且對個別的顧客都能清楚的了解與認識，讓公司對那些造成重大虧損的顧客不予以理會（Strandvik and Storbacka, 1996）。例

如，有些英國的銀行採行計點制或利潤方格矩陣的方式（參見圖 3.6），它是依據顧客使用（或事實上未被使用）的服務，來評價顧客對公司的價值。雖然此種評量相當粗糙，但卻可讓公司將有獲利潛力與無獲利的兩類顧客加以區隔。對多數的組織而言，計算「關係獲利力」（relationship profitability）的困難，乃在於如何分攤成本於每個特定的顧客關係活動上，以及如何確認這類關係之成本驅動因子（cost drivers）（Storbacka *et al.*, 1994），不僅是個別顧客對關係獲利的貢獻必須加以計算（從公司的角度），而且亦須評估在建立與維持這類關係時所須注入的成本（Blois 1997; Palmer, 1998）。

長期關係獲利的計算之另一項要素是，任何一項用來延長關係長度之競爭優勢（來自關係策略的導入），其投資是否能夠回收與補償。在金融服務業方面，企業所規劃與設計的「產品」包裹（整套服務），通常會伴隨一些障礙與成本，藉以防止顧客的流失。因此，透過期初提供有吸引力的提供物所獲得的優勢，不論在過渡時期是否有引進任何產品或服務，它都能維持長久。

在此一連續帶光譜的另一端（FMCG 零售業再次成為絕佳的案例），其建立離開障礙的能力便受到侷限。大多數的零售業者藉由提供一些加值的服務給「忠誠的顧客」，作為留住顧客的活動方案，嘗試能與顧客維持長期的關係。這類忠誠方案其問題出在，競爭者為了向這些有流失傾向的顧客招手，亦很容易複製類似的關係活動方案，因此它是否能帶給公司長期的優勢，似乎令人質疑。假定顧客所知覺的差異化優勢是低的，或者活動方案很容易被複製，那麼用來發展長期競爭優勢的關係策略其效力便大打折扣。因此，我們可以更一進步假定，複製差異化優勢的能力愈大，則愈需要持續不斷的發展與修正 RM 策略，如此才能確保「永遠走在前端」。

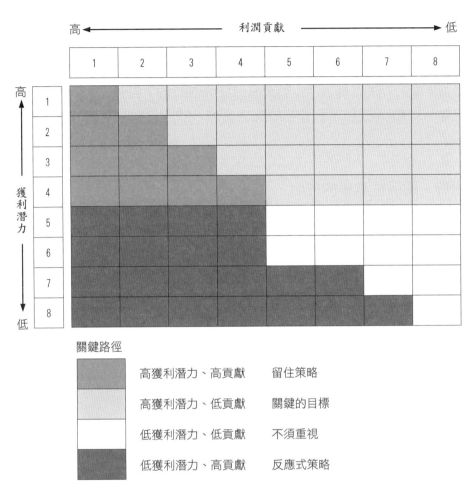

高 ◄─────── 利潤貢獻 ───────► 低

獲利潛力（高→低）

關鍵路徑

▨	高獲利潛力、高貢獻	留住策略
▨	高獲利潛力、低貢獻	關鍵的目標
□	低獲利潛力、低貢獻	不須重視
▨	低獲利潛力、高貢獻	反應式策略

😊 圖 3.6　利潤／潛力矩陣；此模型中的潛力可依據 MOSAIC/PIXEL 矩陣來評
　　　　量，金融服務業的潛力之評估可藉重人口統計與生活型態的資料

（資料來源：摘自 Pompa *et al.*, 2000）

　　據估計（Incentive Today, 1999 年 2 月），1999/2000 年歐洲的零售
業在顧客忠誠活動方面所花費的支出約為 35 億元，且這筆費用基本上都在
獲得回報之前即已開支。如同之前所提及的，此一費用投入在愈來愈昂貴
的策略活動上，最終的效果可能被採行關係策略之供應商與其競爭者所瓜
分掉；也就是說，某產業中，RM 公司與其更具「交易」導向的競爭者，共

同分享所獲得的成果。當產業中的每一成員都提供很多且相同的誘因給顧客（如常客的優惠方案），則其所能獲得的淨利便僅是微薄小利而已。近年來航空業在一片「削價」猛烈的競爭下（航空業比多數零售業更早引進忠誠方案），諸如 Easy Jet 與 Ryan Air 所推行的「陽春」（no-frills）航線，及英國航空公司所推出的 Go 方案等，都是上述關係發展之典型的案例。

拾壹、關係經濟學的效度

對 RM 產生興趣的公司近來已呈現爆炸性的成長，它們主要是被關係經濟學所驅動（Barnes and Howlett, 1988）。然而，這類經濟學的論點雖僅在英國相關書籍中占很小的篇幅，但它對企業而言卻是占了很大比例的營運活動（Mitchell, 1997）。如果這些論點是正確的，而且關係策略的驅動因子確實發揮作用，那麼企業所能獲得的利益將是指日可待。然而，若只因它可帶來長期獲利而認為關係行銷是件「美好的事物」，那麼可能太過單純化了；而且，緊接而來的問題也許更是關鍵，包括如何及與誰建立這些關係，以及應該發展何種關係類型等（Barnes, 1994）。從過去的經驗來看，如果我們很清楚一般的顧客都會持續購買某一產品或服務，那麼奠基在終生價值評估所採行的關係策略，其所能獲得的利益將是很明顯的。這類說法的一些案例包括：

℘ 「一位目前凱迪拉克的顧客，終其一生價值約為三十三萬二千元」(Gummesson, 1999)。

℘ 「達美樂披薩的顧客，在十年內價值五萬元」（Christopher *et al.*, 1991）。

然而，它必定存在一些附帶條件，亦即所有這類的宣稱都是以過去歷史資料所評估出來的，而在將來未必保證可達到該數據。由此可知，「終

生價值」的估計，從策略規劃的觀點來看也許是正確的，但太過倚賴這些預測值則未免有些過度樂觀。

摘　要

　　本章主要探討關係經濟學，涵括的課題包括網羅顧客的成本與留住顧客的成本。本章亦指出，雖然多數的產業都肯定的認為網羅顧客的成本大於留住顧客的成本，但我們絕不可將之視為通用的真理。本章亦討論了關係壽命長度的利益，包括階段理論與終生價值的概念，並再度地指出，雖然在某些產業中可獲得可觀的利益，但同樣的也不能將之推論到每一種情境。此外，我們亦討論了與關係壽命有關的轉換成本，並區別對關係有正面意義的成本與其威脅性的離開障礙，兩者之間的差異。最後，本章的結語指出，認為 RM 必可帶來長期獲利的觀點，未免太過單純化了。

討論問題

1. 有關：(a)網羅顧客與(b)留住顧客，此兩者的成本驅動因子有何不同？

2. 經由長期的供應商—顧客關係所獲得的潛在優勢為何？

3. 如何區別本章所述的各種階段模式之差異？

4. 轉換成本對於關係的發展有何影響？

個案研究

IKEA 尋求與零售商之間友善的接觸

IKEA宣稱將於未來二十年內在英國開設二十多家的店，並可創造一萬二千多個工作機會。這對英國的經濟發展來說是一項天大的好消息。

然而，它也同時帶來一些行銷上令人迷惑的問題，一個真實的品牌如何能同時兼顧是否可存活下來，以及讓它繁盛？此外，它是否能夠持續這樣做？

我們先考慮私營的瑞典家具商與家具零售商之真實的一面。這些廠商在政府的出版品中，一直未被妥善的編類，連鎖店之間的訂購、採購與運送政策也一直存在敵意的做法，包括顧客本身退回瑕疵商品之令人措手不及的業務需求量、顧客服務中心之矛盾的心態，以及商店內單向系統所帶給顧客的幽閉恐怖之感受。上述這些問題中的任何一個，皆足以阻礙一個品牌成功的機會。

更糟的是，高階管理當局一副漠不關心的語氣，既是如此，那他們為何又要在乎呢？顧客在擠入人潮前想要找個停車位也要花上好幾個小時。今年的銷售業績預計會升至七百五十萬英鎊，而 1999 年則為五百八十五萬百萬英鎊，錢櫃箱似乎一直聲聲作響。

這不禁令人回想起甜美的往事，當時在全盛期Marks & Spence之趾高氣昂的姿態，相對照其在去年度營運報告中所展現出歉疚的低姿態，兩者實在有著天壤之別。在此份報告中，有一幅雙頁的圖片，畫著一位男人與一位女人之間神氣的對話，其開始的內容是，「在過去，如果商店沒有我所想要的某些東西，那麼我會想著是不是我來晚了。」

　　接下來的一些對話則簡潔的歸納出 M＆S 出錯的問題，「現在，我可不會再這麼容忍了，我期望商店能立即的補貨上去，以便這些貨品隨時為我準備好。」因此，IKEA 之最大的問題在於，顧客的耐性可等待多久的時間，才不至於讓他們憤憤離去。

　　這時間也許不會很久，其理由有如下數端：第一、競爭者的威脅日益嚴重。英國的家具市場在許多方面一直處在開發不足的狀態，這也是為什麼斯堪的納維亞之 IKEA 簡單造型且低價的家具能夠如此的受到歡迎。然而，所有的一切似乎僅是曇花一現而已，或許因為網際網路帶來了無限的機會，包括不錯的商品、合理的價格及優越的顧客服務，因而很快地掃除掉 IKEA 臉上沾沾自喜的微笑。

　　第二個理由則是更基本的，且與購物者有密切的關聯。在這個二十四小時都是社交活動的時代，出乎意料的令人覺得時間更為寶貴；誠如未來基金的 Melame Howard 在最近一次的會議上所指出的，「在英國幾乎呈現無黑夜的白天社會」。如果你想要讓顧客等待一會兒，那麼你必須要有強力的理由說服他為何要花時間找停車位、排隊結帳，以及沒有任何人出面調解抱怨事件，而這一切都不是應有的待客之道。

　　更有甚者，即使人口統計的趨勢方面，似乎亦與 IKEA 的估計大異其趣。零售顧問公司 Verdict 在一篇文章「變動中英國人的面貌」（*The Changing Face of Britain*）中提出警告，到了 2010 年，在 25 到 39 歲的市場區隔，其市場版圖將逐漸萎縮，而 55 到 69 歲的人口將增至五分之一的比例，這將促使零售業者發現到，無法於相同的環境以相同的方式在大眾市場上銷售相同的產品。

　　因此，對 IKEA 而言，最好的做法便是重新仔細思考未來，否則，這些憤怒的顧客可能認為即使再低的價格也不值得他們再去光顧。

（資料來源：Laura Majun, *Marketing*, 29 June 2000）

個案研究問題

1. IKEA 依其經營模式能否生存下去？

2. 在額外的顧客服務與其所伴隨的成本兩者之間，零售業者應如何「取得平衡」？

3. 自此篇文章發表後，請討論 IKEA 如何及是否已有所改善？

 參考文獻

Ambler, T. and Styles, C. (2000) 'Viewpoint-the future of relational research in international marketing: constructs and conduits', *International Marketing Review*, **17** (6), 492-508.

Barnard, N. and Ehrenberg, A.S.C. (1997) 'Advertisitng: strongly persuasive or nudging?', *Journal of Advertising Research*, January/February, 21-31.

Barnes, J.G. (1994) 'Close to the customer: but is it really a relationship?', *Journal of Marketing Management*, **10**, 561-70.

Barnes, J.G. and Howlett, D.M. (1998) 'Predictors of equity in relationships between service providers and retail customers', *International Journal of Bank Marketing*, **16** (1), 5-23.

Berry, L. L. and Gresham, L.G. (1986) 'Relationship retailing; transforming customers into clients', *Business Horizons,* November/December, 43-7.

Berry, L.L. (2000) "Relationship marketing of services: growing interest, emerging perspectives' in Sheth, J.N and Parvatiyar, A. (eds) *Handbook of Relationship Marketing*. Thousand Oaks CA: Sage, pp. 149-70.

Bhattacharya, C.B. and Bolton, R.N. (2000) 'Relationship marketing in mass markets', in Sheth, J.N. and Parvatiyar, A. (eds) *Handbook of Relationship Marketing*. Thousand Oaks, CA: Sage, pp. 327-54.

Blois, K.J. (1997) 'When is a relationship a relationship', in Gemünden, H.G., Rittert,

T. and Walter, A. (eds) *Relationships and Networks in International Markets*. Oxford: Elsevier, pp. 53-64.

Blois, K.J. (1999) 'Relationships in business-to-business marketing; how is their value assessed?' *Marketing Intelligence and Planning*, **17** (2), 91-9.

Buttle, F.B. (1996) *Relationship Marketing Theory and Practice*. London: Paul Chapman.

Christopher, M., Payne, A. and Ballantyne, D. (1991) *Relationship Marketing*. London: Butterworth Heinemann.

Dawes, J. and Swailes, S. (1999) 'Retention sans frontieres: issues for financial service retailers', *International Journal of Bank Marketing*, **17** (1), 36-43.

Doyle, P. (1998) *Marketing Management and Strategy*. London: Prentice Hall.

Dwyer, F.R., Schurr, P.H. and Oh, S. (1987) 'Developing buyer-seller relationships', *Journal of Marketing*, **51**, 11-27.

East, R. (2000) 'Fact and fallacy in retention marketing', *Professorial Inaugural Lecture*, 1 March 2000, Kingston University Business School, UK.

Gordon, I.H. (1998) *Relationship Marketing*. Etobicoke, Ontario: John Wiley & Sons.

Grossman, R.P. (1998) 'Developing and managing effective customer relationships,' *Journal of Product and Brand Management*, **7** (1), 27-40.

Grönroos, C. (1994) 'From marketing mix to relationship marketing: towards a paradigm shift in marketing', *Management Decisions*, **32** (2) 4-20.

Grönroos, C. (1995) 'Relationship marketing: the strategy continuum', *Journal of Marketing Science*, **23** (4), 252-4.

Grönroos, C. (1996) 'Relationship marketing: strategic and tactical implications', *Management Decisions*, **34** (3), 5-14.

Gummesson, E. (1994) 'Making relationship marketing operational', *International Journal of Service Industry Management*, **5**, 5-20.

Gummesson E. (1999) *Total Relationship Marketing; Rethinking Marketing Management from 4Ps to 30Ps*. Oxford: Butterworth Heinemann.

Harlow, E. (1997) 'Loyalty is for life-not just for Christmas', paper presented at the Advanced Relationship Marketing Conference, 23 October 1997. London: *Century Communications*.

Hart, C.W.L., Heskett, J.L. and Sasser, W.E. jr (1990) 'The profitable art of service recovery', *Harvard Business Review*, July-August, 148-56.

Hart, S., Smith, A., Sparks, L. and Tzokas, N. (1999) 'Are loyalty schemes a manif estation of relationship marketing?', *Journal of Marketing Management*, **15**, 541-62.

Kotler, P. (1992) 'Marketing's new paradigm: what's really happening out there?', *Planning Review*, **20** (5), 50-2.

Kotler, P. (1997) 'Method for the millennium', *Marketing Business,* February, 26-7.

Kotler, P., Armstrong, G., Saunders, J. and Wing, V. (1999) *Principles of Marketing* (2nd European edn). New York: Prentice Hall.

Lannon, J. (1993) 'Branding essentials and the new environment', *Admap*, **28** (6).

Mitchell, A. (1997) 'Evolution', *Marketing Business*, June, 37.

Mohammed, R.A., Fisher, R.J., Jaworski, B.J. and Cahill, A.M. (2002), *Internet Marketing: Building Advantage in the Networked Economy*, New York: McGraw-Hill.

Moules, J. (1998) 'Stopping the exodus', *Information Strategy*, **3** (5), 46-8.

Murphy, J.A. (1997) 'Customer loyalty and the art of satisfaction', *FT Mastering,* London: Financial Times (www.ftmastering.com).

Palmer, A. and Beggs, R. (1997) 'Loyalty programmes: congruence of market structure and success', paper presented at the the *Academy of Marketing Conference*, Manchester, UK.

Palmer, A.J. (1998) *Principles of Services Marketing*. London: Kogan Page.

Payne, A. and Frow, P. (1997) 'Relationship marketing: key issues for the utilities sector', *Journal of Marketing Management*, **13** (5) 463-77.

Payne, A., Christopher, M. and Peck, H. (eds) (1995) *Relationship Marketing for Competitive Advantage: Winning and Keeping Customers*. Oxford: Butterworth Heinemann.

Payne, A. (2000a) 'Relationship marketing-the UK Perspective' in Sheth, J.N. and

Parvatiyar, A. (eds) *Handbook of Relationship Marketing*. Thousand Oaks CA: Sage, pp. 39-67.

Payne, A. (2000b) 'Customer retention' in Cranfield School of Management, *Marketing Management: A Relationship Marketing Perspective*, Basingstoke, Macmillan pp. 110-24.

Pompa, N., Berry, J., Reid, J. and Webber, R. (2000) 'Adopting share of wallet as a basis for communications and customer relationship management', *Interactive Marketing*, **2** (1), 29-40.

Pressey, A.D. and Mathews, B.P. (1998) 'Relationship marketing and retailing: comfortable bedfellows?', *Customer Relationship Management*, **1** (1) 39-53.

Reichheld, F.F. (1996) *The Loyalty Effect: The Hidden Force Behing Growth, Profits and Lasting Value*. Boston, MA: Harvard Business School Press.

Sheth, J.N. and Parvatiyar, A. (1995a) 'Relationship marketing in consumer markets: antecedents and consequences,' *Journal of the Academy of Marketing Science*, **23** (4), 255-71.

Sheth, J.N. and Parvatiyar, A. (1995b) 'The evolution of relationship marketing' *International Business Review*, **4** (4), 397-418.

Sheth, J.N. and Parvatiyar, A. (2000) 'Relationship marketing in consumer markets: antecedents and consequences' in Sheth, J.N. and Parvatiyar, A. (eds) *Handbook of Relationship Marketing*. Thousand Oaks CA: Sage, 171-207.

Stewart, K. (1998) 'The customer exit process-A review and research agenda', *Journal of Marketing Management*, **14**, 235-50.

Storbacka, K., Strandvik, T. and Grönroos, C. (1994) 'Managing customer relations for profit: the dynamics of relationship quality', *International Journal of Service Industry Management*, **5**, 21-38.

Strandvik, T. and Storbacka, K. (1996) 'Managing relationship quality', in Edvardsson, B., Brown, S.W., Johnston, R. and Scheuing, E.E. (eds) *Advancing Service Quality: A Global Perspective*. New York: ISQA, pp. 67-76.

Tapp, A. (1998) *Principles of Direct and Database Marketing*. London: Financial

Times Management/Pitman Publishing.

Tynan, C. (1997) 'A review of the marriage analogy in relationship marketing', *Jounal of Marketing Management*, **13** (7), 695-704.

Worthington, S. and Horne, S. (1998) 'A new relationship marketing model and its application in the affinity credit card market', *International Journal of Bank Marketing*, **16** (1), 39-44.

第四章

策略連續帶

學習目標

1. RM 之行銷的背景脈絡
2. 行銷連續帶
3. 混合式行銷與行銷策略的組合
4. 連續帶的驅動因子

前言

　　有關前一章對關係行銷經濟學所做的討論中，我們曾指出，雖然 RM 在某些產業是有利益的，但這並不是說對所有產業都是如此。因此，我們應如何處理這類多樣化的策略？我們應如何決定何時採用哪一類型的策略較適切？

壹、RM 的背景脈絡

1990 年代關於行銷理論中對 RM 爭辯的問題，可彙總為下列四種「不同的」哲學觀點之間的選擇（Pels, 1999; Brodie *et al.*, 1997）：

1. 在行銷管理的方法上加上一個關係構面，亦即在傳統行銷中將此一較「特別的」觀念融入現有的行銷典範（參見第一章）。
2. 交換關係（即 RM）應被視為一種新的行銷典範；此學派認為行銷領域已然產生了典範的轉移，即從傳統行銷（TM）轉移至關係行銷（RM）（參見第一章）。
3. 交易式的交換（TM）與關係式的交換（RM）是不同的典範，且此兩典範可分開共存。
4. 傳統的行銷（TM）與關係行銷（RM）可共存，且同時皆為相同的行銷典範之一部分。

簡言之，RM 可視為一項概念，一個主流的理論，兩種行銷觀點中的一個，或者是整體行銷領域中一個完整的部分。

早期的教科書傾向於將 RM 視為影響現有概念的一種戰術，例如，影響行銷組合的戰術（如 Christopher *et al.*, 1991）。隨著關係策略之策略性價值日漸受到重視，此一觀點亦逐漸失色。然而，有關 RM 是否為一種新的主流典範之論點，則仍在爭辯中。如同前面所提及的，許多著名的學者（如 Sheth and Parvatiyar, 1993; Grönroos, 1994a; Morgan and Hunt, 1994; Gummesson, 1993; Buttle, 1997），皆認為典範的轉移已然發生。

然而，即使將 RM 提升至行銷理論的最高層次，但對於公司是否必然（或事實上曾經）已了解到發展關係策略是適切的且有利的，似乎仍存有疑問（如 Palmer, 1996; Grönroos, 1997）。例如 Kotler（1997）指出，有關傳統的大量行銷已壽終正寢的報告，似乎「有點言之過早」，且諸如可口可樂、吉列（Gilletle）及柯達等公司，皆為持續推行傳統的大量行銷技術（如使用大眾媒體的大眾傳播）之主要的公司，並在可預見的未來亦皆如

此。Mayer *et al.*（2000）認為，雖然有關大眾市場與大眾消費已壽終正寢的說法甚囂塵上，但仍未有實際的事證來支持。Gummesson（1997b）甚至強調，新的觀念未曾幹掉舊觀念，「只不過是將舊觀念擠壓到某個角落，讓它們再作修正，以待重新出發。」

此一觀點之邏輯推理的結果是，透過交易行銷的方法，某些行銷活動仍可作最佳的處理（Gummesson, 1994）。如同 Dwyer *et al.*（1987）所言，關係策略之真實或預期的成本，是有可能大於由關係式交換獲得的利益。Grönroos（1997）亦指出，「重要的是……並非關係策略是否可實現，而是公司能否從中獲利，以及在其他情境中，公司是否適合發展關係策略或傳統的策略。」此論點認為，如果公司採用關係式的途徑而無法確保經濟效益，那麼公司最好仍維持（或改用）交易式的策略。

至於交易式行銷與關係式行銷可共存的觀點，則強調 RM 不應該僅被視為 TM 策略的替代品，而應視為另一種行銷的觀點。這意謂著 RM 並無法很清楚的被定義、劃清界限，但卻是行銷領域中一個「有助益的途徑」（Gummesson, 1994）。然而，此一論點亦仍留下如下懸而未決的問題，亦即相對於一個別公司或產業而言，RM 與 TM 是否為相互排斥，或者是相同典範中的不同部分（Brodie *et al.,* 1997; Coviello *et al.,* 1997），亦或者是「行銷策略連續帶」（marketing strategy continuation）中的兩個極端（Grönroos, 1995）。

貳、RM／TM 的連續帶

Brodie *et al.*（1997）所進行的研究，支持行銷策略連續帶的假設，他們的驗證結果指出，在管理層次上，公司結合了 TM 與 RM 的各種方法，且管理者會維持一個策略類型的「組合」（portfolis）。雖然研究的案例與調查結果皆認為，某些類型的行銷（不是 TM 就是 RM）更常在某些產業部門出現，但並未隱含著兩者是互斥的。這幾位研究者指出，在連續帶交易端的公司，一般皆屬於較大型與成立較久的企業，但這可能僅是意謂著他

們在採行新策略方面可能較為遲緩。這些研究者的分析，並無法以特定或其他的實務來明確的指出公司之特徵，此一推論除了對某些特定的產業類別外，基本上是支持其間必然隱含某些「驅動因子」的說法。

　　如同我們對 RM 預期它可能受到高度重視的情景一樣，雖然一般的行銷實務皆顯現出有股相當大的潮流轉向顧客導向，但根據 Brodie *et al.* 研究的結論卻指出，交易式與關係式行銷的方法可以且亦確實共存的。Möller and Halinen（2000）也體認到，純粹的關係（或純粹的交易）型態並不存在，而較佳的說法應是「各種不同關係複雜度的一個連續帶」。因此，任何交換皆可視為落於連續帶的某個位置，而此一連續帶的範圍乃從間斷式到關係式交換（Blois, 1999）。Pressey and Mathews（1998）似乎也認同多種不同方法多管齊下之做法，因為超市的顧客關係雖然不能完全符合 RM 的特徵，但亦不能將之歸類為如同 TM 一樣的「間斷式」（discrete）交易。由此可知，這種關係是介於 RM 與 TM 之間，亦即同時兼具兩者的成份。因此，我們稱其所採用的策略為一種「類型的組合」（portfolio of types）。

　　在此一行銷連續帶模式中，RM 則位於連續帶的另一端，此時其所強調的重點即在於與顧客（和其他的利害相關團體）建立關係；至於連續帶的另一端即為 TM，它所強調的是短期交易，且同一時間僅進行一次交易（Grönroos, 1994b）。Gummesson（1999）支持此一觀點，他認為在一個市場經濟的運作體系中，合作與競爭都是必要的，雖然合作是 RM 的核心特質，但傳統行銷既存的偏見是較偏競爭的。介於此兩觀點之間的行銷連續帶概念，允許這兩者的特色同時存在。

　　Grönroos（1994b）認為，產業類型可能是影響公司位於連續帶哪一位置的因素（參見圖 4.1）。他預測，位於連續帶一端的產業包括最終使用者、消費性包裝商品的市場，其所採行的行銷組合活動乃與間斷式、交易式的交換有關，且其顧客通常更具價格敏感度，而不重視任何長期關係的發展。RM 以及關係的隱喻，在大眾消費者行銷的情境背景下，似乎比在高度接觸、組織間及服務行銷等的情境背景下，較沒有價值（O'Malley and Tynan, 1999）。在連續帶的一端，傳統上所採用的衡量指標包括技術品質與

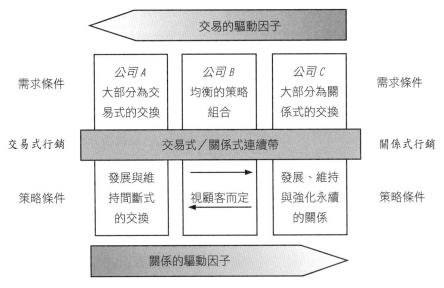

公司 A
大部分為交
易式的交換

公司 B
均衡的策略
組合

公司 C
大部分為關
係式的交換

需求條件

交易式行銷　　　　　交易式／關係式連續帶　　　　　關係式行銷

策略條件

發展與維
持間斷式
的交換

視顧客而定

發展、維持
與強化永續
的關係

策略條件

關係的驅動因子

🐌 圖 4.1　交易式／關係式連續帶與驅動因子

市場占有率的監測，本質上，顧客的意見是由面對面接觸所做的調查，但其精確度受到限制；此外，此一極端的策略並未將內部行銷（參見第七章）作為優先考量。

連續帶另一端所涵括的產業包括配銷通路、服務及企業對企業（B2B）的市場，它們都認為採用關係類型的策略對公司而言是有利的。此種策略著重在長期性，採用互動式的方式來發展、維持及強化永續的關係，落在此端的顧客較不具價格敏感度，他們會尋求經由與供應商建立關係而能獲得其他利益，其主要的評量準則為與顧客互動的品質，及成功的顧客基礎之管理。顧客往往會「即時」（real time）的互動（亦即回饋乃構成互動的一部分），且會恆久持續下去。由於與顧客之間的界面如此的重要（通常稱為「關鍵時刻」（the moment of truth）），因此內部行銷的角色有其策略性的重要涵義。

雖然對產業做如此嚴謹的區分有些過度誇大（一般認為消費性商品的公司無法自關係策略中獲得任何利益，而配銷通路、服務業及企業對企業（B2B）之公司則通常是有利的），但這也許是一個重要的出發點。行銷連續

帶所說明的觀念是，雖然RM策略對許多產品、服務及市場是具有吸引力的，但若將之應用在其他情境則可能是不合適的（Palmer, 1996）。此一觀念亦指出，有些永續的關係經常維持在某一顯著的交易水準上，其焦點處在得與失之間（Rousseau *et al.*, 1998），且其發展很少能超越此水準之上。採用RM策略未必保證成功；誠如 Ambler and Styles（2000）所指出，事實上存在相當多的反例，亦即「惡劣的關係但卻獲利豐碩，以及良好的關係但卻無利可圖」。

Grönroos（1994b）指出，公司的做法愈移向行銷策略連續帶的右端，愈遠離交易式型態的情境，則市場的擴張愈可能超越核心產品（參見圖4.2），且愈可能致力於互動式行銷策略（Grönroos, 1995）。Barnes（1994）提出假設性的看法，在此一連續帶的某個位置上，若採用交易式行銷的做法便變得不合適，此時即是建立真誠的關係之開始。

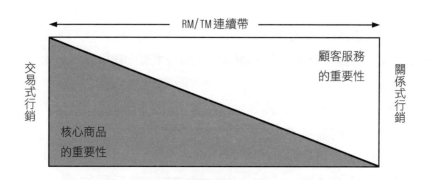

  🐾 圖 4.2　RM/TM 連續帶

參、行銷的涵義

Grönroos（1995）認為，策略連續帶兩端（RM與TM）之行銷涵義有其不同的關注項目：

ℓ 行銷導向的主導性。

ℓ 品質功能的主導性。

ℓ 顧客資訊系統。

ℓ 企業功能之間的相互依賴。

ℓ 內部行銷的角色。

一、行銷導向的主導性（Dominant marketing orientation）

RM 強調行銷不應該侷限在「行銷組合」活動，也不應該完全歸屬於行銷部門的責任（參見第七章）。在 TM 領域中，行銷部門之外的人員，其行銷的角色往往被忽略，且諸如廣告、宣傳與價格促銷等，則構成其核心的活動；至於在 RM 中，這些要項雖是必要的，但只是作為支援性的活動，用來協助互動與內部行銷策略的執行。

二、品質功能的主導性（Dominant quality function）

就 TM 的觀念而言，只要產生的品質是可接受的，那就夠了；然而在 RM 的領域，雖然技術性的品質可被接受，但它僅是品質構面的一部分而已；舉凡公司內的一切互動（接觸、資訊系統等），都須用來提示顧客對品質的認知。

三、顧客資訊系統（Customer information system）

追求 TM 策略的公司，即使有跟顧客直接接觸，但通常機會不多。TM 本質上主要依賴顧客滿意度調查與市場占有率之統計數據，作為獲取顧客行為與態度之資訊蒐集的手段；相反的，運用 RM 策略的公司將會經由與顧客持續的互動及直接的管理其顧客，來監測顧客的滿意度（參見第十章）。

四、企業功能間的相互依賴（Interdependency between business functions）

組織內各功能與部門間的相互依賴水準，亦與公司選用 TM 或 RM 策略

有關。若採用 TM 策略，則其行銷部門主要負責行銷功能；至於若採行 RM 策略，則功能間的互動，特別是行銷、作業與人力資源等部門，將是企業成功的關鍵（參見第七章）。

五、內部行銷的角色（Role of internal marketing）

訓練非行銷部門的員工（non-marketing employees）——Gummesson（1999）將這些人稱為「兼職的行銷人員」（part-time marketers）（參見第七章），一來執行其行銷方面的任務，乃是RM策略之重要的一環。採行此種策略的公司，在獲取所有員工對於發展行銷行為所需要的承諾方面，必須採取主動積極的做法，公司中有愈多的員工涉入行銷的行列，則公司愈需要採取主動的內部行銷。至於採行TM的公司，其必要性則受到限制。

六、四種類型的行銷（Four marketing types）

Brodie *et al.*（1997）採納連續帶的概念，並進一步指出，實務上所推行的行銷主要有四種類型，這些研究者雖認同交易式（TM）與關係式（RM）兩者之間是有區別的，但他們亦認為後者可再區分為下列三種類型的策略：

❢ 資料庫行銷。
❢ 互動式行銷。
❢ 網絡行銷。

這些不同類型的策略，其行銷的做法與各種策略之相關的特色，可參見圖4.3的說明。

Brodie *et al.* 所提出的三種關係類型，或可用更一般性的術語來描述，即直效行銷、關係行銷——最終消費者（B2C），與關係行銷——企業對企業（B2B）。這些類型的行銷其內容的描述，與我們一般常用的名詞與觀念所表達的涵義，或許較有攸關性且較為合適。這也支持了Möller and Halinen（2000）的論點，他們強調不同的交換特性與交換的情境背景，須採用

←TM 的觀點→		關係行銷的觀點──────→		
類　型	交易式行銷	資料庫行銷	互動式行銷	網絡行銷
焦　點	經濟性的交易	資訊與經濟性的交易	買方與賣方之間互動關係	公司之間關係的連結
雙方的涉入	公司與購買者在一般性市場	公司與購買者在特定的目標市場上	個別的賣方與買方（二元）關係	賣方、買方與其他公司
溝通的型態	公司「向」市場	公司「向」個人	個人「與」個人	公司「與」公司（包括個人）
接觸的類型	敵對的、非人員的	個人化的（但仍存在距離）	面對面、人際間的	非人員—人際間的（疏遠—親密）
持續時間	間斷的，一次即中斷（但有可能間歇發生）	間斷的與間歇性發生	連續的*（持久且調適）	連續的*（穩定中仍有變動）
正式化	正　式	正式（但可利用科技達到個人化）	正式與非正式（社會與企業）	正式與非正式（社會與企業）
權力的均衡	賣方主動，買方被動	賣方主動，買方稍為被動	買方與賣方相互主動與調適	所有公司皆主動與調適
作者的描述**	交易式行銷	直效／資料庫行銷	關係行銷（消費者）	關係行銷（企業對企業；B2B）
重　疊				

* 可能是長期或短期
**作者的觀點

⊛ 圖 4.3　四種行銷類型

（資料來源：摘自 Brodie *et al.*, 1997）

不同類型的關係行銷。此外，它亦說明了這些名詞（及策略）之間，在某些涵義上可能有重疊的地方。例如，

§ 交易式行銷與資料庫／直效行銷重疊，雖然個人化的（使用科技）資料庫行銷可能有較大的差異且更為正式，但都強調賣方大部分是主動的，而買方大多數是被動的。
§ 資料庫／直效行銷與消費者 RM 重疊之處為兩者皆是「針對個人」做行銷，並且都不是採用大眾行銷技術。
§ 消費者 RM 與 B2B RM 的共同處是，它們皆強調持續關係的長期價值。

肆、連續帶的驅動因子

從上述論點之邏輯推演，我們或可認為市場因素（在任何時點上）決定了關係式與交易式策略的價值（因而可作為兩者策略間的選擇基準）。連續帶的概念可作為一個基礎，用來決定在某一既定的市場情境下，哪些部門、公司或產業因素、或「驅動因子」（drivers）會（或可能）影響策略性決策的制定。專欄 4-1 說明了一些足以影響公司究竟採納關係式或交易式策略的驅動因子，這類驅動因子有些已在前面章節介紹過，而有些則將在往後的章節中再作詳細討論。

使用「驅動因子」一詞或許比「前置因子」（antecedents）要來得好，雖然許多 RM 的相關文獻都將關係因子（如信任）作為「正向關係結果的前置因子」，但實證的結果卻未必支持此種關聯性（因此採用驅動因子較為適切）（Grayson and Ambler, 1999）。另一方面，「驅動因子」的概念主要在強調這類因素可能「提升」RM，而非作為「預測」RM 的結果之效標。

專欄 4-1

影響策略性決策制定的驅動因子

有助於採用關係式策略的驅動因子：

☐ 網羅成本相對高於留住顧客成本。

☐ 高離開障礙。

☐ 持久的競爭優勢。

☐ 前景看漲／擴張快速的市場。

☐ 高風險／相當突出的產品或服務。

☐ 交換活動中高情感涉入。

☐ 需要高度的信任與承諾。

☐ 認知到有親密的必要。

☐ 留下來可獲得滿意的利益。

不利於採用關係式策略的驅動因子：

☐ 網羅／留住顧客成本的差異很小。

☐ 低離開障礙。

☐ 非持久的競爭優勢。

☐ 市場已達飽和。

☐ 低風險／不重要的產品或服務。

☐ 交換活動中低情感涉入。

☐ 僅需要信任。

☐ 未認知到親密的必要。

☐ 重複的行為策略較有利。

　　策略連續帶的概念隱含著存在一個「最佳的位置」（不論是否容易決定），且每家公司皆有其特別擅長的一面，端視各種不同的交易式或關係式驅動因子之間的平衡與取捨。在企業經營與其生命歷程中，關係具有不穩定的本質（Blois, 1997），而此種平衡的取捨會隨著這些因素的強化或減弱而經常產生變化。這種經常變動的情境，意謂著落在最佳位置的任何一邊，存在永久的「危險區域」，此乃因為計算某既定時間點採用特定的 TM 與 RM 策略所獲得的結果，即使有可能算出未來，但也是一件相當艱難的任務（參見圖 4.4）。其中存在兩個最大的風險，包括：

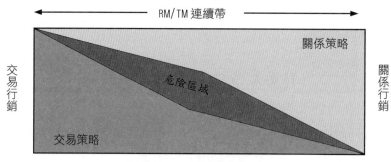

🎙 圖 4.4　RM/TM 連續帶

🔑 在連續帶的交易端不會察覺顧客對某項「顧客服務」水準遞增的渴望（參見前面的 IKEA 個案研究）。

🔑 在連續帶的關係端可能高估顧客所期望的服務水準，結果導致顧客投向較低成本（與較低服務水準）的競爭者。

　　愈接近所假想的連續帶之中間區域，則愈容易發生誤用不當策略的風險。更麻煩的是，每一種情境都須個別判斷。這種關係的獨特性讓「不同公司之間成功實務的機械式移轉（mechanical transfer），陷入模糊不清的情境」（Häkansson and Snehota, 2000）。

一、混合型的管理方法（Hybrid managerial approach）

　　如同理性的思考與直觀的感覺一樣，關係策略隨著時間過去，究竟僅是理論的層次，亦或將出現在實務的政策層次，則有待實際去檢測。透過對真實世界之行銷實務的觀察，或可發現混合型的管理方法（源自連續的概念），乃是回應目前市場環境之最適切的途徑（Chaston, 1998）。例如，Möller and Halinen（2000）指出，屬於 FMCG 產業、消費性耐久財、工業品與服務等的公司，通常會同時採用此兩種模式。Grönroos（1995）亦認為，不論公司採行交易式或關係式行銷，必然存在某些情境讓兩種類型的行銷皆可從另一種不同的途徑而獲益。此亦意謂著，公司應混合採用雙重的行銷策略（Voss and Voss, 1997），亦即：

🖋 發展與維持間斷式的交換（TM）。

🖋 發展、維持及強化永續的關係（RM）。

二、發展中的 RM 之概念

連續帶／驅動因子之類的假設，可能與其他發展中的 RM 之概念有密切相關。此三種趨勢促使行銷取得均衡的力量（Gummesson, 1996 所提出）；他指出，即使 RM 非常強調合作的觀點，但在各種特定的情境下，混合採納競爭、合作與法律制度，將可創造均衡的行銷策略（Gummesson, 1999）；其中競爭（TM）與合作（RM）位居此連續帶上，而法律機制則可視為足以影響相關的驅動因子之變數，使得連續帶的假設能夠符合上述的概念。

混合模式的概念比起堅信單一、單純的哲學理念，更能提供較大的利益。因此，實際上存在許多各種不同的行銷型態，其中任何一種行銷策略被採用的比重則視真實的顧客—供應商關係模式而定（Chaston, 1998）。因此，我們不認為 RM 可以取代一切成為一種新的行銷典範；相反的，我們倒寧願將其視為所有行銷武器中的一環，如此對公司而言或許更為貼切。也就是說，我們不應將交易行銷與關係行銷視為對立，也不應將大眾行銷與特定顧客行銷視為對立，因為所有這類的事物與情境都在持續產生變化（Kotler, 1997）。然而，將交易式策略巧立名目地喬裝為關係式策略，如同 CRM 的做法一樣，亦是不可取的。一種較正確的說法是，對所有消費者而言，關係行銷未必皆為合適的策略；此外，對於不同的市場區隔有必要採行不同的關係行銷策略（Berry, 2000）。事實上，根據 Brown（1998）的觀點，僅是單一的構想或涵括一切的一般性行銷理論，就今日的環境來說，可能是「非常荒誕」的說法。

很顯然，大眾商品、大量配送及便利商品的消費者，並不會想要與賣方建立關係，此時交易式、組合式的經營方法或許最能滿足他們的需求（Baker, 2002）。這與 Gruen（1995）的觀點相反，他認為 RM 的目標在於將間斷式交易的交換移轉向關係式的交換，其前提假設是關係式交換必然

是可獲利的。事實上未必如此，因為在某一既定的情境下皆有其適切的策略。如同 Berry（2000）的觀點，「重要的是，有些交易式的顧客可能是有利可圖的，而且即使視之為關係式顧客，則未必具有獲利性。」

摘 要

本章探討「策略連續帶」之相關的論點。我們了解到，雖然RM對某些產業可能是有益的，但並非所有的產業皆如此，如同本章所論述的，RM不應被視為一種主流的行銷典範，而應僅是行銷中一種「有助益的觀點」。因此，我們認為，策略連續帶是存在的，且傳統行銷與關係行銷分居此一連續帶的兩端，任何公司在任何時間點，可能採納一種或以上的「混合」策略，亦即由策略連續帶的一端或另一端的共同組合而成的策略。

此一觀點的進一步發展，則可指出連續帶之RM端可更區隔成資料庫行銷、互動式行銷及網絡行銷，且可近似類比成直效行銷、消費者RM及企業對企業（B2B）RM。本章亦指出，導致特定的策略之驅動因子是存在的，這類驅動因子將於第五章加以延伸闡述。

討論問題

1. 列舉你較為熟悉的四家公司，並回答每家公司可能位居RM/TM連續帶的哪個位置？
2. 哪些因素的考量，讓你認為這些公司為何應置於該連續帶的某一位置上？
3. 請提出一個行銷策略的範圍，說明其為一種「策略類型的組合」。

個案研究

內 圈

了解消費者以及哪些因素刺激其購買行為，長久以來一直被認為是卓越行銷之追求的目標，但許多行銷公司卻發現到，想要跟得上社會變動的腳步似乎愈來愈困難。

從「銀髮族」（Glams；白髮、悠閒與中年人——greying、leisured and middle-aged）與「年輕單身族」（yoofs；年輕、自由與單身——young、free and single），位於此年齡連續帶兩端的人，他們對於廣告的需求已不再與其生活有關聯。針對這些年齡族群所推出的宣傳促銷活動，大都是過於刺激、強調惠顧及誤導——這是根據行銷機構即將於最近刊出的兩篇批判報導之說法。

此兩篇報導之共通的結論是，完全不顧「關係」或「忠誠度」行銷所帶來的衝擊——這是 1990 年代所盛行的銷售策略，目標在創造一項產品或服務之終生忠誠度——許多高階的行銷人員甚至連初級生都不如。

第一篇由直效行銷團體 Brann 顧問公司所撰寫的報告指出，許多服務導向的公司，諸如零售業與銀行，非但不強調與其顧客建立親密的關係，反而對其加以鄙視。報導指出，每年花費在「更友善的廣告」的經費超過數百萬英鎊；但一般而言，購物者倒認為在家品嚐一杯熱騰騰的咖啡，要比他們所居住地的當地超級市場購物更令人感到溫馨。

如果 1990 年代的行銷人員無法有效利用其品牌所發揮出來的情感影響力，那麼他們也將忽略了「人口統計這顆定時炸彈所隱藏的深遠涵義」，這是由 Chartered 行銷機構所發表的第二篇報告

中特別強調的。

　　Brann的報告主要依據一項針對一千名成年人所做的調查結果；該項調查中要求受訪者描述其與經常使用的產品和服務之關係，結果半數以上的人皆指出他們將其所喜愛的茶或咖啡之品牌視為「朋友」，且有七成的受訪者皆認為他們的電話供應商（公司）只是個「不可靠的熟人」而已。這確實令人頗訝異，BT（電話公司）撒了數十億英鎊用於其「這是個絕佳交談的管道」（Let's Good To Talk）之宣傳活動上，但其過度泛濫的訊息卻只強調了電話是我們私人生活之主要溝通管道。

　　Brann認為，此篇報導主要在凸顯廣告的幻想與購買食品或在銀行內繳款等現實生活之間的鴻溝。Brann顧問公司的Jeremy Braune說道：「我們所生活的這個年代，行銷人員盡了很大的努力，試圖提供我們物美價廉的商品，但根據我們的研究發現，雖然Tesco或Waitrose投注龐大的金錢用來打廣告，期望讓我們感覺很好，但週末早晨上任何一家超市購物的情景，仍是令人心驚膽顫的。」

　　如果廣告代理商仍舊生活在夢幻的境界，將我們的日常生活形容成如何多彩多姿的樣子，那麼他們所能掌握的消費者年齡層可能超過55歲，或低於24歲以下。根據第二篇報導的說法，頂多僅能維持平盤的水準。

　　Gabay先生說道：「對於超過55歲或所謂的『銀髮族』市場，似乎僅有兩種平面或電視廣告受到注意，而且他們是我所稱呼的戴假牙與坐升降梯的族群，或是精神緊張興奮與過著令人不可思議的無性生活。」

　　「麻煩的是，並非所有即將退休的消費者都會受到恐懼心理的折磨，也非全都對高空運動或性生活感到困擾，如果採行另一種促銷宣傳活動，那麼可能會同時失去另外數百萬的潛在顧客。」

Gabay 先生亦指出，在對超過 55 歲的族群行銷時，必須謹記在心的是，可能必須再將其區分為三個族群：「年輕的老年人」（55 到 64 歲）、「成熟的老年人」（65 到 74 歲）」及「很老的老年人」（75 歲以上）。他承認，「一旦某個人超過 80 歲，則行銷人員似乎已全然放棄這類的族群。」

Gabay 先生認為，超過 55 歲的族群較偏好「現實生活」的廣告，而非純然夢境式的廣告──Oxo 式的家庭或甚至是沾沾自喜的 Gold Blend 夫婦一直偏愛超現實的啤酒廣告。大多數的汽車廣告似乎都將年老的開車族給摒棄在外，這是 Gabay 先生的說法。此外，諸如航空旅遊、流行性商品及網路為主商品等，亦皆如此。

如果行銷人員在對 50 歲以上族群行銷上面臨挫敗，則他們會轉向另一個族群──「令人感到困惑的」24 歲以下之族群，這是 Gabay 先生的說法。他說：「雖然廣告代理商對年輕與美麗的人生有著刻板的印象，但與這個案例則完全不同。」大多數會關掉廣告的人是 30 或 40 多歲的人們，他們拼著命想要追趕著一些年輕與潮流的事物，但這些人往往一直陷於困境，只因為他們很少與人往來。

雖然 Egg、Orange、Tango 及 Freeserve 等公司的廣告，大都會隨著時尚的流行風潮而調整其表現手法，但此篇報告卻大辣辣的指出一些令人厭惡的「自私自利之原始本性」，尤其在許多護髮與美容商品的廣告中。

多數英國較成功的行銷人員與廣告代理商，他們指稱其相當了解人們的生活，以及為何人們會想購買某品牌而非其競爭品牌。然而，若此兩份報導屬實的話，那麼將意謂著今日有愈來愈多苛求的消費者，可能帶給行銷人員更大的挑戰。

（資料來源：Virginia Matthews; Financial Times, November 1999）

個案研究問題

1. 本篇文章認為消費者與各種品牌皆有不同程度的「關係」；這是假想的說法亦或是事實？
2. 如果是肯定的話，那麼哪些品牌對你而言是屬於非正式的、友誼的、或親密的關係？

參考文獻

Ambler, T. and Styles, C. (2000) 'Viewpoint-the future of relational research in international marketing: Constructs and conduits', *International Marketing Review*, **17** (6), 492-508.

Baker, M. J. (2002) 'Quo vadis? Retrospective comment', *The Marketing Review*, **3** (2), 145-6.

Barnes, J.G. (1994) 'Close to the customer: but is it really a relationship?', *Journal of Marketing Management*, **10**, 561-70.

Berry, L.L. (2000) 'Relationship marketing of services: Growing interest, emerging perspectives' in Sheth, J.N. and Parvatiyar, A. (eds) *Handbook of Relationship Marketing*. Thousand Oaks CA: Sage, pp. 149-70.

Blois, K.J. (1997) 'Are business to business relationships inherently unstable?', *Journal of Marketing Management*, **13** (5), 367-82.

Blois, K.J. (1999) 'A framework for assessing relationships', competitive paper, Proceedings of the European Academy of Marketing Conference (EMAC), Berlin, pp. 1-24.

Brodie, R.J., Coviello, N.E., Brookes, R.W. and Little, V. (1997) 'Towards a paradigm shift in marketing; an examination of current marketing practices', *Journal of Marketing Management*, **13** (5), 383-406.

Brown, S. (1998) *Postmodern Marketing II*. London: International Thompson.

Buttle, F.B. (1997) 'Exploring relationship quality', paper presented at the Academy of Marketing Conference, Manchester, UK.

Chaston, I. (1998) 'Evolving "new marketing" philosophies by merging existing concepts: application of process within small high-technology firms', *Journal of Marketing Management*, **14**, 273-91.

Christopher, M., Payne, A. and Ballantyne, D, (1991) *Relationship Marketing*. London: Butterworth Heinemann.

Coviello N., Brodie, R.J. and Munro, J. (1997) 'Understanding contemporary marketing: development of a classification scheme', *Journal of Marketing Management*, **13** (6), 501-22.

Dwyer, E.R., Schurr, P.H. and Oh, S. (1987) 'Developing buyer-seller relationships', *Journal of Marketing*, **51**, 11-27.

Grayson, K. and Ambler, T. (1999) 'The dark side of long-term relationships in marketing', *Journal of Marketing Research*, **36** (1), 132-41.

Gruen, T.W. (1995) 'The outcome set of relationship marketing in consumer markets', *Integrated Business Review*, **4** (4), 447-69.

Grönnroos, C. (1994b) 'From marketing mix to relationship marketing: towards a paradigm shift in marketing', *Management Decisions*, **32** (2), 4-20.

Grönroos, C. (1994a) 'From marketing mix to relationship marketing: towards a paradigm shift in marketing', *Asia-Australia Marketing Journal*, **2** (1).

Grönroos, C. (1995) 'Relationship marketing: the strategy continuum', *Journal of Marketing Science*, **23** (4), 252-54.

Grönroos, C. (1997) 'Value-driven relational marketing: from products to resources and competencies', *Journal of Marketing Management*, **13** (5), 407-19.

Gummesson, E. (1994) 'Making relationship marketing operational', *International Journal of Service Industry Management*, **5**, 5-20.

Gummesson, E. (1996) 'Relationship marketing and imaginary organisations: A synthesis', *European Journal of Marketing*, **30** (2), 31-44.

Gummesson, E. (1997a) 'Relationship maketing-the emperor's new clothes of a paradigm shift?', *Marketing and Research Today*, February, 53-60.

Gummesson, E. (1999) *Total Relationship Marketing; Rethinking Marketing Management from 4Ps to 30Rs*. Oxford: Butterworth Heinemann.

Gummesson, E. (1997b) 'Relationship marketing as a paradigm shift: some conclusions from the 30R approach', *Management Decisions*, **32** (2), 4-20.

Håkansson, H. and Snehota, I.J. (2000) 'The IMP perspective: Assets and liabilities of business relationships' in Sheth, J.N. and Parvatiyar, A. (eds) *Handbook of Relationship Marketing*. Thousand Oaks CA: Sage, pp. 69-93.

Kotler, P. (1997) 'Method for the millennium', *Marketing Business*, February, pp. 26-7.

Mayer, R., Job, K. and Ellis, N. (2000) 'Ascending separate stairways to marketing heaven (or careful with that axiom, Eugene!)', *Marketing Intelligence & Planning*, **18** (6/7), 388-99.

Mohammed, R.A., Fisher, R.J., Jaworski, B.J. and Cahill, A.M. (2002), *Internet Marketing: Building Advantage in the Networked Economy*. New York: McGraw-Hill.

Morgan, R.M. and Hunt, S.D. (1994) 'The commitment-trust theory of relationship marketing', *Journal of Marketing,* **58** (3), 20-38.

Möller, K. and Halinen, A. (2000) 'Relationship marketing theory: Its roots and directions', *Journal of Marketing Management*, **16**, 29-54.

O'Malley, L. and Tynan, C. (1999) 'The utility of the relationship metaphor in consumer markets: A critical evaluation', *Journal of Marketing Management*, **15**, 587-602.

Palmer, A.J. (1996) 'Relationship marketing: a universal paradigm or management fad?', *The Learning Organisation*, **3** (3), 18-25.

Pels, J. (1997) 'Exchange relationships in consumer markets?', *European Journal of Marketing*, **33** (1/2), 19-37.

Pressey, A.D. and Mathews, B.P. (1998) 'Relationship marketing and retailing: comfortable bedfellows?', *Customer Relationship Management*, **1** (1), 39-53.

Rousseau, D.M., Sitkin, S.B., Burt, R.S. and Camerer, C. (1998) 'Not so different after all: a cross-discipline view of trust', *Academy of Management Review*, **23** (3),

393-404.

Sheth, J.N. and Parvatiyar, A. (1993) *Relationship Marketing: Theory, Methods and Application*. Atlanta, GA: Atlanta Center for Relationship Marketing.

Voss, G.B. and Voss, Z.G. (1997) 'Implementing a relationship marketing program: a case study and managerial implications', *Journal of Services Marketing*, **11** (4), 278-98.

第五章

關係驅動因子

學習目標

1. 風險、重要性及情感
2. 信任與承諾
3. 親　密
4. 顧客滿意
5. 慣　性

前言

　　前一章，我們已討論企業朝向關係策略之「驅動因子」的概念。專欄5-1彙總了這類驅動因子，其中有許多在第三章已討論過，包括：

- 高網羅顧客成本。
- 高離開障礙。
- 持久的競爭優勢。
- 前景看好／擴張的市場。

　　本章我們將探討其他重要的驅動因子，在發展關係策略之途徑中必須謹記在心者，包括：

- 風險、重要性及情感。
- 信任與承諾。
- 認知到有親密的需要。
- 顧客滿意。

專欄 5-1

提升／貶抑關係策略之驅動因子

提升關係策略之驅動因子：
❑ 相對於留住成本，顧客網羅成本偏高*。
❑ 高離開障礙*。
❑ 競爭優勢相當持久*。
❑ 前景看好／擴張的市場*。
❑ 高風險／高重要性的產品或服務。
❑ 交換過程中高情感涉入。
❑ 親密必要性的認知。
❑ 需要信任與承諾。
❑ 滿意的利益足以留住顧客

貶抑關係策略之驅動因子：
❑ 網羅／留住顧客成本之差異很小*。
❑ 低離開障礙*。
❑ 競爭優勢不長久*。
❑ 飽和的市場*。
❑ 低風險／低重要性的產品或服務。
❑ 交換過程中低情感涉入。
❑ 不認為有親密的必要。
❑ 僅需要信任而已。
❑ 重複的行為策略只為了可獲益

（*參見第三章）

壹、風險、重要性及情感

　　風險、重要性及情感皆是每次交換／購買時所涉及的心理層面之因素，雖然它們都是相當主觀的，但風險的水準、涉入重要性的程度及所產生的情感，都會影響產品或服務及所欲往來的供應商之選擇；此外，在某些情況下，我們亦可探詢或發現顧客之關係涉入的「程度」。

　　在行銷領域的背景下，有關風險、重要性與情感之真正的涵義可分別說明如下：

🝆 風險可定義為「決策者所知覺到的損失之機率」（Rousseau *et al.*, 1998），且可大膽的假設其為交換活動中消費者自願的成份。

🝆 重要性可視為與該項交換有關的重要性或顯著性之程度。

🝆 情感乃是交換結果所產生的一系列複雜之人性的反應（通常是「心理上的興奮」或「認知失調」等負面的陳述）。

　　風險、重要性與情感雖是不同的概念，但彼此之間並不互斥，在任何特定的交換情境中，認知的風險水準、相關的重要性及所產生的情感，彼此之間有密切的關聯。例如，高風險通常伴隨著高重要性的產品或服務，且亦往往衍生出高情感的結果，但這類因素的量測都是非常主觀的，且會因人而異。我們或可假想在某一特殊的交換關係中，某一顧客可能產生高度風險的認知、重要性及情感，然而若此一情境重複出現，則另一位顧客對這些要素可能只屬於低程度。

一、高風險、重要性與情感

　　很多關係行銷的文獻（如 Sheth and Parvatiyar, 1995, 2000; Bhattacharya and Bolton, 2000）皆指出，顧客認知的風險愈高，其致力於關係行為的傾向愈高。根據對某些公司所做的個案研究發現，能夠自關係策略獲益的公司，經常都是那些涉及「高風險購買」的案例，此時很可能是單筆很大支出的買賣（如買汽車），或者是長期付款的買賣（如金融服務）。後面這種長期付款的情形，通常都發生在銷售之初作了錯誤決策的結果，因而必須承擔較高的機會或真實的成本。為何會稱為高風險的採購，其中一個原因是，從 RM 策略所獲致的利益可能是長期的關係，因而隨著消費者對交易的條件與協議的安全性等方面了解更多後，很可能（但未必）降低認知的風險。在不可預知的未來之情況下，亦頗適合採用 RM，此時涉入關係的雙方會持續不斷地界定與重新修正彼此的關係（Tzokas and Saren, 2000）。一般而言，此時他們對供應商的了解通常也愈多，即使是在長期的經驗下，可能對供應商偶爾產生懷疑，但經過長期的學習過程而降低風

險，因為他們深知各種關係領域中，哪些供應商是可信賴的，哪些是不可信賴的。由此可知，風險的存在可能產生對信任的機會，而若所採行的行動是確定的且無任何風險，那麼上述的情形未必會發生（Rousseas *et al.*, 1998）。

上述所引用的個案研究可用來支持關係策略的採行，且一般亦適用於對消費者而言是高度重要性的購買，亦即它可能代表著重要的或目前的身份象徵，或者在未來的某個時點將影響其身份地位或生活品質（如退休薪俸、投資）。在高風險與高重要性之情境中，顧客可能會抱持某些特定的期望（而非濃厚的情感），來與服務人員接觸（Cumby and Barnes, 1998），且可能會找尋恢復信心和勇氣及降低認知失調的特殊途徑。在這種情境下，若能採用更緊密連結與更頻繁溝通的RM策略和戰術，則將較為有利。

在降低風險方面，關係本身便具有此一特有的功能。隨著時間的發展，由於自我信心（self-confidence）的提高，認知風險便會降低，此時消費者可能更放心地從事更多的交易式行銷之行為（Sheth and Parvatiyar, 2000）。相反的，一些領先且知名的品牌被認為可提供心理上的保障，降低購買的風險，且創造出一種歸屬感的心態（Wright and Sparks, 1999）。由此可知，長期關係的建立，同時有助於降低相關的風險。

二、低風險、重要性與情感

在連續帶另一端，其產品與服務可能都可劃歸為低（實際或機會）成本，購買決策低風險且較不重要。在此種特徵下，位於此端的供應商，諸如FMCG零售業與重複性服務提供業者（如圖書館服務），很少會涉及與產生強烈情感之重大的採購有關的交易情境，因此，這類產業之供應商很少需要花費時間與資源來從事任何事務，而僅須注意一些基本的風險確保、保證與擔保等，且無須刻意的激勵顧客從事任何關係建立的行動。

三、個人化的服務

　　然而，有些產品與服務卻需要融入情感才能顯現出其價值，這類的產品傾向於高度個人化且通常與自尊有關聯，包括諸如服飾與理髮或美容等的產品和服務。如果與這類產品和服務有關的利益對顧客而言具有情感上的重要性，則它們亦可能具有高度重要性，且顧客較無法採取趨避風險的態度。在這類的情境中，採行關係策略有助於確保顧客的再度惠顧。由於擁有的顧客相當多，因此這些個人化的商品或服務涉及取捨的問題。因此，「個人化購物者」、個人訓練師或專家造型師等的引進，對廠商而言其成本將遞增，此時雖然服務的核心價值不高，但仍有某一比例的人口認為是可接受的。

　　由此可知，在個人潛在風險與重要性皆高的情境下（這些都是從顧客的認知面來看），以及因而產生的高度情感，此時即使貨幣成本相當低（但心理成本則可能相當高），皆有可能促進或「驅動」RM策略的採行。

貳、信任與承諾

　　信任與承諾的必要性，似乎是一個非常重要的指標，因為如此一來RM策略才有其潛在的價值。同樣重要的是，雙方之間信任與承諾的存在，一般被認為是關係行銷策略成功的關鍵（Morgan and Hunt, 1994），且可作為判斷買賣關係是否存在很強的情感因素之主要準則（Bejou and Palmer, 1998）。在RM的相關文獻中，信任與承諾往往是成對出現的，但仍有少數的作者仍僅討論其中一項而已（Pressey and Mathews, 1998）。

一、信任

　　在行銷文獻中，信任有各種不同的定義。Lewicki *et al.*（1998）與 Morgan and Hunt（1994）皆將信任定義為，對交易夥伴之可靠與誠正的信心。然而這並非意謂著信任可克服不安全感。在必須承擔風險的情境背景

下，夥伴有必要釋出願意接受傷害的訊號，作為展現信任行為的前提條件（Mitchell *et al.,* 1998）。因此，信任之完整的定義是，「對另一方可能造成傷害之接受度，但其傷害往往是不可預期的、不是惡意的或是缺乏善意的」（Blois, 1997）。此外，信任乃是一種心理狀態，是由接受此一傷害之傾向所構成的，它與對另一方之行為或傾向的正面期望有密切相關（Rousseau *et al.,* 1998）。

信任本身並非一項行為（合作才是一種行為），且亦非一項選擇（承擔風險才是），但它是由這類行動所造成的一種隱含的心理狀態（Rousseau *et al.,* 1998）。在關係建立與關係強化方面，信任都可視為一項重要的驅動因子，因為它比其他要素都更能降低認知風險。信任是關係模式建構中一個很重要且非常根本的變項（Wilson, 1995）。從另一個觀點來看，信任亦可能被視為建立信任（trusting）關係之一種心理上的結果（Swaminathan and Reddy, 2000），及／或與傑出的績效有顯著的相關。就此一層面來說，信任可能是一項結果而非前置因素，或者更可能是兩者之交互累積的產物（Ambler and Styles, 2000）。

多數學者皆將信任視為健全人格之基本的組成要素，是人際關係的基礎，是合作的必要條件，且為穩定的社會制度與市場之基本因素（Lewicki *et al.,* 1998）。信任可被視為一種黏著劑，它在雙方各種不同的接觸過程中讓關係更為緊密（Singh and Sirdeshmukh, 2000）。如同 Baier（1986）所言：「當我們處在某種特殊的氛圍下，自然而然就感受到信任的氣候；如同我們在注意到空氣變得稀薄或受到污染時，便會感受到空氣的重要。」

除了可產生合作的行為外，信任亦可以（Rousseau *et al.,* 1998）：

♀ 降低具傷害性的衝突。

♀ 減少交易成本（如協商例行性的檢驗工作）。

♀ 促成調適性的組織形式（如網絡關係）。

♀ 有助於特殊的工作團體之快速的組成。

♀ 加速對危機之有效的回應措施。

　　然而，上述的這些優點在涉入組織群體時，似乎又認為信任可能會澆熄組織之強烈的企圖心，從我們所認知的人性本質與組織內經常可發現到強烈的政治謀略等的現象來看，此一觀點可能令人質疑。

　　上述對信任的定義與陳述，其隱含的意義是，就一般的想法，使用另一個字眼也許更為貼切，隨著此一期望在某些關係（如金融服務）中顯得非常強烈之際，一般認為它可用來取代正常的商業決策活動。例如，當與金融服務機構交易時，具有信任聲譽的顧客便會被視為很有價值的客戶（Alexander and Colgate, 1998）。例如，當某些英國財務顧問公司被發現銷售一些對其公司有報酬回收或有暴利的產品（許多產業部門皆致力於爭取的利潤），且其本身即已享有很豐厚的佣金，於是英國政府判定其為「不當的銷售實務」，並採取公開強烈的手段要求其退還資金給顧客。

　　在討論有關網際網路銷售的課題上，信任的重要性亦已成為一個核心的議題，一些供應商（通常是新創的，因而較不為人熟知）在提供符合期望的品質方面，由於缺乏對它的信任，而一直成為網路銷售最令人詬病的主要原因。為了對此問題做出回應，許多已成立的公司（顧客或許可依其規模大小及／或聲譽來產生對其信任的期望），皆已進一步地實施「核可認證」（seals of approval）之措施，用來合法化其網路事業。在英國，這類的措施包括 BT 的「最具信任的態度」（Trustwise）、Barday 的「背書」（Endorse）、Royal Mail 的「信任標記」（Trust），及消費者協會的「值得進行交易的 Web 網路商」（Which Web Trader）等。這類在發展網路銷售上對信任的必要性，其重要的涵義在本章後面的個案研究中有特別的強調。

　　二、信任的情境（Trusting situations）

　　許多不同的用語或名詞往往被用來描述信任的情境。根據 Mitchell *et al.*（1998）的說法，這類用詞可彙總為如下的標題：

🔑 誠實正直（probity）。

♀ 公平（equity）。

♀ 可靠（reliability）。

♀ 滿意（satisfaction）。

1. 誠實正直

誠實正直意指忠實公正（honesty）與廉潔正直（integrity）；若以商業的用詞則可能體現於專業的能力與公司商譽（Mitchell *et al.,* 1998）。公司聲譽是很重要的，且主要決定於之前雙方互動過程中存在一些值得信賴的事蹟，這種社會背景脈絡（即網絡）下，有可能發揮聲譽的效果（Rousseau *et al.,* 1998）。雖然信任可能操縱於個人手中，但公司亦可藉由過去值得信賴的事蹟來博得信任（即使是當初具有創造信任的員工已離職），因為它可經由組織來將之「制度化」，進而掌握住信任（Shepherd and Sherman, 1998）（亦請參考第二章）。

2. 公平性

諸如公平傾向、仁慈、關懷、評價及真誠等因素，在此都可作為公平性的明證。公益廣告及善因贊助或促銷活動，都有助於向消費者溝通此一訊息。公平性亦隱含著相互的期望與認知的義務之合約（Mitchell *et al.,* 1998）。然而，信任不僅只是合作而已（它有可能是被強迫的），而且更具有利他傾向的態度（Rousseau *et al.,* 1998）。

3. 可靠性

可靠性意指公司擁有必要的專業能力，可有效的與可靠的來執行其業務。它特別強調可信賴的、品質與一致性，且在消費者對於他們所期望的產品或服務方面，更具有高度的可預測性，它可藉由與公司名稱或品牌有關的固有品質來量測，亦可經由公司所提供的擔保與保證來評價（Mitchell *et al.,* 1998）。也許更值得注意的是，當顧客無法評估產品或服務的品質

時，品牌的聲譽往往是促成此項交易之最大的動力（Selnes, 1998）。

4.滿意

此一概念的意義將於下一節再作詳細的討論，但在此僅將其視為信任的預測因子（predictor）。有關信任與滿意度兩者之間的關係，過去已有相當多的文獻探討過，且大抵皆將此兩者視為關係的一方對另一方之整體的評價、感覺或態度（Selnes, 1998）。滿意度一般乃源自個人的經驗，亦可能間接的透過同儕的意見與經驗而產生滿意度，它與服務傳送的認知水準有關聯，且亦與關係的持續時間之長短有密切相關。滿意度的預期水準對信任的持續時間，亦可能會有重要的影響（Mitchell *et al.,* 1998）。除了是一個潛在的前置因素之外，滿意亦可視為建立信任關係的一種結果（Swaminathan and Reddy, 2000）。

由於信任一般是經驗過程中建立起來的，因此當消費者對公司有愈多正面的經驗，他（或她）便愈可能對公司產生信任（Grossman, 1998）。

由此可知，信任是對一個人（或組織），在某特定環境下可以執行某特定任務之能力的一種信念（Sitkin and Roth, 1993）。至於在其他的環境下，則信任可能並不存在（或展現出不信任的態度），此乃因為關係是多層面的。對雙方而言，很有可能彼此之間同時持有許多不同的觀點，即使在某特定的情境下，雙方之間仍存在信任亦然。例如，某公司在品質方面可能受到信任，但在準時交貨方面則未受到信任。雖然要獲致完全的確定性是不可能的，但信任有助不確定性的降低（Lewicki *et al.,* 1998）。信任必然是一項有益的驅動因子，然而，過度的信任（或完全沒有不信任感）則可能是「群體盲思」（group-think）的根源（Lewicki *et al.,* 1998），或可能導致天真無邪的誤判。

三、承諾

一般認為關係承諾乃是關係行銷的核心，且根據 Wilson（1995）的說法，其在買賣關係的研究中最常被當作依變數。此外，它更常被視為關係

行銷之「完結篇」（end-game state）（Dann and Dann, 2000）。然而，它也是一個定義不明確的概念。在RM的文獻中，一般認為它是一種情境，即關係的一方傾向有某種行為出現，且其後續的態度亦傾向於彼此之間持續的互動（Storbacka *et al.*, 1994）。對雙方而言，承諾意謂著彼此很重視關係，且都很想要持續此段關係（Wilson, 2000）。此外，承諾亦隱含著雙方都將是忠誠的、可靠的，且彼此之間的關係是穩定的（Bejou and Palmer, 1998）。因此，它是一種想要維持關係的欲望，且通常表現在持續不斷的投資於某些活動上，期能長久的維持關係（Blois, 1997）。由於想要達到此種承諾的境界必須花費相當的時間，因此它亦隱含著在關係中必然已存在某種「成熟」的程度（Bejou and Palmer, 1998）。高度的承諾亦與「未來的報酬、關係的認同、較不會另尋其他夥伴、努力拓展關係的程度、對關係做投資及個別認定的責任感等」的認知，有密切的關聯（Grossman, 1998）。

　　毫無疑問的，承諾與信任的觀念有密切的關聯，但即使存在，其間的因果關係亦不是很明朗。不論承諾是否為遞增的信任之結果變數，或者因決定對某一或少數供應商給予承諾而導致信任，此兩種情況卻很難明確的確認。此外，當承諾破裂時，它可能是因為信任的瓦解所造成的結果；但亦可能是相反的情況（即承諾破裂而導致信任瓦解）。如同信任一樣，承諾亦被視為強固關係之一種潛在的心理結果（Swaminathan and Reddy, 2000）。承諾亦可能與激烈的競爭和可行的關係夥伴之數目，呈現負向的相關（Bejou and Palmer, 1998）。Dann and Dann（2000）曾區別兩種類型的承諾：情感性（affective）的承諾（係以喜歡（愛）的態度為基礎，是一種感情的依附及與另一方綁在一起的意識），及計算性（calculative）的承諾（係奠基在成本／利益之損益表的考量）。他們又進一步指出：

　　　　在大多數的文獻中，明顯地偏好採用情感面的承諾作為長期
　　關係的指標。事實上，關係績效多多少少會受到計算性承諾之盈
　　虧計算結果所影響，因此情感性承諾可能陷入「過於情感化」

（touchy-feely）的思維。

另一個值得再度提醒的觀念是，不論關係行銷是何物，它絕對不是全然的「博愛或仁慈」（philanthropic）。

四、信任與承諾

在理論上，RM 領域爭論的一個問題是，信任與承諾似乎是連體嬰分不開的，如果疏忽其中一項，則此一觀點認為這種關係很可能僅是「坐壁上觀」（hands-off），或僅是一種過渡期的協議而已。此乃因為信任與承諾都是關係的必要條件（缺一不可），這對一方或雙方是否會盡全力來維護關係，將有顯著的重要性（Morgan and Hunt, 1994）。根據 Doyle（1995）的說法，信任與承諾通常皆需要公司有翻新花樣的行為出現；它們可能需要拋開長久以來所堅持的信念與偏見才能順應關係的發展。

由此可知，若欲自關係策略而獲益，則消費者及／或供應商（未必要雙方）皆須將關係的形成與發展視為很重要的事務來看待。若僅供應商單方面認為關係很重要，則關係策略的設計與規劃對長期而言，顧客可能僅視其為很自然的道理（參見第三章）。相反的，若僅消費者單方面認知到關係很重要（例如在高風險的情境下），則供應商可能藉由發展顧客認為可滿足其需要的策略，便可吸引顧客前來惠顧。

上述對信任與承諾之說明，所強調的是，不論是何種產業，若要將關係的建立視為一個終極目標，則建立信任與承諾都是非常重要的（Pressey and Mathews, 1998）。相反的，我們或可作如下的假定：若信任與承諾一般是達成銷售目的之必要條件，則關係的建立將是朝向達成此一目標之重要的步驟。

對於信任與承諾，可能存在許多的前置因素，包括（Morgan and Hunt, 1994）：

🔑 關係終止的成本（relationship termination costsh）。

- 關係利益（relationship benefits）。
- 共享的價值觀（shared values）。
- 溝通（communication）。
- 投機行為（opportunistic behavior）。

1.關係終止的成本

關係終止的成本意指結束關係時一切相關的成本，包括相對合適的夥伴可供選擇的缺乏、關係瓦解的費用及其他的轉換成本（參見第三章）。

2.關係利益

關係利益會直接影響到信任與承諾（Morgan and Hunt, 1994）。RM 的理論指出，夥伴的挑選是競爭策略的重要因素，因為夥伴可帶來卓越的「價值利益」，獲得卓越利益的夥伴較有可能對關係作出承諾。

3.共享的價值觀

共享的價值觀亦會直接影響信任與承諾。夥伴在行為、目標及政策等方面所具備共通的信念，其重要性、適切性及正確性的程度，在某一特定的情境下會影響其對關係的承諾。

4.溝通

溝通可能直接影響信任，但對承諾的影響則是間接的。共享有意義與即時的資訊，有助於建立信任與承諾。

5.投機行為

關係夥伴的一方對另一方之投機行為（亦即對關係夥伴加以利用），很可能直接影響（負面的）信任，並間接的影響承諾。當夥伴的一方致力於投機行為，此種認知將會降低信任程度，而其結果則導致承諾的減少。

（上述的論點皆引自 Morgan and Hunt, 1994）

五、交易行銷

O'Malley and Tynan（1999）指出，實證結果顯示在消費者市場很少存在信任、承諾或所謂的互惠。此一說法並不完全正確，因為在趨向連續帶之交易端，信任可能也是很重要的；此時消費者會倚賴供應商之「品牌允諾」（brand promise），及有關該品牌產品與服務之安全性、可靠性及貨幣價值。一般而言，顧客在「體驗此項購買」之前，必須先行購買，尤其是在服務的購買（Berry and Parsuraman, 1991）。這意謂著，當其對購買的結果不清楚時，信任將扮演很重要的角色；如果此時失去信任，則可能成為潛在不滿意的因子，且將給予顧客離你而去的一個藉口。

由此可知，在雙方沒有承諾的關係中，亦可能存在高度的信任（Häkansson and Snehota, 2000）。例如，在 FMCG 的產業部門中，消費者沒有理由會對一個或一些供應商作出任何承諾，因為絕大多數的 FMCG 皆是無差異化的市場，可供挑選的供應商家數非常的多。另一方面，首先對另一方（亦即是消費者）作出承諾者，似乎會隱藏他們幾乎沒有其他交易機會的事實，而且是「陷入」此關係交換而非對其作出承諾（Bejou and Palmer, 1998）。

諷刺的是，雖然 FMCG 產業的承諾不高，但該產業卻非常熱衷於「忠誠方案」。由於這類的企業很少給予承諾，因此忠誠方案的提供通常都僅是短暫的而已。事實上，大多數的忠誠計畫雖然積極的獎勵顧客之重複購買的行為，但很少會採用先進技術的促銷活動，因而無法有效的留住顧客，而且其運作亦可能不利於長期承諾之發展。在這類產業中，離開障礙通常是很低的，且心理成本亦幾乎是不存在的，位於此端的產業連續帶，激勵的誘因可能是偏好的選擇之主要考慮因素（Tynan, 1997）。如此一來，其可能風險是，「偶爾才購買一次的顧客」很可能受到更優惠的條件所吸引，而完全不顧其所交易的供應商是誰。事實上，承諾的瓦解絕對與競爭激烈的程度和可供選擇的關係夥伴之數目有很大的關聯性（Bejou and Palmer,

1998）。

承諾在關係發展過程中乃意謂著已進入更成熟的狀態，因此在此端的關係連續帶上似乎較不容易背離（Bejou and Palmer, 1998）。消費者似乎沒有必要對某一品牌或供應商有任何承諾；相反的，他較可能滿足於與「一群品牌組合」（包括零售商品牌）有所接觸，並由此而獲得較佳的購買選擇方案（Barnard and Ehrenkerg, 1997）。如果說成功的應用 RM 必須同時重視信任與承諾，且缺一不可時（Morgan and Hunt, 1994），那麼這類的產業絕對無法符合此一標準。

參、認知親密的必要性

有些關係比起其他關係類型總是更為親密，因此，親密（closeness）乃是關係概念之一個主要的構念（construct），且在所有的情境下非常親密與不親密的關係是可能存在的（Barnes, 1997）。親密可能是身體的、心靈上的或情感層面的，且可增加關係中的安全感之感受（Gummesson, 1999）。當雙方之間的「距離」很短時，便有可能發展更深入的關係（Pels, 1999）。相反的，當距離愈大，則關係（如果說關係確實存在的話）將屬於機能性的，且呈現「敵對」（arm's length）狀態。親密的關係一般被公認為相當堅固的，且很可能維持更長久的時間——而這正是關係策略行銷人員所致力追求的特性（Barnes, 1997）。

不同的群體或多或少都有發展親密關係的「傾向」（Barnes and Howlett, 1998）。然而，並非所有的顧客都想要有親密的關係，而且有些人可能僅有興趣與某些群體發展關係，而非所有的人（Pels, 1999）。假定有某個百分比的人已與某一供應商之間存在中等程度的親密關係，其中有些人會想要讓此種關係更親密，而有些人則可能想要淡化之。因此，親密程度的連續帶可能是存在的（Barnes, 1997），它僅是親疏之程度的差別而已，這與關係—交易連續帶（參見第四章）的觀念是相似的。

依據 Barnes（1997）的說法，關係中親密的程度與和員工之間雙向溝

通次數有正向的關聯（在其他情況是相同的條件下），且亦與所認知的關係目標之信任、同理心及相互關係有密切的相關，而這些要素一般與高風險涉入的核心產品和服務有所關聯。因此，在那些未具備頻繁的人員接觸、或高涉入程度、或高情感因素的情境下，想要建立親密的顧客關係將面臨很大的挑戰。親密關係的必要條件是雙向的溝通，「單向的溝通」是不夠的（Buttle, 1997），此一概念通常為某些公司所忽略。在多數的行銷方案之定義下（如顧客資料的更新），某些公司可能認為它即是一種關係，但在顧客的眼中卻不是那麼一回事，因為它們多數皆僅是單向的，缺乏雙向的溝通（Barnes, 1997）。

　　此種「親密」重要性的觀念對行銷人員有重要的涵義；當行銷人員想要與顧客發展或開拓關係時更要注意此一涵義，尤其是那些利用科技來發展「親密關係」的公司（參見第十章）。一般而言，鎖定目標的郵寄信函並無法滿足此項要求，因為其「正常的」回應率都很低，且許多顧客都會拒絕這種「溝通」方式。即使當這類活動之「投資報酬率」令人滿意，但上述的說法仍是適用的，亦即倚賴頻繁的郵遞信函作為「告知其顧客」的方式之公司，充其量只是丟一些訊息給顧客，而稱不上是在與顧客溝通。

　　為了節省成本而採用科技（如點鈔機、網際網路資訊服務等），其對親密關係的發展可能有負面的影響。由於消除了整個過程中的人性要素，公司可能又回復到僅倚賴「核心產品與支援性服務」（參見第十章），來獲致與其競爭者差異化的目標。

肆、顧客滿意度

　　關係行銷理論強調藉由提高留住顧客率來提升獲利力。在競爭激烈的市場上，留住顧客通常被視為是顧客滿意度的產物（Buttle, 1997）。此外，顧客滿意度一直被認為與投資報酬率（ROI）和市場價值有正相關（Sheth and Sisodia, 1999）；雖然這些驗證結果通常被認為是公司長期績效之差劣的衡量指標，但或多或少亦可體認到顧客滿意度的重要性。

滿意度的認知有許多不同的觀點，參見專欄 5-2。

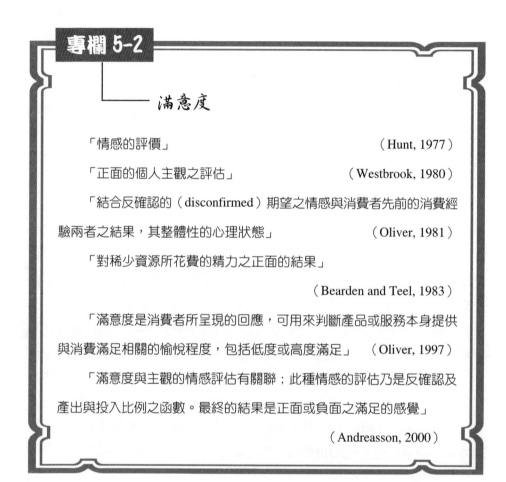

專欄 5-2

滿意度

「情感的評價」 （Hunt, 1977）

「正面的個人主觀之評估」 （Westbrook, 1980）

「結合反確認的（disconfirmed）期望之情感與消費者先前的消費經驗兩者之結果，其整體性的心理狀態」 （Oliver, 1981）

「對稀少資源所花費的精力之正面的結果」

（Bearden and Teel, 1983）

「滿意度是消費者所呈現的回應，可用來判斷產品或服務本身提供與消費滿足相關的愉悅程度，包括低度或高度滿足」 （Oliver, 1997）

「滿意度與主觀的情感評估有關聯；此種情感的評估乃是反確認及產出與投入比例之函數。最終的結果是正面或負面之滿足的感覺」

（Andreasson, 2000）

多數的研究者皆認同滿意度是以預先設定的期望水準為基礎，評估所知覺的績效成果之一種心理的過程（Sheth and Sisodia, 1999）。因此，當顧客的「價值期望」（expectations of values）獲得滿足，那麼他將會感到滿意（Buttle, 1997）；相反的，認知與期望的水準之負向差距愈大，則顧客所感受到的不滿意程度亦愈高（Hutcheson and Moutinho, 1998）；圖 5.1 可說明此一概念。

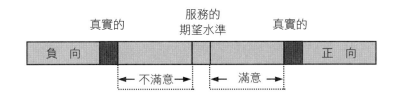

☺ 圖 5.1　服務的期望與真實的水準

一、滿意度的驅動因子

顧客滿意度的驅動因子為何？Fournier and Mick（1999）指出，顧客滿意度的典範（paradigm）意謂著：

𝘗 達到確認（confirmed）的水準將可獲致中等程度的滿意。
𝘗 正向的反確認（例如比期望還高）將可獲致高度的滿意。
𝘗 負向的反確認（例如比期望還糟）將產生不滿意。

但該項研究亦認為此一簡單的思維是有問題的。

Cumby and Barnes（1998）認為，滿意度的驅動因子可分為五個層次，且它們會隨著與服務提供者之更多的個人接觸而向上提升。

𝘗 核心產品或服務。
𝘗 支援性服務與系統。
𝘗 技術性的績效。
𝘗 顧客互動的要素。
𝘗 服務的情感層面。

1.核心產品或服務

這是指公司所提供的基本產品或服務，且其對公司而言，由此獲致差異化或附加價值的機會是最低的。然而，在競爭激烈的市集（market-place）中，公司至少須提供正確的核心產品或服務，否則整體的關係將存在很大的風險。在無法取得專利的服務情境下，其他業者很容易模仿，因此無法利用服務的特色來獲取競爭優勢（Devlin and Ennew, 1997）。

2.支援性服務與系統

包括可用來強化核心產品或服務之周邊與支援性的服務（如員工支援的程度、傳送、技術支援等），顧客可能自供應商獲得不錯的核心產品或服務，但由於拙劣的支援性服務與系統而降低對供應商的滿意度。

3.技術性的績效（Technical performance）

「顧客滿意度模式」的層次亦探討服務提供者是否獲得正確的核心產品或服務，及適時的支援性服務與系統，它非常強調是否能履行對顧客的諾言（如準時交貨、正確的帳單處理等）。公司有可能在核心產品或服務的提供上一切正常，而且對於支援性的服務與系統亦能發揮作用，但（可能管理當局的無能）卻無法在任何場合皆獲得不錯的整體績效，此時顧客的不滿意可能源自公司所傳送的服務，無法符合顧客的期望。

4.顧客互動的要素（Elements of customer interaction）

此一層次與服務提供者在和顧客互動的方式，究竟是採面對面或經由科技（如透過電話等）有關。公司究竟如何對待顧客？公司是否以很有禮貌的態度對待顧客？是否讓顧客能很方便的與公司接觸？當公司體認到必須慎重的應用此層次之重要性後，才可讓公司的思維超越簡單的提供核心產品、服務與支援等層次。

5.服務的情感構面（Affective dimension of service）

除了公司之基本的互動外，傳送給顧客的訊息通常是微妙且無意識的，但它卻會帶給顧客正面或負面的感受。Cumby and Barnes（1998）指出，根據相關的研究證實，許多不滿意的顧客與核心產品和服務並無任何關聯，而且亦與該項「核心」產品如何傳送或提供給顧客亦無相關。事實上，顧客可能對於互動的許多層面感到滿意，此一問題可能涉及「枝微末節的瑣事」，但卻往往被服務人員所疏忽（參見專欄 5-3）。

（以上論點摘自 Cumby and Barnes, 1998）

專欄 5-3

挫　折

□ 如果我有問題，我習慣於可以打電話通知銀行，而且我的問題通常能被立即挑出並加以處理。然而，目前我的銀行卻使用了「顧客服務中心」系統；現在我僅能打電話到此服務中心（且經常忙線中），並要努力的記住我的四個字母之密碼（但我卻常忘記），且要詳細述說我的問題（而由於服務中心的營業員不認識我，因此每次都要從頭說起）。而他們通常無法解答我的問題，因為他們必須先去詢問我的銀行中答應與我接觸的行員。數天之後，我可能會接到電話（通常是由我的電話答錄機所接聽到的，因此我根本沒有機會進一步追問我想知道的問題），這些電話可能僅答覆我部分的問題，亦可能完全答非所問，於是我必須再打通電話到該服務中心，而相同的情況又再度重演一遍。到頭來，不僅我的問題未獲立即解答，而且對我而言，這種再三反覆相同的互動，僅能顯現出銀行的效率極差。

□ 一家大型的有線電話營業員分別在兩次不同的場合寫信給我，緊急通知我要與他們聯繫。當我與目前的電話服務人員發生不愉快的事時，我打了電話給有線公司要求作進一步的調查。在這兩次的場合中，該公司都告訴我，電話線尚未架設到我居住的街道，在將此一問題與一些學生討論時，我發現他們之間也有很多人發生類似的事情。於是我開始思考著這也許不是一場誤會，雖然我一直如此的被告知，但該公司卻一直「大量郵寄」傳單，讓人不禁懷疑該公司是否應先行架設電纜線。

□ 一家知名的保險公司去年寫信給我，指出他們「有絕對的把握」為我節省家中的一些保險費用。我打電話給該公司時僅提及其中一項保險，說明其保費比我目前的保險公司高出二百英鎊，該營業員說，那是因為我所居住的地區之緣故。既然這些費率的計算都是依據過去的郵遞區號，為何該公司卻仍要再一次寫信來困擾我？

□ 每次我看醫生時（很幸運的只是偶爾而已），我都得先預約時間，不論所預約的是任何時間，約定的時間總是會延後。我被告知的理由是，醫師對每個約定的時間都會保留一般緩衝的時間，而此一緩衝的時間總會再延長一些。事實很明顯的，醫生應該依據其花費在病患的平均時間來檢核其所安排的時段。

□ 多年來我一直被一家英國的陶器公司所盯上，因為我是（一家大型的北美百貨公司的業務代表）該公司的最大客戶之一。每逢年關將至時，我會與該公司接觸並調查一、二月的出貨狀況，每次皆毫無例外的是，我都會被告知可能會延誤一些時間。當我詢問為何（每一次都）會有這樣的狀況，所獲得的答覆是，工廠在聖誕節時都停工了。事實上，每年都會有聖誕節，因此不論如何，它似乎不至於影響公司的生產計畫。

Cumby and Barnes（1998）指出，對供應商而言，想要達至前四個層次是有可能的，但有可能仍無法令顧客滿意，因為第五個層次往往發生一些無法預期的狀況。此一論點強調了在交換過程中「關鍵事件」（critical episode）的重要性，我們即將於下面加以探討。

二、特定事件的價值

服務領域的研究學者長久以來都認為，消費者的經（體）驗與接下來的滿意度，主要是服務人員與消費者之間互動的結果（Möller and Halinen, 2000），而這類的互動可用「事件」（episode）的形式來描述。事實上，在RM領域中，有人對關係作如下的定義：「關係夥伴共同合作之整個有意義的事件之總和」（Buttle, 1997）。Bitner *et al.*（1990）則對事件定義為，「顧客與……員工之間特定的互動，可能讓顧客感到特別的滿意或不滿意。」然而，並非所有的事件都具有相同的重要性，且其對價值的權重亦未必相同（Storbacka *et al.,* 1994）。換句話說，有些是例行性的，有些則是重要的。一般而言，若能藉由提高購買者的利益或降低其所須付出的代價，那麼應可增加顧客的滿意度（Selnes, 1998）。

根據Storbacka *et al.*（1994）的說法，「關鍵事件」的定義是「對關係有特別重要的特定事件，且可作為關係持續的主要依據」。在一項交換過程中若未確保符合顧客的標準期望，則此一事件有可能產生負面的影響，此時它即是一項關鍵的事件。關鍵事件具有顧客專屬性（customer specific），甚至某個「例常性的事件」（routine episode）。若其認知的服務水準未獲滿足，則亦有可能演變成關鍵的事件。因此，在關係的發展過程中，具有高品質的事件，可能在其他的情境中變成低品質的認知（Buttle, 1997）。關係發展過程中，這類「關鍵的事件」對顧客滿意度具有相當大的影響力。有關事件價值（episode value）的重要性，將於第六章再作詳細探討。

三、顧客滿意的過程

Jones and Sasser（1995）指出，任何成功的「經營」顧客滿意度之策略，其關鍵在於「傾聽顧客聲音」的能力。關於此一過程，他們提出了五種方法：

- 顧客滿意度指標。
- 回饋。
- 市場研究。
- 前線的人員。
- 策略性行動。

1. 顧客滿意度指標

顧客滿意度指標是所有追蹤或衡量顧客滿意度之最普遍的方法。事實上，目前各行各業都已將其主力轉移至此方法，用來追蹤顧客的滿意度（Mittal and Lassar, 1998）。然而有關這類的研究，大都被批評為「靜態且為認知導向的」（Strandvik and Storbacka, 1996），以及過度正面結果的報導（Nowak and Waskburn, 1998）。此外，這類的衡量方法亦太過主觀，因此，Fournier *et al.*（1998）提醒我們：

> 稍歇片刻，先想想我們究竟是……如何衡量顧客滿意度。它僅是一個問題，詢問對某一產品或服務在某一既定的態度下，有關其期望與實際的績效嗎？它是靜態的指標？在五點尺度下，沒有前後脈絡的情境來做評分？

上述的問題顯然都是否定的。Jones and Sasser（1995）亦指出，對企業而言，若過度重視這類的「滿意度調查」，並據以決定營業活動，則

將走向毀滅之途。如同富豪（Volvo）公司的Fredrik Dahlsten所指出的，當公司重複地衡量某一相同的事務，卻未考量到所獲得的資訊能否提供一些有意義與重要的訊息時，很可能走入死胡同。

Mittal and Lassar（1998）指出，許多公司衡量滿意度時，若獲得高分的評價，則大都認為顧客將繼續惠顧公司的產品或服務。然而此兩位學者提出警告，即使是滿意的顧客亦可能會受到競爭者提供物之誘惑而流失。他們的研究發現，即使是滿意度調查填答五分（五點尺度的衡量）的顧客，約有20%的醫療保健顧客與30%的汽車維修服務之顧客，都「有可能投向」其他的公司。得分為四點（大多數的公司皆認為此為不錯的評分），則其潛在的流失比率分別高達 32.4% 與 78.6% 。Reichheld（1993）亦觀察到，顧客的滿意度與顧客留住絕非同義詞，根據他的研究發現，在離開前宣稱滿意或非常滿意的顧客，約有 65% 到 85% 最後會變節。滿意度指標所能告訴我們的是，它們絕不能用來預測忠誠度。

2.回饋（Feedback）

在此所談論的回饋包括評述、抱怨與問題。它可能是目前所發展出來的方法中最有效的一種，可用來探討顧客認為滿意的績效水準為何，以及哪些不滿意的顧客可能會離開。它主要以實際的表現為基礎，而非利用一些人為的設計（如市場研究）。

3.市場研究

除了將「顧客」與「非顧客」歸類為潛在的「滿意者」、「不滿意者」及「顧客的期望」等之研究外，市場研究亦可用來探討顧客進入（建立一些驅動因子吸引顧客靠向公司）與離開（找出哪些因素有可能讓顧客因而流失）。此外，若以實際的行為而非認知的基礎來作調查，則後面這種研究（而非前者）將可提供更多有價值的資訊。

4.前線的人員（Front-line personel）

直接與員工接觸，可提供一個傾聽顧客心聲之不錯的管道。過去許多的研究皆指出，許多顧客雖未正式向公司提出抱怨，但很可能突然斷了關係而失去音訊，此時前線的員工有機會提供一個抱怨的非正式管道，可用來蒐集一些不易聽聞的顧客聲音，而關鍵的做法是，如何將此類資訊回饋至公司的決策制定過程內。

5.策略性行動

主動的將顧客納入公司的決策制定過程，可能是預先知悉潛在的「不滿意者」與獲得潛在的「滿意顧客」之有效的手段。Jones and Sasser 舉了西南航空公司的例子來說明，該公司邀請經常搭飛機的旅客參與公司空航員甄選的第一次面談活動。

（上述資料摘自 Jones and Sasser, 1995）

四、顧客滿意度的利益

許許多多的行銷文獻都認同如下的觀點，即顧客滿意度乃是再度惠顧行為之同義詞（Hutcheson and Moutinho, 1998）。也因為如此，許多公司都採用改進顧客滿意度的策略，並以此作為強化與顧客連結和獲致忠誠顧客之主觀的目標（Ravald and Gnönroos, 1996）。

此外，亦有許多提高顧客滿意水準之論點被提出，這些論點大都認同顧客滿意度可以提高顧客忠誠度，以降低價格敏感度，自競爭者手中奪取市場占有率、降低交易成本、減少失敗率與吸引新顧客的成本，以及改善公司在市場上的聲譽（Sheth and Sisodia, 1999）。Jones and Sasser（1995）亦認為，除了一些少數的例外情況，顧客滿意度乃是確保顧客忠誠的關鍵，且可創造卓越的長期財務績效。

因此，用簡單的觀念來表述，則一般可接受的模式可參考如圖 5.2 所示的觀點。

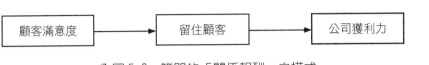

ⓐ 圖5.2　簡單的「關係報酬」之模式

五、潛藏的瑕疵

愈來愈多高度主觀的概念被提出，它們強調其「論點」即使會受到一些批評，但應可被視為一般化的觀點。論證這些觀點所提出的簡單模式，基本上都潛藏著一些缺失，特別對那些視關係為不是很重要的產業來說，更是如此。雖然可能有其隱含的邏輯意義在內，但它主要強調的是，過度的簡化通常帶來了一些實務性的問題（Storbacka *et al.,* 1994）。

如同Mittal and Lasson（1998）所言，滿意度未必意謂著忠誠度。他們提出兩個主要的理由來說明為何不是：

ℙ 不滿意的顧客有可能繼續惠顧。
ℙ 滿意的顧客亦可能會（事實上是迫切的）惠顧其他的供應商，期待獲致「更令人滿意的」結果。

Dick and Basu（1994）以圖形方式來說明第一種例外；他們以「相對的態度」（強或弱）與「重複惠顧」（高或低）等兩個概念，來將一個組織劃分成四個類別，如圖5.3所示。

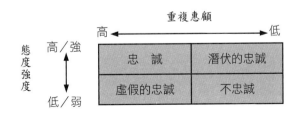

ⓐ 圖5.3　相對的態度—行為之關係

（資料來源：摘自 Dick and Basu, 1994）

具有強勢的相對態度（relative attitude）與經常惠顧供應商的顧客，基本上可歸類為忠誠顧客的類型（至少就時間的角度來看確是如此）。然而，對於那些相對弱勢態度（呈現明顯的不滿意態度）的顧客，由於沒有別的供應商可供選擇，只好繼續此段關係，此時即使經常向該供應商惠顧，但亦僅能歸屬於「虛假忠誠」（spuriously loyal）的顧客。Dick and Basu 亦指出「潛伏」（latent）忠誠顧客的類型，他們具有正向的態度，但可能基於非潛在的滿意度之理由（如地點的因素），而無法經常的惠顧該供應商。顧客滿意度之所以一直被用作忠誠度衡量之替代指標，乃因為我們一直假定滿意度對購買傾向的影響是正向的；同樣的，亦有其他研究指出上述的說法有過度簡化之嫌。

至於忠誠的顧客仍會繼續不斷的尋求其他的供應商，其可能的原因是，顧客是掌有實權的，不論在何種情況下，他都會投向能使之獲致更滿意的供應商，尤其是在「轉換障礙」頗低的情境下更是如此。此外，當顧客認為與供應商發展親密關係所獲致的利益並不是那麼重要時，亦可能發生上述的現象。

有關顧客滿意度是確保顧客忠誠度之關鍵的說法，從上述的說明可得知，它並不是一個牢不可破的概念。對於僅是滿意的顧客，公司尚無足夠的能力可以掌握住他們（Deming, 1986；引自 Oliver, 1999），而且獲得滿意的顧客仍有做選擇決策的自由空間，因此未必能留住其忠誠度（Jones and Sasser, 1995；Stewart, 1997）。由此可知，滿意度未必可獲致留住顧客的結果。且同樣的說法似乎亦成立，即不滿的顧客未必會導致流失的結果（Buttle, 1997；O'Malley, 1998）。事實上，滿意度與忠誠度兩者之間所存在的差距，應可提醒管理者加以重視，他們經常將此兩者作直接的關聯（Mittal and Lasear, 1998）（參見第二章）。甚至有人認為顧客滿意度之傳統思想已「鈣化成某些信念與方法論上的固定思維，這些都會阻擾新知識的突破」（Fournier and Mick, 1999）。

傳統的顧客滿意度理論認為，顧客皆有其期望與比較的標準（Strandvik and Storbacka, 1996），而且在任何的場合皆可發揮作用。該理論亦

假定顧客滿意度的比較是客觀的，這種理性的假設是有問題的，不僅是在特殊的情節下是如此，且在行銷理論中通常亦是如此，它們都強調正面的決策制定是消費者行銷的重心（East, 1997a），但從實際生活的觀察來看，卻又不是這麼一回事。一些研究曾對顧客滿意度的典範一直居於主導的地位產生質疑（Fournier and Mick, 1999），且認為「價值─期望」是一種錯誤的量測，因為它是一種多面向、複雜（Ravald and Grönroos 1996）與主觀的構念。

先天的（inherent）滿意度可能是一種有偏差的忠誠度之形式，尤其當顧客盡力在市場上尋找「最佳交易的條件」時，更能凸顯此一觀點。然而，其他情境的驅動因子（諸如時間與機會成本），在其影響力未發揮或不足的情況下，則可能導致「有殘缺的忠誠」（default loyalty），也因此發揮不了什麼作用。例如，根據 East（1997b）之研究結果，發現地點的便利性在 FMCG 零售業中比超市的忠誠方案更具有激勵效果。Mintel（1996）的研究結果亦得出類似的結論。

特別是在FMCG零售業中，用來激勵簡單的重複購買行為，或最小化顧客惰性之瓦解等策略（參見下一節），其可能獲得的利益將比高成本的互動式、關係式的策略來得有效率。在那些具有或多或少複雜性的產業中，其所須採行的策略可能又有不同的做法，重複的再三保證與經常的比較，或可用來確保顧客仍維持在相對的滿意水準之上。

六、惰性（Inertia）

在「顧客滿意度」中另一項引起爭論的要件是「惰性」（inertia）所扮演的角色，它通常被低估。一般而言，顧客滿意度通常被視為正面的、積極的影響因素，可驅動某些行為型態。然而，滿意度未必是正向結果的投入，它可能僅代表著並未有出差錯的事情發生而已（Johnson and Mathews, 1997）。在某些情境中，滿意的程度可能導因於缺乏激勵，或顧客對服務水準缺乏評估的能力（Bloemer and de Ruyter, 1998）。就前一種情況來說，我們或可將之描述為「並非感到滿意，而僅是顧客的惰性（inertia）使然」，此時並沒有任何誘因「驅使」顧客向某一供應商再度惠顧，相反的，顧客之所以對其他外面的刺激未有任何反應，乃因為習慣性的行為表現。這與 Fournier and Mick（1999）所提出的「滿意意指順從」（satisfaction-as-resignation）之說法類似，它意謂著「對於所強加的事物採被動的順從與沒有抗拒的接受之態度」。

惰性行為可定義為，如同沒有任何外界刺激下所表現出來的行為。各類型的滿意度都是被動的，且僅反映出顧客仍願意留在某一供應商處之意願，直到他們（若可能的話）認知到市場上存在某些更佳的交易或其他因素（如顧客搬家），才可能產生變動。由於習慣很少會改變，因此市場將呈現穩定的狀態（East, 1997a）。因而，我們或可作如下的假設：在很多的情況中，它並非正向的「顧客滿意度」來驅使顧客採取行動，而是缺乏採取行動的誘因與刺激。正向的與中性（或惰性）的滿意度兩者之間的區別是重要的，在某些產業中，它甚至會引發究竟顧客滿意度能否導致長期的顧客關係之爭論（Storbacka *et al.,* 1994）。行銷人員不應將惰性視同忠誠度（Cumby and Barnes, 1998）。

在很多產業中，很有可能發生的現象（雖然並非普遍適用的真理）是，顧客的惰性或不願意改變目前的行為，可能受制於該產業的規範（norm），這種「安於現狀」的觀點說明了「適當的」（adequate）與「欲求的」（desired）服務水準兩者之間的差異（Storbacka *et al.,* 1994），並由此構成一個「惰性區域」（zone of inertia）；在此區域內，顧客對於遞增的服務水準並不會有任何行動或回應，在此種情境下，任何服務水準或品質的遞增（且在其他所有的條件不變下），僅有助於維持惰性或習慣性行為，而非實際的驅動具競爭力的流程（參見圖 5.4）。這種例行的人性行為之惰性形式，有助於解釋為何積極的對調查做出回應是種很微弱的衡量指標（East, 1997a）。關係或可採用婚姻一詞來類比，此時夫妻雙方不論維持著多大的約束力，但那只是反應式而非主動積極性的。特別是在該約束力破裂之後，關係的自然趨勢是，隨著時間逐漸會對敏感度與慇勤體貼失去重視，熟悉的程度雖不至於會造成藐視對方的情形，但卻是孳生惰性

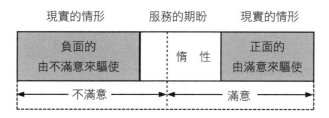

😾 圖 5.4　惰性對服務的期望與現實水準之影響

的溫床！在商業活動的情境中，曾有學者觀察發現，維持長期「忠誠」的
個人，事實上即是顯示惰性即將出現的訊號（Bejou and Palmer, 1998）。

　　惰性的概念在很多方面似乎都與顧客滿意度的基本教條相違背，後者
係指卓越的服務必可改善獲利力（參見 Buttle, 1996）。在某些產業中，
由於惰性的存在，使得再多額外的努力亦無法帶來任何利益。一旦資源分
配用來獲致潛伏的顧客滿意度（或更具體的描述即為顧客惰性），而且已
達到門檻水準（且尚未超越），則任何額外的投資皆將無法創造與提高顧
客留住等的任何報酬（Hassan, 1996），或亦無法獲致最終的獲利力。事實
上，如果要在競爭激烈的市場上維持顧客需要的滿足，則可能須注入龐大
的投資，而其可能發生的情形是利潤的下降或未曾提升（Strandvik and
Storbacka, 1996）。另外，僅提升滿意水準本身可能會產生反效果，因為
此時期望水準也跟著提高，因此將提高不滿意的比率（Hutcheson and Mou-
tinho, 1998）。這與 RM 的另一項基本的原理似乎是相違背的，因為後者非
常強調滿足甚至超越顧客的期望（Buttle, 1996）。

　　藉由這種直接的對比，對顧客目前的期望而言，任何服務水準的下降，
不論是否為一般市場皆必須提供者，都有可能觸動顧客的轉換行為。此一
觀點認為行銷所強調的，絕非以提高滿意度為主，而是應該儘可能的維持
現狀。這並非藉由提高顧客滿意度來達成，而應最小化不滿意度，尤其是
當不滿意的轉換成本顯著的大於滿意度所獲得利益時更是如此（Hutcheson
and Moutinho, 1998）。

　　其理由是，「惰性行為」與某些廣被支持的 RM 概念相矛盾，因為此時

它也許更符合反覆性的交易式交換之場合,亦即交易式—關係式連續上的
TM 端(參見第四章)。如果屬於 RM 的情境,則透過差異化、關係策略來
發展顧客滿意度,其所獲得的利益有助於公司優勢的提升。至於在重複性、
偏向交易式關係的情境下,提升重複性行為之策略可能更為有利。

七、滿意度的真實面

前述的簡單模式(顧客滿意度 → 留住顧客 → 獲利力)太過於簡化,且
有可能誤導多數企業的方向。雖然直覺上它是個有用的目標,但在某些產
業中,滿意度的提高卻會產生不良的後果,因為它可能因而同時提升了期
望水準,且依照定義,它更可能因而增加了不滿意的比率(Hutcheson and
Moutinho, 1998)。這或許亦反映了佛學的哲理,亦即一個人若能減少他的
欲望,那麼他能獲得幸福的機會也會大增(亦即所謂的「知足常樂」之道
理)。 針對美國市場所做的調查結果發現,許多的美國企業,即使它們都
專注在滿意度與服務品質的提升,但在市場上,顧客感到滿意的比率卻一
直很低,且在其他各方面表達不滿意的比率卻一直高居不下(Fournier *et
al.*, 1998)。Jan Lapidoth 任職 SAS 公司期間曾做過調查訪談(引自 Gum-
messon, 1999),他曾提出了一個知名的「服務矛盾」(service para-
dox)之概念(參見專欄 5-4),其大概的意義是,未獲利的顧客往往是感
到滿意的一群,而有利可圖的顧客卻常感到不滿意。Gwynne *et al.*(2000)
的研究,對此一矛盾現象提出了進一步的說明。他們指出,顧客對於其已
獲得的東西一般都會很快樂,且通常都會依據其對未來的期望向該供應商
提出更進一步(或更多)的要求。相反的,對那些感到不高興的顧客而言,
似乎不會在期望水準上加溫。

專欄 5-4

服務的矛盾

　　Gummesson（1999）首先提出「服務矛盾」的觀念，他認為最具忠誠的顧客未必意謂著都是最感到滿意或最具獲利的。Gummesson 引用了一個「服務矛盾」的定義來描述 Jan Lapidoth 在 SAS 公司所獲得的經驗，他說：「獲利愈低的顧客，他們可能感到更滿意；相反的，愈具獲利的顧客，則可能是感到較不滿意的一群。」Lapidoth 並以紐約到歐洲航線的旅客為例來說明，此一航線的票價存在相當大的差異，商業客艙等級的全票是 3,000 美元，商業旅客是高獲利的一群，但他們的要求也更多；商業旅客所要求的價值包括高品質、準時、舒適的旅程等。經濟客艙的旅客對利潤的貢獻雖然較少，但他們會因低價格而較守本份，故而不會有太多的要求；經濟客艙的旅客所要求的價值主要是低價格。如此一來，商業旅客因要求較多，故可能比經濟客艙旅客較容易感到不滿意，即使是商業旅客已獲得較佳的服務亦然。

（資料來源：摘自 Gummesson, 1999）

摘　要

根據第二章後面所提出的模式，它指出了關係式與交易式策略之許多認知的「驅動因子」。本章即針對一些未在該章討論的驅動因子作詳細的論述。

在一個因高風險與高重要性並因而導致高情感性的交換活動之情境下，採用 RM 策略似乎是較為有利的，因為顧客在此一情境下大都認為有必要發展更親密的關係。至於連續帶的另一端，即低風險、低重要性及低情感性的情境下，顧客並不認為死守住一個或少數幾個供應商，對他們會有任何好處，因此傾向更具投機性的購買行為。

在深耕的關係中體認到信任與承諾的必要性，將提供另一種情境的指標，此時採用關係策略將是較有利的。至於在連續帶另一端的交易式模式中，存在某種信任程度也許是必要的，但很少須做承諾。

本章亦討論了親密的概念，當關係雙方之間的「距離」很短，則可能發展更深層的關係。相反的，當距離較遠時，則關係是功能性的與敵對性的。此外，觀察關係中的這些特徵，可藉以形成一個指標，判定 RM 策略的採行是否較有利。

與顧客滿意度相關的觀念之間的複雜性，本章亦加以探討，而所獲致的結論是，一般普遍被接受的模式（顧客滿意度━▶留住顧客━▶獲利力）太過簡化，在某些產業的應用上可能造成誤解與困難。然而，在一項關係中，若認知到存在正面的顧客滿意度，則可能顯示採行關係式策略是合理的、有利的；而在連續帶的另一端，採行促進習慣性行為的策略則為相當理想的交易式行銷。

上述的這些主題皆非常重要，因此我們將於往後各章節再作詳細的討論。

討論問題

*1.*闡釋風險、重要性及情感性三者之間的關聯。

*2.*闡釋信任與承諾之間的相關性。

*3.*為何親密的關係比敵對的關係更為牢固？

*4.*詳述惰性可能決定了關係持續時間之情境。

個案研究

有問題的信任

信任是一種很難獲致的無價之寶，但若缺乏信任，則許多在網際網路上購物的消費者可能會覺得不安心。然而直到最近，英國的一些 Web 網站才開始提供少有的認證憑據之做法，藉此來強化消費者在線上購物的信賴感。截至目前為止，似乎一切事物都在改變。

消費者協會於去年夏天公布了提供 Web 網站購物認證的網站名單（Which Web Trader），從那時開始，最著名的保險公司 Direct Line，一口氣登錄了三十多家的夥伴公司。此外，該公司亦另外召募了約八十多家的公司來響應與支持此一認證的措施，但基於其事業的特質，大多數的公司皆無法貫徹「實務的規定」（Code of Practice）。

條件

認證是免費的，但若要通過且被貼上 Which Web Trader 的標誌，則 Web 廠商必須符合 CA 的條件，即確保沒有任何事情出差錯，且被認證的公司亦必須遵循規定做好某些事情。

Clicksure 於一年前在英國推出另一種獨立的認證架構。對那

些想要貼上 Clicksure 之「品質保證」標誌的公司，皆必須先繳交初步評估的費用（約在一百六十至三百二十英鎊之間），金額多寡則視線上作業之規模與複雜度而定，之後，廠商每年須繳交權利金，約在六百到一千二百英鎊之間。到目前為止，Clicksure 雖認證通過六個網站，但據說約有三百多個網站目前正接受認證程序的行列中，由於免收認證費用，所以 Which Web Trader 的架構在理論上似乎更吸引人。然而，Clicksuer 的行銷主任 Frank Miller 則質疑這種不以營利為目的的架構，其監督與管理認證通過的網站之能力，他指出：「非營利的認證機構之問題，在於他們真的能夠適切的貫徹其服務？」

「當然，他們對所提供的服務收取很少的費用，或甚至分文未取；然而當他們變得很普遍與受歡迎之後，便可能沉沒在服務需求的波濤之下，於是適當的維持確認架構之可信度的能力便可能同時陷於泥沼中。由於有數百萬的客戶都爭吵著要求服務的提供，但其中也許僅有少數的人能夠雀屏中選，由於愈多的人要求提供服務，因此其所須的成本亦愈高，如此一來，他們又如何能維持其該有的服務水準？」

「認證是項須完全訓練的工作，它可用來完成日常事務的一種過程導向之活動；換句話說，必須經常持久的監視任務，它實際上是項龐雜瑣碎的工作，但亦必須擁有專業性，且以有系統的方式來進行，並定期的提供有價值的資訊給任何人。」

為了解決顧客所可能產生困惑的問題——可能源自認證架構包含過多的層面，或可能源自諸如消費者協會與 Clicksuer 等商業協會與認證人士的紛雜意見——包括中小企業處官員及 E-commerce、Patricia Hewith 等執行人員，於今年二月來為 Web 網站的認證揭櫫一項鑑定系統，並結合了非營利機構 TrustUK 之力量。

TrustUK 是一家由 Consumers Association、Direct Marketing Association 及 Alliance for Electronic Business 等組織合資的一個機構。它希望能夠勸服商業協會與 Web 網站認證架構工作從業人員——諸如 Clicksure 與 Which Web Trader 等——接受由 Trust 所擬定的鑑定系統。任何採用 TrustUK 鑑定系統的協會，在應用線上的活動時皆須遵守法規，而被鑑定合格的網站皆將被貼上 TrustUK 正宗標記的戳記。

創立會員

　　TrustUK 的創立會員，如 Consumers Association 與 Direct Marketing Association 等，皆已同意在 TrustUK 的大傘下採行其體制，且按照 Trust 的一切規定，之後便有四個以上的組織（包括Click-sure）亦宣誓他們決心採用其鑑定系統。

　　採用該鑑定系統的組織必須付年費一千到五千英鎊之間，金額多寡則與組織的規模、會員的人數及會員的層級等有關。之後，它將上推至商業協會或網站的認證公司，以期使認證的公司都能確保其會員遵循 Trust 的標準。

　　有些人或許會質疑，商業協會是否擁有相關的技能與經驗來擔保Web網站的行為，但全球各地的各種協會包含了各類產業，都想運用 Web 網站，此時像 TrustUK 這類的機構體制，想要結合許許多多差異頗大的力量成為一個大家公認的標記，似乎需要花費相當多的心力來呼籲。

（資料來源：David Marphy, Marketing Business, July／August, 2000）

個案研究問題

*1.*採用認證體制的網際網路零售業者將擁有哪些優勢？

*2.*依你的見解，哪一種認證體制較有可能獲得成功？為什麼？

*3.*是否還有其他因素有助於在網際網路上發展「信任」？

參考文獻

Alexander, N. and Colgate, M. (1998) 'Building relationships in retailing through financial services: insights and implications', *Customer Relationship Management*, **1** (1), 64-78.

Ambler, T. and Styles, C. (2000) 'viewpoint-the future of relational research in international marketing: Constructs and conduits' *International Marketing Review*, **17** (6), 492-508.

Andreassen, T.W. (2000) 'Antecedents to satisfaction with service recovery', *European Journal of Marketing*, **34** (1/2). 156-75.

Baier, A. (1986) 'Trust and antitrust', *Ethics*, **96** (2), 231-60.

Barnard, N. and Ehrenberg, A.S.C. (1997) 'Advertising: strongly persuasive or nudging?', *Journal of Advertising Research,* January/February, 21-31.

Barners, J.G. and Howlett, D.M. (1998) 'Predictors of equity in relationships between service providers and retail customers', *International Journal of Bank Marketing*, **16** (1), 5-23.

Barnes, J.G. (1997) 'Exploring the importance of closeness in customer relationships', American Marketing Association Conference, Dublin, June, pp, 227-38.

Bearden, W.O. and Teel, J.E. (1983) 'An investigation of personal influences on consumer complaining', *Journal of Marketing Research*, 20 February, 21-8.

Bejou, D. and Palmer, A. (1998) 'Service failure and loyalty: an exploratory empirical study of airline customers', *Journal of Services Marketing*, **12** (1), 7-22.

Berry, L.L. and Parsuraman, A. (1991). *Marketing Services*, New York: The Free Press.

Bhattacharya, C.B. and Bolton, R.N. (2000) 'Relationship Marketing in mass markets' in Sheth, J.N. and Parvatiyar, A. (eds) *Handbook of Relationship Marketing*. Thousand Oaks CA: Sage, pp. 171-207.

Bitner, M.J., Booms, B.H. and Tetreault, M.S. (1990) 'The service encounter: diagnosing favorable and unfavorable incidents', *Journal of Marketing*, **54**, 71-84.

Bloemer, J. and de Ruyter, K. (1998) 'On the relationship between store image, store satisfaction and store loyalty', *European Journal of Marketing*, **32** (5/6), *499-513.*

Blois, K.J. (1997) 'When is a relationship a relationship?', in Gemünden, H.G., Rittert, T. and Walter, A. (eds) *Relationships and Networks in International Markets*. Oxford: Elsevier, pp. 53-64.

Buttle, F.B. (1996) *Relationship Marketing Theory and Practice*. London: Paul Chapman.

Buttle, F.B. (1997) 'Exploring relationship quality', paper presented at the Academy of Marketing Conference, Manchester, UK.

Cumby, J.A. and Barnes, J. (1998) 'How customers are made to feel: the role of affective reactions in driving customer satisfaction', *Customer Relationship Management*, **1** (1), 54-63.

Dann, S.J. and Dann, S.M. (2001) *Strategic Internet Marketing*. Milton, Qld: John Wiley & Sons.

Deming, W.E. (1986) 'Out of crises', Massachusetts Institute of Technology Center for Advanced Engineering Study.

Devlin, J.E. and Ennew, C.T. (1997) 'Understanding competitive advantage: the case of financial services', *International Journal of Bank Marketing*, **15** (3), 73-82.

Dick, A. and Basu, K. (1994) 'Customer loyalty: towards an integrated framework', *Journal of the Academy of Marketing Science*, **22**, 99-113.

Doyle, P. (1995) 'Marketing in the new millennium', *European Journal of Marketing*, **29** (12), 23-41.

East, R. (1977a) 'Inertia rules', *Marketing Business*, November.

East, R. (1997b) 'The anatomy of conquest: Tesco versus Sainsbury', working paper, kingston Business School, UK.

Fournier, S.B., Dobscha, S. and Mick, D.G. (1998) 'Preventing the premature death of relationship marketing', *Harvard Business Review*, **76** (1), 42-9.

Fournier, S.B. and Mick, D.G. (1999) 'Rediscovering satisfaction' *Journal of Marketing*, October, 63 (4) 2-5.

Grossman, R.P. (1998) 'Developing and managing effective customer relationships', *Journal of Product and Brand Management*, **7** (1), 27-40.

Gummesson, E. (1999) *Total Relationship Marketing: Rethinking Marketing Management from 4Ps to 30Rs*. Oxford: Butterworth Heinemann.

Gwynne, A.L., Devlin, J.F. and Ennew, C.T. (2000) 'The zone of tolerance: insights and influences', *Journal of Marketing Management*, **16** (6), 545-64.

Hassan, M. (1996) *Customer Loyalty in the Age of Convergence*. London: Deloitte & Touche Consulting Group (www.dttus.com).

Hunt, H.K. (1977) 'CS/D-overview and future research direction' in Hunt, H.K. (ed.) *Conceptualisation and Measurement of Customer Satisfaction*. Cambridge Ill.: Marketing Science Institute.

Hutcheson, G.D. and Moutinho, L. (1998) 'Measuring preferred store satisfaction using consumer choice criteria as a mediating factor', *Journal of Marketing Management*, **14**, 705-20.

Johnson, C. and Mathews, B.P. (1997) 'An evaluation of consumers' interpretation of satisfaction', paper presented at the Academy of Marketing Conference, Manchester, UK, pp. 527-38.

Jones T.O. and Sasser, W.E. (1995) 'Why satisfied customers defect', *Harvard Business Revies*, November/December, 88-99.

Lewicki, R.J., McAllister, D.J. and Bies, R.J. (1998) 'Trust and distrust: new relationships and realities', *Academy of Management Review*, **23** (3), 438-58.

Mintel (1996) *Customer Loyalty in Retailing*. London: Mintel.

Mitchell, P., Reast, J. and Lynch, J. (1998) 'Exploring the foundations of trust', *Journal of Marketing Management*, **14**, 159-72.

Mittal, B. and Lassar, W.M. (1998) 'Why do customers switch? The dynamics of satisfaction versus loyalty', *Journal of Services Marketing*, **12** (3), 177-94.

Moorman, C., Zaltman, G. and Deshpande, R. (1992) 'Relations between providers and users of market research. The dynamics of trust within and between organisations', *Journal of Marketing Research*, **29**, 314-28.

Morgan, R.M. and Hunt, S.D. (1994) 'The commitment-trust theory of relationship marketing', *Journal of Marketing*, **58** (3), 20-38.

Möller, K. and Halinen, A. (2000) 'Relationship marketing theory: its roots and direction', *Journal of Marketing Management*, **16**, 29-54.

Nowak, L.I. and Washburn, J.H. (1998) 'Antecedents to client satisfaction in business services', *Journal of Services Marketing*, **12** (6), 441-52.

Oliver, R.L. (1981) 'Measurement and evaluation of satisfaction process in retail selling', *Journal of Retailing*, **57**, 25-48.

Oliver, R.L. (1997) *Satisfaction: A Behavioural Perspective on the Consumer*. McGraw Hill.

Oliver, R.L. (1999) 'Whence consumer loyalty?' *Journal of Marketing*, December 1999, 33-45.

O' Malley, L. and Tynan, C. (1999) 'The utility of the relationship metaphor in cons umer markets: a critical evaluation', *Journal of Marketing Management*, **15**, 587-602.

O'Malley, L. (1998) 'Can loyalty schcmcs really build loyalty?', *Marketing Intelligence and Planning*, **16** (1), 47-55.

Pels, J. (1999) 'Exchange relationships in consumer markets?', *European Journal of Marketing*, **33** (1/2), 19-37.

Pressey, A.D. and Mathews, B.P. (1998) 'Relationship marketing and retailing: comfortable bedfellows?', *Customer Relationship Management*, **1** (1), 39-53.

Ravald, A. and Grönroos, C. (1996) 'The value concept and relationship marketing', *European Journal of Marketing*, **30** (2), 19-30.

Reichheld, F.F. (1993) 'Loyalty based management', *Harvard Business Review*, March/April, 64-73.

Rousseau, D.M., Sitkin, S.B., Burt, R.S. and Camerer, C. (1998) 'Not so different after all: a cross-discipline view of trust', *Academy of Management Review*, **23** (3), 393-404.

Selnes, F. (1998) 'Antecedents and consequences of trust and satisfaction in buyer-seller relationships', *European Journal of Marketing*, **32** (3/4), 305-22.

Shepherd, B.H. and Sherman, D.M. (1998) 'The grammars of trust: a model and general implications', *Academy of Management Review*, **23** (3), 422-37.

Sheth, J.N. and Sisodia, R.S. (1999) 'Revisiting marketing's lawlike generalizations', *Journal of the Academy of Marketing Sciences*, **17** (1), 71-87.

Sheth, J.N. and Sisodia, R.S. (1999) 'Revisiting marketing's lawlike generalizations', *Journal of the Academy of Marketing Sciences*, **17** (1), 71-87.

Sheth, J.N. and Parvatiyar, A. (1995) 'Relationship marketing in consumer markets: antecedents and consequences', *Journal of the Academy of Marketing Science*, **23** (4), 255-71.

Sheth, J.N. and Parvatiyar, A. (2000) 'Relationship marketing in consumer markets: antecedents and consequences' in Sheth, J.N. and Parvatiyar, A. (eds) *Handbook of Relationship Marketing*. Thousand Oaks CA: Sage, pp. 171-207.

Singh, J. and Sirdeshmukh, D. (2000) 'Agency and trust mechanisms in consumer satisfaction and loyalty judgments', *Journal of Marketing Science*, **28** (1) 150-67.

Sitkin, S.B. and Roth, N.L. (1993) 'Explaining the limited effect of legalistic remedies for trust/distrust', *Organisational Science*, **4**, 367-92.

Stewart, T.A. (1997) 'A Satisfied customer is not enough', *Fortune Magazine*, **136** (July), 112-13.

Storbacka, K., Strandvik, T. and Grönroos, C. (1994) 'Managing customer relations for profit: the dynamics of relationship quality', *International Journal of Service Industry Management*, **5**, 21-38.

Strandvik, T. and Storbacka, K. (1996) 'Managing relationship quality', in Edvardsson, B., Brown, S.W., Johnston, R. and Scheuing, E.E. (eds) *Advancing Service Quality: A Global Perspective*. New York, ISQA, pp. 67-76.

Swaminathan, V. and Reddy, S.K. (2000) 'Affinity partnering: conceptualisation and issues' in Sheth, J.N. and Parvatiyar, A. (eds) *Handbook of Relationship Marketing*.

Tynan, C. (1997) 'A review of the marriage analogy in relationship marketing', *Journal of Marketing Management*, **13** (7), 695-704.

Tzokas, N. and Saren, M. (2000) 'Knowledge and relationship marketing: where, what and how?', *2nd WWW Conference on Relationship Marketing.* www.mcb.co.uk/services/conferen/nov99/rm. 15/11/99-15/2/00 Paper 4.

Tzokas, N. and Saren, M. (2000) 'Knowledge and relationship marketing: where, what and how?' 2nd WWW conference on Relationship Marketing 15/11/99-15/2/00 Paper 4www.mcb.co.uk/services/conferen/conferen/nov99/rm/

Uncles, M. (1994) 'Do you or your customer need a loyalty scheme?', *Journal of Targeting, Measurement and Analysis* **2** (4), 335-50.

Westbrook, R.A. (1980) 'Intrapersonal affective influence upon consumer satisfaction with products', *Journal of Consumer Research*, **7**, June, 49-54.

Wilson, D.T. (1995) 'An integrated model of buyer-seller relationships', *Journal of the Academy of Marketing of Marketing Science*, **23** (4), 335-45.

Wilson, D.T. (2000) 'An integrated model of buyer-seller relationships' in Sheth, J. N. and Parvatiyar, A. (eds) *Handbook of Relationship Marketing*. Thousand Oaks CA: Sage pp. 245-70.

Wright, C. and Sparks, L. (1999) 'Loyalty saturation in retailing: exploring the end of retail loyalty cards?', *International Journal of Retailing and Distribution Management*, **27** (10), 429-39.

核心公司與其關係

如同前述，關係行銷之「較古老」的定義主要著重在「傳統的」供應商—顧客關係（supplier-customer relationship），之後有關 RM 之討論，其貢獻也在於擴大此一範疇。

雖然有無數多的模式，但卻無單一的定義可涵括所有相關的觀念，然而這些模式似乎逐漸趨向一致，除了焦點在顧客外，公司應該考慮較廣泛的夥伴關係，包括與供應商、內部顧客及機構和中間商之間的關係（Clarkson *et al.,* 1997）。就此層面的觀念來說，RM 非常類似傳統的「利益相關團體理論」（stakeholder theory）（Tzokas and Saren, 2000）。這些「網絡」或延伸的關係理論、觀念及概念，已被一些著名的行銷學者所提出，包括 Christopher *et al.*（1991, 1994）、Kotler（1992）、Millman（1993）、Hunt and Morgan（1994）、Doyle（1995）、Peck (1996)、Buttle（1996）及 Gummesson（1996）等，這些學者大都採納行銷的觀點，並繼續強調管理顧客關係之重要性，但他們亦皆體認到這只是關係行銷方程式中的一部分而已。雖然此一觀點最近一直遭受挑戰（參見第十二章），但它在區別 RM 與其他的關係概念和策略上仍是最具代表性的。

往後章節所要討論的內容，我們將焦點關係（focal relationship）擺在購買者與供應商兩者之間。RM 首要與最先的任務在於此種關係的管理，然而為了順利完成此項任務，在此過程中的其他「利害關係人」（stakeholders）亦應被納入（Grönroos, 2000）。一個共通的主題是，公司應該致力於與其所有的利害關係人發展相對長期的關係（Hunt, 1997; Reichheld, 1996），不論關係模式是否存在「六種類型的市場」（Christopher *et al.,*

1991; 1994）、「十種類型的參與者」（Kotler, 1992）、「四種類型的夥伴關係」（Buttle, 1996）、「四種夥伴與十種關係」（Hunt and Morgan, 1994）、或者是「30Rs」（Gummesson, 1996），這些理論之間共通的範圍皆圍繞在「核心公司與其夥伴」之間的概念（Doyle, 1995）。由此可知，當公司走向 RM 策略時，可視其從二元（dyadic）朝向一系列多方的相互關係，而未必是單獨專注在供應商—顧客之間的互動。

　　不同的學者可能會特別專注在不同的利害關係群體，而 Gummesson（1999）則特別著重在公司與其利害關係人之間各種可能的關係之深入且詳細的探討，因其認為各種關係皆可涵括在此範圍內。然而為了簡化起見，各種不同的關係或可劃分成四種主要的群組，包括顧客夥伴、內部群體、供應商夥伴及外部夥伴。以下各章即分別針對各種群組，從不同的觀點作詳細的討論（參見下面的專欄）。

專欄Ⅱ.1　核心關係

	顧客夥伴	供應商夥伴	內部夥伴	外部夥伴
Doyle（1995） 核心公司與其夥伴	顧客夥伴	供應商夥伴	內部夥伴 員工 功能性部門 其他 SBUs	外部夥伴 競爭者 政府 外部合夥者
Hunt and Morgan（1994） 四種夥伴與十種關係	購買者夥伴 中間商 最終消費者	供應商夥伴 商品供應商 服務供應商	內部夥伴 事業單位 員工 功能性部門	平行夥伴 競爭者 非營利組織 政府
Christopher *et al.*（1991; 1994） 六種市場	顧客市場	供應商市場	內部市場 員工市場	轉介市場 影響力市場

	典型的市場關係	共同的關係	巨型的關係
	典型的二元關係（顧客／供應商）	利潤中心	人際／社會
	典型的三元關係（上述＋競爭者）	內部關係	巨型組織
	典型的網絡關係（配銷通路）	品質（如設計	（如政府聯
	特殊的市場關係	、製造）	盟）
	專職／兼職行銷人員	員工	知識關係
	服務接觸人員	矩陣關係	巨型的聯盟
	多頭的顧客／供應商	行銷服務	（如 EU,
Gummesson	顧客的顧客之關係	所有權人／資	NAFTA）
(1996;1999)	親密與疏遠的關係	本家	大眾媒體
30Rs	不滿意的顧客關係		
	獨占的關係		
	顧客即為會員		
	電子式關係		
	連體社群帶的關係（共生等）		
	非商業的關係		
	綠色關係		
	法律為基礎的關係		
	犯罪網路		

　　此種行銷的觀點有別於傳統行銷所強調的重點，行銷不再只是交換而已（例如，市場上商品與貨幣的轉移）；它對於供應商、經銷商、顧客、客戶及其他相關群體之間對話的創造與維持亦相當的重視，使得所有相關的參與者都對此一購買過程感到滿意（Uncles, 1994）。

　　第二篇的各章節我們將依次探討此四種主要的群組，下面的圖形繪示了不同學者所提出的關係類型，以及彼此之間的關聯性。

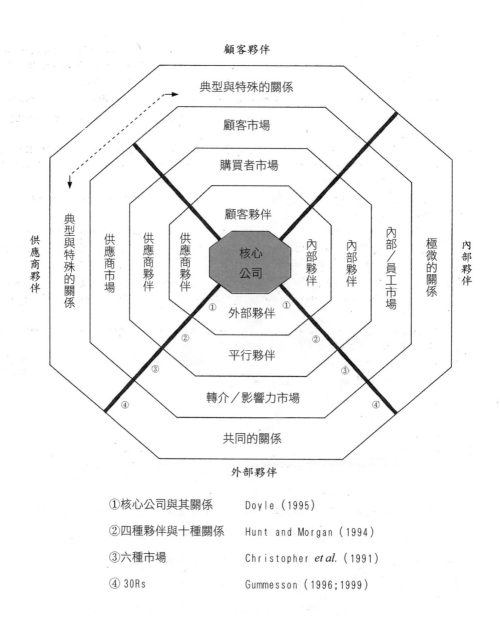

①核心公司與其關係　　　Doyle (1995)

②四種夥伴與十種關係　　Hunt and Morgan (1994)

③六種市場　　　　　　　Christopher *et al.* (1991)

④ 30Rs　　　　　　　　Gummesson (1996;1999)

圖Ⅱ.1　核心公司與其關係

參考文獻

Buttle,F. B. (1996) *Relationship Marketing Theory and Practice.* London: Paul Chapman.

Christopher, M., Payne, A. and Ballantyne, D. (1999) *Relationship Marketing.* London: Butterworth Heinemann.

Christopher, M., Payne, A. and Ballantyne, D. (1994) *Relationship Marketing.* Oxford: Butterworth Heinemann.

Clarkson, R. M., Clarke-Hill, C. and Robinson, T. (1997) 'Towards a general framework for relationship marketing; a literature review', paper presented at the Academy of Marketing Conference, Manchester, UK.

Doyle, P. (1995) 'Marketing in the new millennium', *European Journal of Marketing,* 29 (12), 23-41.

Grönroos, C. (2000) 'The relationship marketing process: interaction, communication, dialogue, value', *2nd WWW Conference on Relationship Marketing,* 15 November 1999-15 February 2000, paper 2 (www.mcb.co.uk/services/conferen/nov99/rm).

Gummesson, E. (1996) *Relationship Marketing: From 4ps to 30Rs.* Malmö: Liber-Hermods.

Gummesson, E. (1999) *Total Relationship Marketing: Rethinking Marketing Management from 4ps to 30Rs.* Oxfored: Butterworth Heinemann.

Hunt, H. K. (1997) 'CS/D-overview and future research direction', in Hunt, H.K. (ed.) *Conceptualisation and Measurement of Customer Satisfaction and Dissatisfaction. Cambridge,* MA: Marketing Science Institute.

Hunt, S.D. and Morgan, R.M. (1994) 'Relationship marketing in the era of network competition', *Journal of Marketing Management,* 5 (5), 18-28.

Kotler, P. (1992) 'Total marketing' in *Business Week,* Advance Executive Brief no. 2.

Millman, A.F. (1993) 'The emerging concept of relationship marketing', in Proceedings of the 9th Annual IMP Conference, Bath, 23-25 September.

Peck, H. (1996) 'Towards a frameword for relationship marketing: the six markets model revisited and revised', *Marketing Education Group (MEG) Conference, University of Strathclyde,* UK.

Reichheld, F.F. (1996) *The Loyalty Effect: The Hidden Force Behind Growth, Profits and Lasting Value. Boston,* MA: Harvard Business School Press.

Uncles, M. (1994) 'Do you or your customer need loyalty scheme?', *Journal of Targeting, Measurement and Analysis,* 2 (4), 335-50.

第六章

顧客夥伴

學習目標

1. 顧客焦點
2. 服務業
3. 顧客服務
4. 事件與服務鏈
5. 解散、離開與撤回
6. 利潤鏈

前言

　　如同本篇導讀的討論，關係行銷與傳統行銷之最顯著的差異在於，RM 一般被認為其乃延伸了行銷的焦點，超越單一的買賣雙方之二元關係（Gummesson, 1999），並涵括了其他類型的組織關係。然而即使所強調的重點有了很大的改變，但顧客—供應商關係仍是 RM 中的主要議題，且事實上橫跨整個行銷領域（Möller and Hallinen, 2000）。Christopher *et al.*（1991）雖認同「廣泛的行銷觀點」之利益，但他們亦指出，毫無疑問的，「顧客市場」仍是主要的焦點，且位居其所提出的關係行銷之六種市場模式的核心位置（如圖 6.1 所示）。

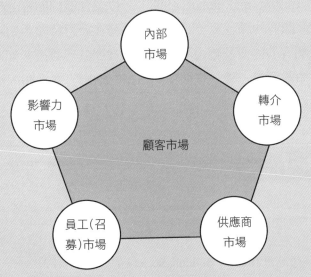

圖 6.1　六種市場模式

（資料來源：摘自 Christopher *et al.*, 1991）

壹、顧客焦點

　　傳統行銷與 RM 之另一個較常被提及的差異是，此兩者對顧客所抱持的看法與重視程度有所不同。傳統行銷對待顧客的立場是，將其視為一場競爭賽局中的一顆棋子，同時，傳統行銷很自然的採取「市場焦點」（market focused）的途徑，並著重在提升市場占有率與強調短期的獲利力。傳統行銷人員所考量的優先順序是，「擄獲」眾多不知名的顧客為其首要任務，且必須搶在競爭者之前，否則就會失去這些顧客；此外，它亦盡其可能地操弄這些所擄獲的獵物，以追求短期的利得，目標市場則被視為個人在市場上所欲攻擊與爭奪的對象。

　　相對照之下，RM 所重視的並不是你能對顧客做什麼，而是你能為顧客做什麼（Worthington and Horne, 1998），以及你能與顧客一起做什麼，其目的在於確保顧客的滿意度。RM 的首要任務在於對待顧客如同有價值的夥伴，並確立顧客的需要及經由服務品質來發展其忠誠度。如同專欄 6-1 中某公司的使命說明書一樣，它很精簡明確的指出「擁抱顧客應是成功企業之最關鍵的要素」。

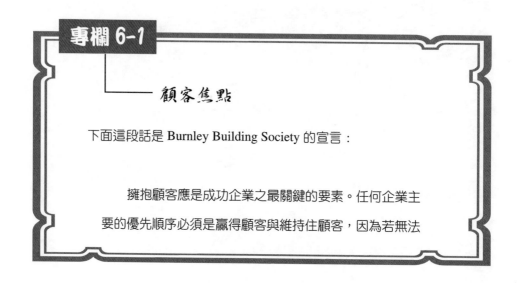

專欄 6-1

顧客焦點

下面這段話是 Burnley Building Society 的宣言：

擁抱顧客應是成功企業之最關鍵的要素。任何企業主

要的優先順序必須是贏得顧客與維持住顧客，因為若無法

做到此一任務，其結果是無利潤、無成長、沒有工作機

會，也因而就沒有了企業。

上述有關顧客重要性之「最現代的公司宣言」，是 Burnley Building

Society 於 1850 年所頒布的，它雖已履行了一百五十年之久，但對今日

的企業而言似乎仍是相當重要的至理名言。

■顧客焦點的動機

　　上述所討論的企業經營重心之改變，並非全然是利他主義的觀點，公司的繁榮仍是其長期的目標；所不同的是，在某些特殊的情境下，公司仍須專注在顧客之個別的需要（而非整體市場的需求），藉此才能達成其目標。本質上，它並非整個態度的改變，而是與較佳的及／或更先進的策略發展有密切的相關。從某種角度來看，關係策略的發展，它應被視為權力的平衡已從生產者轉移至消費者之一種自然演變的產物，因而過去許多的策略似乎已不再適用。今日的購買者比起以前已愈來愈世故且更為精明，他們在購買的活動上會付出更多的心力（Mitchell, 1997）。在此種市場中，供應商無法再倚賴盲目的品牌忠誠度；若想獲致與維持持久的競爭優勢，則企業必須提供更多的東西以獲得顧客再惠顧的回報，而非僅僅採用簡單的促銷活動。

　　在今日競爭愈趨激烈的市場上，產品與服務已愈來愈難差異化，或所能差異化的地方已愈來愈少。根據 Storbacka *et al.*（1994）的研究指出，服務提供者策略之差異化的程度，似乎與市場集中程度呈反向關係。在寡占的市場中，各個服務提供者（或供應商）之間很少有重大的差異。如果

核心產品或服務的提供無法取得競爭優勢，那麼必須想辦法在其他地方來獲得競爭優勢，為達此一目的，則與顧客關係的發展可能成為建立獨特與持久的優勢之最有效的方式，此時競爭者亦很難有複製與模仿的機會（Buttle, 1996）。

　　很顯然的，若行銷的焦點專注在傳統模式則顯得不足，尤其在國家經濟巨幅變動下所凸顯出來（或導引出來）的現代市場，隨著服務經濟在主要的西方國家之市場經濟中成為主流，使得行銷任務的優先順序已從產品轉移至服務。在服務行銷中，一個重要的現實是，它必然走向顧客焦點一途，而非死守原先的市場焦點，也因此造就了關係行銷的概念在未來將成為顯學。

　　在RM的發展過程中，重新界定產品與服務的重要性，不應被過度渲染。基於此一理由，在此一階段中，有關服務的本質與顧客互動之重要性等議題的討論，顯然是很適切的。

貳、服　務

　　「服務」這個字眼在近代的行銷詞彙中將會經常被提及，且在討論一般的關係行銷與特定的供應商─顧客關係時，更是一個重要的概念。對於此字眼的廣泛使用，以及其快速的演進與發展，都說明了這個通常很難捉摸的概念之重要性（Johns, 1998）（請注意，1997年夏ABI Inform指出，包含服務字眼的文章約有二十七萬九千六佰七十三篇之多）。依行銷的術語來說，服務主要關注的有兩方面，此一名詞首度被用來描述那些主要的提供物為無形的企業，這類「服務業」通常具有許多的特徵，可用來與那些實體商品的產業有所區別（參見 Palmer, 1998；其對服務之重要的特性有詳盡的討論）。除了無形性，這些特徵尚包括了不可分割性、變異性、易逝性及不具所有權等，這些特性列述於專欄6-2。

　　很顯然這些特徵可用來描述服務的某些層面，但這些特色用來區別商品與服務之適切性，最近仍受到許多學者的質疑（Palmer, 1998），此一問題將於本章稍後再作討論。

專欄 6-2

服務之特殊的特性

無形性（intangibility）：「單純」的服務並無法從實體的感覺來評估。它是很抽象的，在購買之前是無法直接查驗的，用來定義無形的服務過程之特徵包括諸如可靠性、人員的關懷、慇勤、親切等因素，且這些東西皆僅能在購買與「消費」後才得以證實的。然而很少服務是完全無形的，大多數的服務皆已包含有形的元素（如音樂會的節目單），無形性對消費者而言有許多的涵義，包括不確定性與潛在風險的提高。

不可分割性（inseparability）：產品可在某個地點生產，而在另一個地點銷售。因此，其生產與消費活動是可分開的，但此種情形並不適用於服務，因為服務必須在同一時間與同一地點同時生產與消費。無論生產者（服務提供者）是人類（如醫生）或機器（如自動櫃員機ATM），都會發生這種不可分割的特性。基於服務的這種特性，行銷乃成為促進複雜的生產者—消費者之互動的一種手段，而非僅充當交換的媒介。

變異性（variability）：變異性有兩個構面，包括生產與原先的標準和期望之差異，以及個別的顧客所認知的差異程度。由於顧客在消費服務的同時皆會同時涉入服務生產的過程，因此公司很難執行監視與控制生產的過程，以確保其能夠符合一致的標準。當服務的提供是人員之間面對面的情況（如理髮），此一問題更為明顯，此時服務人員必須調整其「生產過程」，以迎合個別顧客的需要。

易逝性（perishability）：服務無法被儲存。例如，假定某旅館在某

天的晚間某房間未住滿，則這些空房並不能「繼續存留」至隔天的晚間。

沒有所有權（non-ownership）：無法「擁有」某項服務乃與無形性和易逝性等兩個特性有關。服務的執行並沒有將所有權從銷售者移轉給購買者；換句話說，購買者僅是購買了使用服務過程的權利（如律師的時間）。

（資料來源：摘自 Palmer, 1998）

使用「服務」這個字眼最常見的方式乃是出現在「顧客服務」這個片語，顧客服務的定義很難精確的描述，但此一名詞通常用來描述提供貨物或交換的特性，它乃是「核心」產品或服務延伸與擴展。此句片語亦可進一步引伸為附加價值（或通常意指相關的利益），係由購買者與銷售者之間接觸所衍生出來的。雖然「服務業」與「顧客服務」此二概念是相關的，但它們最好能從解析的觀點分別加以探討。

參、服務業

服務業之無形的特質長久以來一直為傳統的行銷人員帶來困擾。數十年來，行銷領域的研究與教學也一直是（或很大的程度仍是）以「公司產品行銷」（corporats product marketing）為主流。然而實際上，將傳統的行銷模式套用在服務業上是行不通的，也因此驅使某些行銷人員思索一些新的方法與概念。事實上，服務行銷人員（結合產業行銷的同好）也一直將行銷方面的研究導引至一些新領域的研究，且很大的部分也都和「近代的」RM 學派之發展有很大的關聯。誠如 Grönroos（1995）的說法：

近代的關係行銷之根源最早是緣起於服務行銷研究之蓬勃發展,這是相當自然的一件事。事實上,服務行銷之被視為一門學科來發展,乃因為行銷組合管理的典範與其一些重要的模式,套用在服務公司的顧客關係,其效果非常不理想。

理論上,服務公司一直都是「關係導向的」,此乃因為服務業本身的特質即強調以關係為基礎(Grönroos, 1995),此一論點之背後的涵義是多方面的。在服務業中,當顧客高度的涉入服務之創造與傳送,於是便形成一個服務過程或一項服務表現(performance)(參見專欄 6-2 中的不可分割性)。因此,服務的傳送與消費是同時發生的(Johns, 1999)。由於大多數的服務提供者與其他競爭公司皆非常類似(結果造成所謂的「類似的提供物」),因此他們經常會藉由與其顧客建立關係來對抗這種直接競爭的局勢。服務的相關文獻指出,由於「無形性」導致很難對服務加以檢驗或試用,因此消費者對服務品質的評斷亦相當的困難(Czepiel, 1990)。也由於評估的困難,導致消費者與服務供應商建立與發展關係之後,較不會轉換到其他供應商(Javalgi and Moberg, 1997)。在服務業行銷中,顧客與服務公司之間總會有某種形式的接觸(雖然未必是實體的接觸)。這種重複的接觸,提供了雙方能夠發展更複雜關係的機會(Czepiel, 1990)。因此,「服務接觸」(service encounter)是服務傳送中相當重要的一環,它通常亦稱為「關鍵時刻」(moment of truth)(Johns, 1999)。此一名詞主要在強調,每一次的服務接觸在顧客對服務的評估中,扮演著非常重要的角色(Odekerken Schroder *et al.,* 2000)。

有關顧客的涉入,在不同的服務業,其程度有很大的差異,有時此一接觸過程維持很久,有時其時間很短暫;有時它是經常性的,有時則是一次就結束的接觸(Grönroos, 1995)。然而,成效如何則與購買者和銷售者之間接觸的結果有關,且變異很大。Czepiel(1990)針對服務之社會性本質的重要性彙總如下的評述:

　　服務接觸是種有趣的現象，它具有短期與長期的效果。在短期效果方面，它們僅是經濟交換過程中一部分的社交場合，此種社交的場合可讓陌生人彼此互動。……在長期接觸方面，提供了購買者與銷售者一個社交場合，可彼此進行協商，並將長久累積下來的接觸經驗融入每次的交換關係，期能培植更深入的關係。這種市場關係的概念，即交換夥伴之間一些特殊身份的相互協商，對服務業行銷而言是個特別有趣的議題。

　　因此，近代的服務行銷人員將行銷視為一種互動的過程，且在這種社會互動的背景下，如何建立與管理關係則成為一個重要的基石（Grönroos, 1994）。事實上，最重要的是，要將服務接觸看作是一種社會接觸（McCallum and Harrison, 1985），且整個過程中每次不同的接觸，則可用來闡釋變異性的問題（參見專欄6-2）。綜合言之，它是一種社會接觸，如果雙方（或可能僅是某一方，參閱第二章）都對此一接觸感到興趣，則有助於與顧客建立更深入的關係（Grönroos, 1995）。

■商品與服務

　　雖然RM主要是從服務業行銷發展而來，且對服務業行銷的發展亦有助益，但其應用於消費商品的領域似乎愈來愈蓬勃發展（參見第十二章）。在很多方面，這反映在行銷人員逐漸體認到商品與服務之間的界限（亦即區別提供物之有形與無形的構面）愈來愈模糊所致（Pels, 1999）。雖然服務通常被描述成「無形」的，且其主要的提供物也是一項「活動」（activity），而非有形的實體東西，但許多的「服務產出」則都有其有形的成份（Johns, 1999）。服務業中這類有形成份之重要性的範例，通常可用餐廳之聲譽的認知來說明，它某些部分是建立在食品與飲料的提供；此外，零售業的分類亦常以所供應的實體商品之類型為基礎。

　　在此同時，有形產品絕大多數皆以無形的屬性來認知。事實上，許多

製造的產品主要皆以這些屬性來行銷，而非使用硬體的成份或提供物的特色（如汽車之尊貴的身份或啤酒之男性氣概）。這看起來好似行銷上的矛盾，因為製造的產品大都尋求其提供物之無形要素來促銷，而服務提供者卻經常致力於創造出一些有形的特色，諸如實體呈現（如銀行之宏偉的建物），用來建立其令人感到可信任的形象（參見 Shostack, 1977）。

行銷的傳統觀點視服務為生產者生產過程之場合，而消費者的消費過程則穿插其中（Strandvik and Storbacka, 1996）。換句話說，服務延伸了產品的範圍，而產品則仍然位居交換中的核心。RM 的觀點則超越了此種產品交易的說法；商品與服務都是整體提供物的一部分，並持續地發展成服務提供物（Grönroos, 1999）。

由此可知，產品與服務的分界線，以及核心產品的主導地位已快速的凋落，雖然行銷人員過去習慣說商品與服務的消費，但他們目前則改說產品的經驗（Slater, 1997）。過去一度是非常強勢的有形面之一端（實體商品），目前則逐漸變成混合的型態（同時涵括商品與服務）（McKenna, 1991）。行銷的成功與否，目前已逐漸仰賴提供各種不同的服務作為提供給顧客之核心的解答，由此來判定公司之提升附加價值的能力（Storbacka *et al.,* 1994）。

有關這類重疊的觀念，Strandvik 與 Storbacka（1996）曾加以論述，他們認為商品／服務的區分應完全消除，且所有的公司皆應將自己視為服務的公司。在他們的「服務管理」之概念中，實體的產品（商品）皆視之為「凍結的服務」（frozen service），意指採購的真正品質或利益並無法顯現出來，除非等到購買者實際使用（消費）後才得知。Grönroos（1996）亦指出，成功的執行 RM 必須要求公司將其事業定義為服務企業，且能理解到應如何創造與管理整體的服務提供物（total service offering）。

多數公司目前皆漸漸更改其結構，以順應這種巨大變化的環境，有些公司甚至重新改造其事業。例如，通用汽車公司（GM）目前自貸款給顧客所獲得的利潤，遠比其從事汽車的製造所獲得者還要多（McKenna,

1991）。英國瓦斯公司亦推出其「Goldfish」信用卡而進入金融服務市場，而 Tesco 與 Marks & Spencer 等公司亦都跟進。此外，Unilever 公司亦發現到，國內清潔服務的市場其獲利要高於自己從事清潔劑製造的利潤（參閱本章後面的個案研究）。由上述這些案例看來，從核心產品走向整體服務提供物的趨勢已至為明顯，當類似上述的環境變動已逐漸明朗化之際，各企業紛紛進行改造似乎已是自然的趨勢。

肆、顧客服務

在 RM 的相關文獻中，顧客服務被視為服務行銷有關的概念之一種獨立的思考。雖然服務行銷涵括所有與服務業有關的各個層面，顧客服務的應用亦相當的廣泛（*亦即它與產品和服務的供應商都有關聯*），但其焦點卻較為狹隘，即僅直接且密切的連結至顧客滿意的過程。

雖然顧客服務的定義有多種不同的說法，但一般而言，大都皆涉及購買者—銷售者互動界面的關係（Clark, 2000）。顧客服務與束縛力（bonds）的建立有關，即用來確保雙方互利的長期關係（Christopher *et al.*, 1991）。高水準的顧客服務之提供，必須了解到顧客購買什麼（*與如何購買*），以及決定如何增加額外的價值與競爭者提供的產品、服務有所差異（Clark, 2000）。根據 Buttle（1996）的說法，關係行銷人員必須體認到，卓越的顧客服務可提升獲利力。服務的品質可帶來顧客滿意度（*這是一般的看法*），並進而增進關係強度與長度，最終將可創造出關係獲利力（Storbacka *et al.*, 1994）。如同前面我們討論過的觀念（*參見第五章*），這是一個非常簡化的模式，並無法廣泛的適用於所有的產業。然而，它或可用來作為一個起點，讓關係行銷人員了解到為何顧客服務可視為行銷過程之關鍵要素，以及為何許多實務界業者會花費許多時間與金錢來衡量顧客服務水準（*參見第五章*）。

一、顧客服務與 RM

　　從最早期有關關係行銷的研究開始，顧客服務（於供應商—顧客互動過程中所創造出來）即一直被視為RM過程中的核心。如同Möller and Halinen（2000）所指出的，1970年代晚期之前，RM研究者大都探討顧客的品質經驗與其後續對服務的滿意度之相關課題，並質疑它是服務人員與顧客間互動關係的主要產物。Christopher *et al.*（1991）則持更廣泛的觀點，他們認為關係行銷應視為一個整合的概念，即將顧客服務、品質與行銷等概念加以統合。依照他們的論點，最大的挑戰在於一個組織是否能將此三個重要的領域加以緊密的結合起來（參閱圖6.2）。服務接觸乃是服務行銷中最受爭論的部分，有關其管理與評估也是該領域之研究的主題（Gabbott and Hogg, 2001）。這些議題中，最早也是最重要的應是社會接觸的概念（McCallum and Harrison, 1985），而且不論是B2B或B2C的情境，社會的系絡背景之重要性始終超越經濟背景（Czepiel, 1990）。

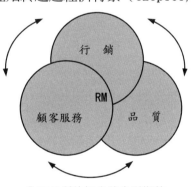

顧客服務水準的決定應該先針對顧客需要與競爭者績效等的衡量進行研究，並須了解到不同的市場區隔之需求水準

品質的決定必須依據經常的研究與監測，並以顧客的觀點為基礎

全面品質的概念將會影響整個過程的各要素（如管理顧客接觸的「關鍵時刻」）

☺圖6.2　關係行銷導向

（資料來源：摘自 Christopher *et al.*, 1991）

Christopher *et al.*（1991）認為顧客服務、品質及行銷必須相互協調與配合，如下列所述：

◊ 顧客服務水準的決定必須以研究為基礎，來衡量顧客的需要與競爭的行動表現，並須體現到不同市場區隔的不同需求水準。

◊ 品質的決定必須從顧客的觀點出發，並有賴經常性的研究與監測。

◊ 全面品質的概念足以影響與行銷（或更嚴謹的來說是與關係行銷）觀念相關的過程要素（如管理顧客接觸中的「關鍵時刻」）。

Christopher *et al.*（1991）亦認為，傳統行銷將這些要素視為各自獨立的，「而不像是舞台上投射出來的聚光燈，且在舞台上不同的位置，其燈光的亮度亦有所不同」。他們認為，組織所須面對的是，如何將此三種「光束」（beams）聚合在一起，使其對顧客產生的衝擊最具效果。他們相信這三個要素的重疊部分（聚焦的光束），最適合用來說明 RM 的觀念。

因此，顧客服務在關係行銷策略之體現上扮演著非常重要的角色，其對總體層次的影響乃決定於其在個別關係與互動的個體層次之重要性。從一種極端的情形看來，顧客服務最主要關注的是經由一系列不斷重複的事件之管理，來建立與顧客的關係（Clark, 2000）。根據它的涵義，這些事件必須依據個別事件為基礎來分析，以及分析長期關係的層次（Storbacka *et al.*, 1994），藉以建立成功的或其他的各種顧客服務策略。顧客服務對總體與個體層次之影響的重要性，其所強調的是，雖然 RM 採用整體的關係觀點，但它不應忽視各個組成部分（即各個事件）之重要性。

二、事件

第五章我們曾簡述關係是由一系列的事件（其中有些是屬於「關鍵事件」）所組成的概念，從顧客服務的角度來看，它可能是從例行性的事件逐漸推移至關鍵事件的過程，可藉以判定顧客服務績效之適切性（或其他的標準）。誠如 Storbacka *et al.*（1994）所言：

　　每個事件在顧客對關係所作的評估上，並非皆擁有相同的重要性或權重，有些「是」例行性的……，有些「則是」「關鍵的事件」。所謂「關鍵事件」可定義為，對關係的建立具有重大影響的事件。關係能否繼續下去乃與「關鍵事件」有關（可能是正面，亦可能是負面的）。……「關鍵事件」的認定乃依不同顧客而有別……，從顧客的角度來看，如果表現的水準未符合顧客的要求，則例行性事件亦可能演變成「關鍵事件」。

　　由此可知，關鍵事件是那些顧客與公司員工之間互動時，能夠令顧客感到特別滿意或特別不滿意的事件（Bitner *et al.,* 1990）。根據Strandvik and Storbacka（1996）的說法，長期的關係是由「一連串事件」所構建而成的。他們特別強調，在分析關係利益與試著計算關係成本時，必須深入了解這些事件的結構（configuration）。

三、事件的結構

　　每個關係皆由許多不同類型的事件所構成，這些事件在內容、頻率及持續時間等方面可能亦有所差異，也因此其事件的結構亦有所不同。在某個事件中，顧客於服務提供的過程中可能經歷一次或數次的「互動」。如同SAS航空公司總裁Jan Carlzon所言，「SAS每年約有五千萬次的互動，而每次約十五秒左右」（引用 Grossman, 1998）。這些互動可說是構成了一個「服務鏈」（service chain），它可從顧客與服務提供者的觀點來分析。服務鏈的顧客觀點，亦可稱為「顧客的服務路徑」（customer's service path），由於經理人通常僅專注在某些互動，而很少對整個服務事件負全責，因此整個服務路徑中經常會出現一些問題，在此同時，顧客亦往往看不到個別的部分，而將所有的互動都視為完整服務的一部分（Strandvik and Storbacka, 1996）。有關互動、事件及服務鏈／顧客服務路徑等彼此間的關聯性，如圖 6.3 所示。

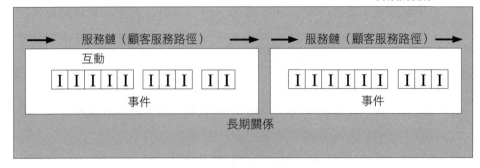

😊 圖 6.3　互動與事件

（資料來源：摘自 Strandvik and Storbacka, 1996）

　　服務導向的公司大都體認到整個互動中各個服務要素的重要性，以及強調可創造附加價值的顧客服務。服務導向讓公司了解到，管理者的思考必須從重視交易的價值轉向發展關係中的價值（Ballantyne, 2000）。

伍、建立顧客關係

　　關係很少一夜之間就可發展出來，關係的演進通常都要歷經很長的一段時間，在這段期間，顧客亦將歷經發展過程中的各個階段。Dwyer *et al.*（1987）指出五個關係發展的一般階段，而關係演進中的每一階段都代表著一方如何看待另一方推移的轉變（參見圖 6.4）。

- 認識（awarenees）。
- 探勘（exploration）。
- 擴展（expansion）。
- 承諾（commitment）。
- 解散（dissolution）。

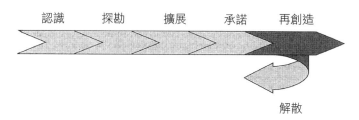

圖 6.4　關係的演進

（資料來源：摘自 Dwyer *et al.,* 1987）

1.認識

認識意指一方認知另一方是「一可行的交換對象」，互動雖已就此展開，但仍有許多的「立場」與「態度」有待調整與整備，以提高彼此的吸引力。

2.探勘

意指在關係交換中「搜尋與嘗試的時期」，在此一階段中，潛在的交換夥伴會考慮關係的「義務、利益及負擔」，因此，某方可能嘗試購買，但「這個探勘階段的關係是很脆弱的，因而儘可能採行最可靠的投資與降低相互的依賴，使得雙方可以很輕易便終止關係」（Dwyer *et al.,* 1987）。此一探勘階段又可概念化為五個自我探勘的小步驟：

♀ 吸引。
♀ 溝通與協商。
♀ 權力的發展與運用。
♀ 規範的發展（亦即關係的規範化）。
♀ 期望的發展。

3.擴展

擴展意指交換夥伴所獲得的利益持續的增加，且彼此間的相互依賴亦提高。此一階段與前一階段之最主要的區別在於，「勘探階段」雙方已有了初步的信任與相互的滿意，而發展到此一階段便開始增加「風險的承擔」（Dwyer *et al.*, 1987）。

4.承諾

承諾意指夥伴允諾的隱性或顯性的誓約，以讓關係持續下去。在此階段中，所獲得的利益包括雙方所發展出來的相互預期之角色與目標的「確定性」、所建立的協商成果之「效率性」（efficiency），及來自信任所產生的「效能」（effectivenees）。

5.解散

雖然關係的發展未必會走到此一地步，但自關係中撤出或脫離的可能性，亦是完整模型的一部分。解散畢竟是最後不得已的選擇與可行性，終究是有可能發生的（參見有關顧客／供應商解散或離開一節的討論），此時若能夠重新再建立關係（reinventing relationship），延長關係的期限，則可制止解散情況的發生。

如同前一章所討論者，並非所有的關係都像上述所說明的關係形成之過程那樣錯綜複雜，然而，所有的關係都涵括此一模式所闡釋的部分要件。

一、顧客服務的失敗

顧客服務的失敗檢驗了組織對顧客的承諾（Bejou and Palmer, 1998）。然而，當這種情形發生時，問題的本身不在於引發這類關鍵事件的緣由，而在於公司對問題的回應（Stewart, 1998a）。每個顧客碰到這種情況時，皆會有不同的反應，此時每位顧客都有「固守」（stick to）或

「轉離」（switch）現狀的傾向，而此一傾向的大小則與個人在不同的時間點之特徵有密切相關（Hassan, 1996）。此外，它可能因不同的產業或不同的情境，而有不同的容忍度。對一個問題的容忍並不意謂著「負面的關鍵事件」是可被忽略的。在整個關係發展的過程中，事件未必是間斷發生的，而且負面的事件有可能更進一步觸發過去相關事件的「記憶」（memories）（Stewart, 1998a）。因此，顧客在整個過程中都會沉浸在對過去事件之評估過程。此一評估過程不僅包含問題本身，尚且會對過去的問題加以回顧，以及重新檢討這些問題是如何處理的（Stewart, 1998a）。

　　問題的發生未必會導致長期的不滿意或脫離關係。供應商若能採取滿意的回應，則可能提升滿意的水準，或如同一般所說的（如Bejou and Palmer, 1998），比起事件發生之前有更高的滿意度。Andreassen（2000）的研究發現，抱怨者通常會專注在補救措施的公正性與公平性，而顧客的評斷則會依其對結果所認知的公平性來決定。如同 Andreassen（2000）所指出的，公平性並不代表顧客總是對的，即使當顧客接受到來自供應商之令人不滿意的回應，但可能不會導致顧客立即「離開」或解散此一關係（參見後面有關「離開」的定義），這種負向的影響則可能受到下列事實的補償：所認知的整體服務品質相當高，仍足以維持此一關係（Odekerken-Schroden *et al.,* 2000）。此外，亦可能同時存在相當高的轉換成本，由而形成與供應商中斷關係之一個很強大的障礙（Stewart, 1998a）。

二、關係持續時間（Relationship duration）

　　從直覺的意義來看，關係持續時間似乎對「解散」與「離開障礙」產生間接的影響。也就是說，關係持續時間的效果並不是那麼直接。有一些實證研究顯示（Bejou and Palmer, 1998），在關係的早期階段，當一些細微的問題或甚至關鍵的事件皆在可忍受的範圍內，則存在一段「蜜月期」（honeymoon period），故沒有明顯的事例顯示雙方會脫離正軌而漸行漸遠，或許這僅是不情願的認同某一新的供應商並未持續擴增其研究資源（時間與努力）。Bejou and Palmer 的研究指出，「容忍」的程度在很短的一

段時間內會降至冰點（low point），之後又隨著時間而緩慢上升（參見圖 6.5）。

關係持續時間可能有另一種影響作用，在關係早期的階段比晚期階段離開，似乎較不那麼複雜與困難。因為愈晚的話，其對關係所做的投資愈多，也因而會造成較高的轉換成本（Boote and Pressey, 1999）。

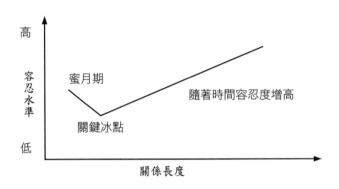

☺ 圖 6.5 關鍵負面事件之容忍水準

（資料來源：摘自 Bejou and Palmer, 1998）

三、顧客／供應商解散或離開

雖然許多 RM 模式皆僅論及持續的顧客關係之發展（如第三章所述的「忠誠度階段」），但大都不認同有些關係（或甚至所有的關係）最後會走向中止。在現實的世界裡，關係的解散或「脫離關係」是有其可能性的。

如果更深入探討關係瓦解的概念，它甚至包括下列三種不同的類型：

♀ 解散（dissolution）。

♀ 顧客離開（customer exit）。

♀ 供應商撤離（supplier withdrawal）。

1.解散

解散意指同意分開的一種形式，可能是基於關係的雙方都同意各奔前程是對大家都有利的選擇，或者某一方（通常是具有較大權力的一方）提出此一建議，而另一方亦欣然接受。此種同意分開的做法最可能發生在企業對企業（B2B）的市場（但未必僅限此類市場，例如捐款人—客戶的關係，亦可能發生此種情況），因為此類市場較常發展高層次的關係；相反的，消費者市場較少發生此種情況，因為此類市場的關係較可能正式化與公開化，或者通常是契約協定的關係，在多數日常的商業關係中，較少驅迫或強制任何一方正式承認關係的解散。

2.顧客離開

顧客「離開」常被定義為，「它是一個名詞，用來描述顧客中止惠顧某一特定供應商所代表的經濟現象」（Stewart, 1998b）。在我們日常的用語中，它即表示顧客決定結束此一關係。與解散不同的是，供應商雖然可能採用辯論或誘因嘗試制止此情況發生，但其對於顧客的最後決策卻很少使得上力量。在競爭激烈的情境下，顧客離開可能是最普遍的現象，因為存在著許許多多其他的供應來源可資選擇。然而最重要的是，顧客對這些可行方案亦須相當地清楚，如果顧客並未擁有（或不知道）這些可行方案，那麼即使他感到不滿意，則亦可能仍維持其「虛假的忠誠」（spuriously loyal）（Dick and Basu, 1994）。在這種情況下，顧客可能僅會發出他們不平的「聲音」（亦即抱怨），但實際上仍維持著「忠誠」的行為。

如同我們前面曾討論過的，雖然顧客體認到績效（實際或相對的）滑落時，選擇離開是很正常的現象，但顧客的不滿意其最後的選擇未必是離開。也就是說，所認知的績效滑落未必意指品質標準已下降，但可能意指可在別的地方發現或認知到有更佳的品質。Stewart（1998b）針對顧客離開的可能情境，彙總的論點如下：

當競爭相當激烈，且對顧客而言存在其他選擇的方案，而顧客亦很清楚這些方案時，則顧客有可能更換掉在績效方面逐漸惡化的供應商。

「離開」與「發出不平的聲音」，皆有其正面的意義（參閱專欄6-3）。傳統上它們皆被視為一種手段，可讓「那些剛愎自負的企業與組織察覺到他們錯誤與迷失之處，並開始矯正其業務」（Stewart, 1998b）。顧客的「聲音」長久以來一直被視為補救重要情境（即所謂的問題補救）的手段。有些學者甚至認為補救可以產生更高的滿意度（如 Bitner, 1990; Bejou and Palmer, 1998）。而 Levesque and McDougall（1996）的研究則認為，滿意的問題補救至少可回復先前的滿意水準，問題的補救可能仍是一個受到爭議的概念，因為所展現出來的滿意可能是因其對賄賂（如果採用諸如退款、折扣等方式來解決問題的話）感到滿意，而非對公司本身表示滿意。

與顧客離開有關的一個主要問題是，在情況正發生時或甚至已發生了，此時供應商是如何看待此一問題。根據 Clark（2000）的說法，約有 98%不滿意的顧客從來不會因差劣的服務而提出抱怨，但結果是，竟有高達 90%的人不會再回到供應商的身邊。除了顧客選擇公開說出他們的決定，或關係特別親密的緣故，以及有大量的脫離者而引起注意外，否則顧客離開的問題往往很少被察覺到。此外，顧客亦可能選擇負面的「口碑」，作為其抱怨行為的一部分（Boote and Plessey, 1999）。這種引發顧客離開之錯綜複雜的因素可能僅是暫時性的，特別是在諸如FMCG之類的產業更常遭遇此種問題。顧客之所以在短期內選擇離開而轉向其他的供應商，可能只是因為競爭者所提供的誘因而暫時離開，但不久便可能又重回懷抱。

專欄 6-3

抱怨的價值

也許我們常會聽到類似下列有關顧客的故事：一位顧客緊押著一位服務工程師三小時不放，直到她逼迫Currys公司答應為她更換一部新的洗衣機（但可能亦為瑕疵品）；如果該公司誇張的明示顧客關係是非常的受到重視與強調的，那麼出現上述的情節似乎令人覺得很諷刺。

的確如此，雖然那是合法的，但該位女士的舉動則是一個典型的例子，這說明了顧客對公司的要求，不僅愈來愈強調公司要傾聽他們的聲音，而且更要多加學習。公司愈強調其對顧客的關心，那麼在傳送服務發生失敗時，更要向顧客翔實的解說理由。

這確實是令人感到頗訝異的事，處在今日的環境中，幾乎任何事物都很容易被模仿，且競爭對手亦很容易加以改良，但竟然仍有相當多的公司不僅無法避免失敗，而且亦缺乏鼓勵傾聽與建立學習的企業文化，公司若錯失這類的機會頗為可惜——對各公司而言，除了抱怨的管道外，還有什麼更好的蒐集顧客情報之方式？

大多數的公司皆擁有一套處理抱怨的制度，但通常都太過制式化，也許可有效率地處理抱怨，但對於學習機制並進而作改善，似乎無多大的貢獻。

問題是原先的抱怨處理完之後，不久又出現類似的抱怨。有些毫無疑問的只是顧客喜歡嘀咕，有些則是因為顧客糊塗而犯錯——顧客永遠是對，這似乎是一個迷思——但有些抱怨若公司能有效的回饋至策略性

思考，則確實有助於公司創造競爭上的差異。

從衡量顧客的感受與潛在的忠誠度之角度來看，此舉更勝於顧客滿意度的調查。首先，顧客滿意度調查完全是單向的，這類調查僅是依據事先設定的標準，詢問顧客有關公司做得如何。其次，顧客的回答過於空泛與粗糙，使得「滿意」水準變成僅是方格上的一堆數字而已；換句話說，一點意義也沒有。最後，顧客回答的是單一時點的滿意度，但這已是過去發生的事了；另一方面，抱怨則是活生生的，一些有說服力的焦點團體指出顧客不喜歡什麼、他們所期望的是什麼，而且不是今日，尚包括明日以後顧客的聲音，這些顧客的聲音有朝一日可能變成公司很大的業務。

在美國，有許多的 Web 網站如雨後春筍般的設立，諸如 eComplaints.com 與 Planet Feedback，後者是由 Procter &Gamble （寶鹼）公司一些經驗豐富的人士所建立，這類網站提供顧客一個平台，用來針對其遭遇惡劣公司之服務經驗的發洩情緒之管道，每個人皆可從這些網站看到這類抱怨事件；雖然他們亦可將這類信件轉寄給其他相關公司，但基本上都是匿名的。一方面 eComplaints.com 給公司有回應的機會，另一方面亦讓這些惡劣攻擊者稍能平息其心中的怒氣。此外，另有一些巧妙的做法如下所述：這些 Web 網站的創立者亦計畫將這類抱怨訊息銷售給相關的公司，一方面網站可賺到利潤，另一方面公司則可獲得非常有價值的市場研究之情報。

由此可知，公司不管願不願意都必須傾聽顧客的聲音，如果像

Dixons之類的故事以及前述洗衣機並未補送等事實是真的，那麼公司將不會受顧客歡迎。當一位憤怒的顧客打電話給零售商的顧客服務中心主管時，他卻從電話筒另一端聽到如下的答覆：依照公司的規定，顧客服務中心的主管是不接聽顧客電話的。此時Dixons必然暴跳如雷，或許他應利用其他的 Web 網站，它們專門為憤怒的顧客所設立的，譬如說，customerssuck.com 即屬於這類型的網站。

（資料來源：Why firms must listen and learn from complaints, Lausa Mazur, Markeeing, July, 2000）

3.供應商撤離

在此一階段，供應商撤離意指供應商因受到煽動而分開。有關之前我們對關係行銷的定義中曾指出，關係終止的處理應被視為RM行銷過程的一部分（參見第一章）。毫無疑問的是，有些顧客（也許在某些產業或公司存在更多這類的顧客）很明顯的即是所謂的「負擔者」（burdener）（Hakansson and Snohota, 1995）。事實上，少數高獲利的顧客可能彌補了為數眾多的虧損顧客，這對某些公司而言絕對是常有的事情（Sheth and Sisodia, 1999）。某些公司甚至有可能發生如下的情況，即顧客留住率提高了，但實際上獲利力卻下降且價值亦遭破壞（Reichheld, 1996）。基於上述的這些緣故，供應商撤離絕對是一個可選擇的考慮方向。

如前所述，供應商撤離或中止，可依兩種方式來處理。第一種方法是，「重新挑選顧客」（customer de-selection）或「逆選擇」（adverse selection）（Smith, 1998），指有計畫的「拋棄」（dumping）顧客。這種方式可能是「說比做要更容易」（特別是當顧客認為自己一直沒有犯什麼錯）。有關此方式可能採行的做法是撤除某些服務項目或採用差別定價，

然而，其風險是這些遭遇不滿的顧客可能很快的散播出去。英國的 Barc-lays 銀行於 2000 年 4 月關閉一些分行時，即遭受一般大眾強烈的抗議；此即為一個典型的案例。至於第二種方式即是針對此類無利可圖的顧客建立與管理其資料庫（參見第十章），以期能讓損失降至最小的程度。也許此一方式亦非很容易便可做到的，但為保障公司未來的資產，這是有必要做的。

陸、利潤鏈

許多 RM 的學者皆已洞悉，透過「顧客關係生命週期」或「利潤鏈」（profit chains）等手段，可獲得 RM 的利益（Gummesson, 1999）。第五章所討論的最簡單之模式，或可重繪於圖 6.6。

如同前面曾述及者，此一模式本質上可能存在一些瑕疵，因為它過度簡單化，且在許多產業中都可能出現問題（Storbacka *et al.*, 1994）。顧客滿意未必就會留下，而且留住顧客亦未必就有獲利（參見第三章關係經濟學之相關部分）。

Gummesson（1999）曾提出一個更為廣義的模式（如圖 6.7），認為建構優良的內部作業品質，將可創造快樂與滿意的員工，使得他們有動機製造出良好品質的產品，並進而帶來顧客的滿意、留住顧客及獲利力。此一模式源自 Gummesson 所謂的「無可爭論的邏輯」（indisputable logic），亦即當每個人都快樂，那麼公司將是最大的受益者。然而，此一簡單的邏輯亦遭受某種程度的批判。如同 Gummesson 自己所承認的，此一論點之一般化的效度是有疑問的，因為「市場的邏輯」（market logic）通常遵循著其他的思考型態。

顧客滿意　　　　留住顧客　　　　公司獲利力

🐾 圖 6.6　簡單的關係報酬之模式

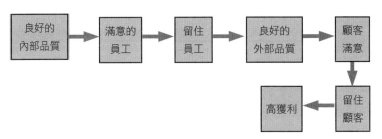

☺圖 6.7　關係報酬的模式

（資料來源：Gummesson, 1999）

　　Storbacka *et al.*（1994）亦質疑此一基本假設，即改善品質便可直接帶來顧客滿意，及顧客滿意必然可獲致利潤，因此他們提出自己的模式（如圖 6.8），其中涉及許多與關係策略發展有關的複雜關聯性。此一模式的涵義如下：雖然一些基本組成成份彼此間存在關聯性（如模式中粗框的部分），但任何直接的關聯性間存在許多繁瑣的中介步驟，就如同古老的一句諺語，「杯子與嘴唇之間契合，嘴唇才能順利的滑動。」

　　Storbacka等人所提出的模式，顯示出通往獲利力的道路是非常複雜的，對關係行銷者而言可謂佈滿了驚險的關卡。有關此模式之更深入的觀念將說明如下，而一些相關概念的定義則可參閱專欄 6-4。

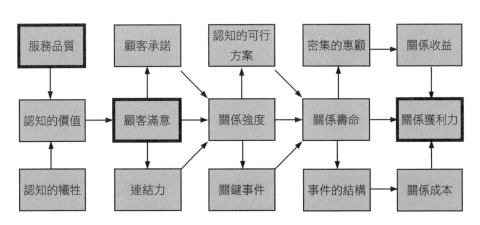

☐　表示已成立的典範（參見圖 6.6）

☺圖 6.8　關係報酬的複雜模式

（資料來源：摘自 Storbacka *et al.*, 1994）

專欄 6-4

複雜的關係報酬模式之重要因素的說明（參見圖 6.8）

認知的服務品質：顧客對服務評估的認知，係針對所經驗的事件以一些外顯或內隱的比較標準來評估。

認知的犧牲（perceived sacrifice）：認知的犧牲（如價格、體力的付出等）發生於關係過程中的所有服務事件，亦是與一些內隱的或外顯的標準加以比較。

認知的價值（perceived value）：服務品質與認知的犧牲之比較的結果。

顧客滿意：依據個人經驗的顧客認知與情感性評估，係針對關係內所有的服務事件來評估。

承諾：關係的一方對另一方之行為傾向與所抱持的態度，高度的關係價值會正面的影響承諾。

關係強度（relationship strength）：可作為購買行為與溝通行為（口碑、抱怨等）之量測。忠誠度（重複的購買行為）與顧客之正面的承諾有關，它代表著很強的關係（參見第二章），顧客與服務提供者之間的連結力亦會影響其行為。

連結力（bonds）：一種離開障礙，將顧客與服務提供者綁住，並維持住關係。這些連結力包括法律、經濟、科技、地理區域、時間、知識、社會、文化、意識型態及心理因素等的連結力（參見第三章）。

關鍵事件（critical episodes）：事件係指那些對關係構造會有重大影響的行為。事件的重要性可依據交換事件之價值大小與關係一方之資源作比較，亦與對事件之經驗有關（參見第五章）。

密集的惠顧（patronage concentration）：顧客現金流量的占有率；在某些行業中，顧客選擇集中向某一提供者交易。

關係壽命（relationship longevity）：關係的長度。

事件的結構（episode configuration）：發生在提供者與顧客之間關係之整個過程的事件類型與每種類型的次數。

關係收益（relationship revenue）：在某個會計年度中，從顧客關係所創造出來的總收益。

關係成本：為發展顧客關係所須投入的總成本——包括直接與間接成本——以會計年度為計算期間。

關係獲利力：關係收益減掉關係成本。

（資料來源：摘自 Storbacka *et al.*, 1994）

圖 6.8 之關係報酬模式涵括了四個重要的環節，即⑴認知價值到顧客滿意；⑵顧客滿意到關係強度；⑶關係強度到關係壽命；⑷關係壽命到關係獲利力。以下將分別說明此四個環節的邏輯觀念。

一、從認知價值到顧客滿意

認知價值主要由服務品質與認知犧牲來決定。一般而言，顧客知覺到的服務品質愈高，則其認知的價值會愈高；相反的，認知犧牲愈高，則認知價值愈低。從整體的服務提供物（total service offering）品質來看，

若服務品質高且認知犧牲不太高,則顧客認知價值會較高,也會對服務感到滿意。

此外,顧客滿意可能會對供應商或服務提供者有較高的承諾,因為他們信任對方。另外,顧客滿意也有助於雙方連結力的形成,這可能包括社交、心理、科技、經濟及意識型態等的連結力。這些連結力會將顧客與供應商綁在一起,因為顧客可能認為持續惠顧同一家廠商,是更經濟、更有效率及更可依賴的。

二、從顧客滿意到關係強度

關係強度愈高,代表顧客有較高的忠誠度。因此,當顧客愈滿意,則會提高顧客對廠商的關係強度。此外,顧客對廠商的承諾愈高,以及兩者之間的連結力愈強,亦有助於關係強度的提升。

另外,關係強度會影響到顧客所考慮的可行替代方案。一般而言,高關係強度讓顧客較不會對現存的關係之其他的各種選擇作考慮。由於高關係強度可能包含較少的危急服務接觸或事件(較不容易發生不利的事情),因此在沒有或較少不利事件發生的情況下,顧客對此關係會有較高的滿意與承諾。即使有危急事件的發生,由於承諾與滿意所導致的關係強度,會讓這類事件之不利的程度看起來較不嚴重。

三、從關係強度到關係壽命

關係強度對關係壽命的長短會有直接或間接的影響,亦即關係強度愈高,則關係壽命愈長久,因為顧客此時缺乏終止同一家廠商之關係的誘因。此外,關係強度愈高,使得顧客認知的可行方案之選擇愈少,而此種選擇之匱乏亦對關係壽命有正面的影響。另外,危急之關鍵事件發生愈少,其對關係壽命亦有類似的影響。

在持續的關係中,感到滿意的顧客以及顧客與廠商有較強的連結力,皆會讓顧客持續地向該廠商惠顧,亦即產生密集惠顧的效果,此時廠商也愈擁有較高的顧客占有率(customer's share)。此外,在持續進行的關

係中，雙方也學習到如何相互調適，如何讓顧客以更有效率與更個人化的方式使用所提供的服務。因此，廠商犯錯的機會較少，所需的補救亦較少，也因而可發展出較具成本效率的事件結構（episode configuration）。例如，公司可提供以網際網路為基礎的服務接觸，讓顧客以更有效率與更方便的方式取得資訊及使用相關的服務。

四、從關係壽命到關係獲利力

關係壽命對關係獲利力有正面的影響，因為網羅顧客的成本可降至最低，且亦有機會採用溢酬訂價。與任一特定顧客之關係，較高的密集惠顧對收益流（revenue stream）有正面之影響。此外，更具成本效率的事件結構可避免諸如補救服務失誤之類的關係成本。上述關係收益的提高與關係成本的節省，皆對關係獲利力有正面的影響。由此可知，較長的關係壽命可直接影響關係獲利力，亦可間接透過關係收益與關係成本兩方面來提高關係獲利力。

由上述模式所學到的觀念是，透過顧客—供應商夥伴關係來獲致持久性的獲利力，此一途徑充滿著許多複雜的因素，且超越大多數公司所能掌控的範圍。雖然公司皆致力於持續超越其競爭者，但提供一些「傳奇的服務」總是有風險的（Kotler, 1992）。這再度驗證了一個事實，亦即我們無法保證這類傳奇服務一定能留住顧客。

摘　要

　　本章討論了顧客與供應商之間核心的關係，強調RM的焦點乃是你能與顧客一起做什麼，而非你為顧客做了什麼。我們一開始從其對RM的影響之觀點來探討服務業，以及其對顧客—供應商策略之影響。此外，我們亦廣泛的探討顧客服務之課題，包括RM的核心組成部分以及將顧客服務分解成事件與互動，並從此觀點來探討。本章亦分析了關係發展的過程，其中包括了關係瓦解與顧客滿意度的本質、顧客服務失敗與解散和離開等相關的概念，本章亦有深入的介紹。最後，有關利潤鏈的概念與「關係的報酬」，亦有深入的探討與評論。

討論問題

1. 顧客會如何看待「擁抱顧客」這樣的觀念？
2. 為何產品與服務之間的界線變得愈來愈模糊？
3. 想像一位經常搭飛機的旅客與航空公司的關係；如果發生服務失敗，那麼在何種情境下有可能演變成關鍵的事件？
4. 根據你的判斷，圖 6.8 所說明的利潤鏈中，哪些是最重要的因素？

個案研究

Mr. Clean: Toffael Rashid 的傳記，行銷主管、我的家

表面上 Toffael Rashid 的角色是倫敦西南方一家自助洗衣店／家庭清潔服務公司我的家（myhome）之行銷主管，但他看起來似乎不像英國一般公司之行銷部門重要的職位。

myhome 絕非一家老舊的清潔公司，由於有全英國最大的 FMCG 公司 Unitlever 在背後強力的支持，Rashid 的公司在英國可能是一家擁有最雄厚資金供應來源的地方性企業；此外，它亦擁有 Unilever 之十一年悠久歷史的強力品牌延伸之優勢。

1998 年中葉，公司舉辦了為期二個月的腦力激盪會議，大約在該年的 3 月，myhome 是 Unilever 首度涉入服務事業的公司。公司提供了兩種服務：Jif Home Clean，承諾帶給顧客「明亮乾淨的家」及 Persil Service，保證「漂亮清潔的衣服」。

Rashid 指出，「不僅是愛乾淨的女士使用我們的產品，本企業也傳送有品牌、高品質的服務，它意謂著受過訓練的員工、專門的產品、專業的設備，並透過行銷與績效表現來建立信任。」

Rashid 亦特別強調，myhome 並非一家 dotcom（網路）事業，它曾被媒體廣泛的報導過，「我們同時趕上 dotcom（網路）的熱潮，因為我們已設立了一個網際網路網站，我認為我們恰好趕上這股熱潮的腳步。對我們而言，網際網路乃是接近顧客的另一種方式，但 Web 網站卻無法為我們清洗衣服。」

在創立的期間，myhome 被 Unilever 視為一項實驗——「在水中的腳趾（atoein the water）」（Marketing, 16 March）。此概念是立基於下面三個原理：人們並不會想要清潔劑之類的產品，

他們只想要有清潔的事物；有一群新人類，他們擁有的錢比時間多；一項小額的投資（水中的腳趾）即使做錯了亦不至於勞民傷財，而要花些時間學得一些經驗，以及僅是去掉一小塊的地毯，不至於破壞既有的聲譽或導致破產。

自開幕四個月後，往後所發生的故事情節可說是大大的震撼了 Rashid 的心靈。他說：「我們經營得非常順利，這並不是一項實驗，它是一個涉及超過一百四十名以上員工與一千多位顧客的事業。」

如果 Rashid 對 myhome 的前景樂觀的話，那麼 Unilever 中的其他人顯然亦會分享其熱忱。myhome 肯定在這個會計年度結束時，將可獲得資金的挹注，作為其地理區域擴張計畫的融資。然而，此一擴張的規模要多大，以及擴張的速度等，似乎仍待進一步做決定。到目前為止，它仍維持相當低調的服務，涵括的範圍僅包括倫敦西南方的一部分地區，接近 Upper Richmond Road 附近的辦公大樓；此外，它並未刊登廣告在電話簿上，因為公司尚未具備將自己定位為整個倫敦市場的事業。Rashid 也尚未提出擴張的時間表，「我們可能僅做小幅度的擴張，亦可能快速的推廣此項服務，雖然我們正積極評估此兩項決策，但到目前為止仍未有定論。」他進一步排除有關日期與計畫的敲定與討論，並認為 my-home 是一個創業家所建立起來的企業，容易產生一些變化，以至於無法給予太大的束縛。

一位來自 Unilever 的員工指出，剛開始覺得這似乎沒有任何意義，且自五年前公司即一直都是如此。但是在公司的首席總裁 Niall Fitz Gerald 帶領下，Unilever 開始出現了變革的徵兆，這隻有名的巨獸已開始面臨一些風險與災難，因為一些競爭者都能夠快速的進行實驗並作決策。

Rashid 年僅 27 歲，是第一代資深的 Unilever 行銷人員，他們

的職業前程在 Fitz Gerald 統治的時代，幾乎都只能像牛步般的往前推進。

如同許多 Unileven 的員工一樣，自 1995 年離開大學之後，他便一直待在公司，但跟許多員工不一樣的地方是，Rashid 的事業前程一直受到正統的行銷創新所困擾，雖然在 1996 年其工作職稱為品牌經理，但目前 Radion 的品牌已被廢止，Rashid 便投入開發有相當成功跡象的公車票促銷活動。1997 年由於回到 Persil 洗碗精產品的工作上，他便負責規劃推出 Le parfum dopersil 洗碗精廣告的活動。

1998 年中葉，雖仍然效力於 Persil 產品，但 Rashid 同時支援四人小組，共同籌辦與參與為期二個月的智庫團活動，其專案名稱為 Project Dazzler。

「在專案活動期間，我們都被賦予一個簡要的任務，即為 Lever Brothers（Unilever 的清潔劑事業部）想出一些新的業務構想。在腦力激盪的會議中，拋出一些相當粗糙的建議，但整個專案活動結束時，我們提出了兩個有潛力的事業構想，其一即為 myhome，而另一個是我認為我們將來不會想要提出來的。」

由於僅是智庫團的成員之一，而這些成員都加入了 myhome，於是 Rashid 在推銷公司的願景給新進者方面，一直都有很大的貢獻。

「他是團隊中的靈魂人物」，myhome 的科技部門主管 Laua Salasco 如是說：「他的最大才能是熱心的逐漸將願景灌輸給別人的能力，而且因為有他的傑出表現，才使得 myhome 偉大的構想能讓公司的許多人接受。」

（資料來源：Paul Whitfield, Marketing, 8 June 2000）

📑 **個案研究問題**

1. 為何一個像 Unilever 這類的消費性商品製造商會考慮設立諸如 my-home 這類的事業？

2. 本篇文章曾提及第二個「新事業構想」；請問此一新事業可能是什麼？

📑 **參考文獻**

Andreassen, T.W. (2000) 'Antecedents to satisfaction with service recovery', *European Journal of Marketing*, **34** (1/2), 156-75.

Ballantyne, D. (2000) 'Interaction, dialogue and knowledge generation: three key concepts in relationship marketing', in 2nd WWW Conference on Relationship Marketing, 15 November 1999-15 February 2000, paper 7 (www.mcb.co.uk/services/conferen/nov99/rm).

Bejou, D. and Palmer, A. (1998) 'Service failure and loyalty: an exploratory empirical study of airline customers', *Journal of Services Marketing*, **12** (1), 7-22.

Bitner, M.J., Booms, B.H. and Tetreault, M.S. (1990) 'The service encounter: diagnosing favorable and unfavorable incidents' *Journal of Marketing,* **54**, 71-84.

Bitner, M.J., Booms, B.H. and Tetreault, M.S. (1990) 'The service encounter: diagnosing favorable and unfavorable incidents', *Journal of Marketing*, **54**, 71-84.

Boote, J.D. and Pressey, A.D. (1999) 'Integrating relationship marketing and complaining behaviour: a model of conflict and complaining behaviour within buyer-seller relationships', European Academy of Marketing Conference (EMAC), competitive paper, Berlin.

Buttle, F. B. (1996) *Relationship Marketing Theory and Practice.* London: Paul Chapman.

Christopher, M., Payne, A. and Ballantyne, D. (1991) *Relationship Marketlng.* London: Butterworth Heinemann.

Clark, M. (2000) 'Customer service, people and processes' in Cranfield School of Management *Marketing Management: A Relationship Marketing Perspective.* Basingstoke: Macmillan, pp. 110-24.

Czepiel, J. (1990) 'Managing relationships with customers: a differentiating philosophy of marketing' , in Bowen, D., Chase, R. and Cummings, T. (eds) *Service Management Effectiveness: Balancing Strategy, Organisation and Human Resources.* San Francisco, CA: Jossey-Bass, pp. 299-323.

De Chernatony, L. and Segal-Horn, S. (2001) 'Building on service characteristics to develop successful service brands', *Journal of Marketing Management,* **17** (7/8), 645-69.

Dick, A. and Basu, K. (1994) 'Customer loyalty: towards an integrated framework', *Journal of the Academy of Marketing Science,* **22**, 99-113.

Dwyer, F.R., Schurr, P. H. and Oh, S. (1987) 'Developing buyer-seller relationships', *Journal of Marketing,* **51**, 11-27.

Gabbott, M. and Hogg, G. (2001) 'The role of non-verbal communication in service encounters: a conceptual framework', *Journal of Marketing Management,* **17** (1-2), 5-26.

Grossman, R.P. (1998) 'Developing and managing effective customer relationships', *Journal of Product and Brand Management,* **7** (1), 27-40.

Grönroos, C. (1994) 'From marketing mix to relationship marketing: towards a paradigm shift in marketing' *Management Decisions,* **32** (2), 4-20.

Grönroos, C. (1995) 'Relationship marketing: the strategy continuum', *Journal of Marketing Science,* **23** (4), 252-4

Grönroos, C. (1999) 'The relationship marketing process: interaction, communication, dialogue, value' , in 2nd WWW Conference on Relationship Marketing, 15 November 1999-15 February 2000, paper 2 (www. mcb. co. uk/services/conferen/nov99/rm).

Gummesson, E. (1999) *Total Relationship Marketing; Rethinking Marketing Man-*

agement from 4ps to 30Rs. Oxford: Butterworth Heinenmann.

Gwinner, K.P., Gremler, D. D. and Bitner, M.J. (1998) 'Relational benefits in services industries: the customer's perspective', *Journal of the Academy of Marketing Science*, **6** (2), 101-4.

Hassan, M.(1996) *Customer Loyalty in the Age of Convergence.* London:Deloitte & Touche Consulting Group (www.dttus.com).

Håkansson, H. and Snohota, I. (1995) 'The burden of relationships or who next?', in proceedings of the 11th IMP International Conference, Manchester, UK, pp. 522-36.

Javalgi, R. and Moberg, C. (1997) 'Service loyalty: implications for service providers', *Journal of Services Marketing*, **11** (3), 165-79.

Johns, N (1999) 'What is this thing called service?' , *European Journal of Marketing,* **33** (9/10), 958-73.

Kotler, P. (1992) 'Marketing's new paradigm: what's really happening out there?' , *Planning Review*, **20** (5), 50-2.

Levesque, T. and McDougall, G.H.G. (1996) 'Determinants of cost satisfaction in retail banking', *International Journal of Bank Marketing*, **14** (7), 12-20.

McCallum, J. and Harrison, W. (1985) 'Interdependence in the service encounter' , in Czepiel, J.A., Solomon, M.R. and Surprenant, C.F. (eds) *The Service Encounter: Managing Employee/Customer Interaction in Service Businesses.* Lexington, MA: Lexington Books, pp. 25-48.

McKenna, R. (1991) *Relationship Marketing.* London: Addison Wesley.

Mitchell, A. (1997) 'Evolution', *Marketing Business*, June, 37.

Möller, K. and Halinen, A. (2000) 'Relationship marketing theory: its roots and direction', *Journal of Marketing Management*, **16**, 29-54.

Odekerken-Schröder, G., Van Birgelen, M., Lemmink, J., De Ruyter, K and Wetzels, M.(2000) 'Moments of sorrow and joy', *European Journal of Marketing*, **34** (1/2), 107-25.

Palmer, A.J. (1998) *Principles of Services Marketing.* London: McGraw-Hill.

Payne, A. (1997) 'Relationship marketing-the six markets framework' (working paper), Cranfield University School of Management.

Payne, A. (2000) 'Relationship marketing-the UK perspective' in Sheth, J.N. and Parvatiyar, A. (eds) *Handbook of Relationship Marketing*. Thousand Oaks CA: Sage, pp. 39-67

Pels, J. (1999) 'Exchange relationships in consumer markets?' , *European Journal of Marketing*, **33** (1/2), 19-37.

Reichheld, F.F (1996) *The Loyalty Effect: The Hidden Force behind Growth, Profits and Lasting Value*. Boston. MA: Harvard Business School Press.

Sheth, J.N. and Sisodia, R.S. (1999) 'Revisiting marketing's lawlike generalizations', *Journal of the Academy of Marketing Sciences,* **17** (1), 71-87.

Shostack, G.L. (1977) 'Breaking free from product marketing', *Journal of Marketing*, **41**, April.

Slater, D. (1997) *Consumer Culture and Modernity*. Cambridge: Polity Press.

Smith, P.R. (1998) *Marketing Communications: An Integrated Approach*. 2nd edn. London: Kogan Page.

Stewart, K. (1998a) 'An exploration of customer exit in retail banking', *International Journal of Bank Marketig*, **16** (1), 6-14.

Stewart, K. (1998b) 'The customer exit process-a review and research agenda', *Journal of Marketing Management*, **14**, 235-50.

Storbacka, K., Strandvik, T. and Grönroos, C. (1994) 'Managing customer relations for profit: the dynamics of relationship quality', *International Journal of Service Industry Management*, **5**, 21-38.

Strandvik, T. and Storbacka, K. (1996) 'Managing relationship quality' in Edvardsson, B., Brown, S.W., Johnston, R. and Scheuing, E.E. (eds) *Advancing Service Quality: A Global Perspective*. New York: ISQA, pp. 67-76.

Worthington, s. and Horne, S. (1998) 'A new relationship marketing model and its application in the affinity credit card market', *International Journal of Bank Marketing,* **16** (1), 39-44.

第七章

內部夥伴關係

學習目標

1. 內部市場
2. 功能性的界面
3. 組織氣候與文化
4. 授權賦能
5. 執行內部行銷

前言

　　隨著關係行銷概念的發展，它已完全掌握住「更寬廣的行銷觀點」之理念（Christopher *et al.,* 1991）。RM 理論發展的層面已反映出此一目的，且已相當程度的引用至其他企業研究領域的問題，包括朝向組織結構的發展（Gummesson, 1999）。雖然傳統的行銷完全專注在外部的顧客，但 RM 另外強調內部顧客的重要性（Gummesson, 1991），因此，RM 的概念不僅要求外部行銷導向，且亦非常重視將焦點擺在員工的「內部行銷」（internal marketing; IM）（Javalgi and Moberg, 1997）。有許許多多相關的名詞，包括內部夥伴（internal partnership）、內部關係及內部行銷等，在本章中都會常被用來說明一些所要討論的概念。雖然在某些情況下，它們之間仍存在些微差異且重要性亦有所不同，但作者交互使用這些名詞（或許在某些人的眼光無法認同此一做法），以避免造成混淆。若真的有必要作個區別，那麼我們可將內部行銷視為走向內部夥伴發展的一個過程。

壹、顧客—員工的界面

由於察覺到員工—顧客界面（employes-customer interface）的重要性，因此大多數的公司皆致力於推行 IM。根據相關研究指出，公司與其顧客的關係品質，大部分決定於前線的員工與顧客間的互動（Barnes and Howlett, 1998）。亦有研究指出，由於顧客—供應商的界面是最直接的，因此公司內部的氣候對員工的滿意度與顧客留住率會有很大的影響（Payne, 2000a），但此兩者之間線性的因果關係或許並不那麼明確（Ballantyne, 1997）。當服務公司主要是經由某些人際的互動來創造提供物時，員工與顧客間的「關係」幾乎是無可避免的（Kandampully and Duddy, 1999）。

由此可知，服務組織的內部行銷更顯得特別重要。雖然服務公司通常都是經由自己的員工與顧客接觸，但相對於製造商而言則主要依賴中間商或（愈來愈多倚賴）科技（如顧客服務中心），藉以發展某些類型的關係。另外一個促使服務公司特別重視 IM 的因素是，服務組織大都是勞力密集的產業，也因為如此，內部行銷更有助於這些組織吸引、確保及激勵高品質的人員，並進而有助於這些公司能改進其提供有品質的服務之能力（Berry, 1983）。

因此，此種內部行銷所帶來的刺激，在服務業行銷中愈來愈受到重視；即便是如此，似乎沒有任何理由來說明，為何內部行銷策略應被侷限在此一領域（Gummesson, 1991）。雖然有關公司內部層面的重要性特別與服務業有關，但任何組織的最終產品（可能是商品，亦可能是服務），必然都是員工所執行的一系列作業與過程之後所得出的產品（Buttle, 1996）。公司員工與其顧客之間的界面可能是相當廣泛的，尤其是公司未將自己視為傳統的服務公司（Gummesson, 1997），這些因素皆促使內部行銷的許多層面充滿著廣泛的吸引力。

貳、理論的發展

　　與內部行銷和內部夥伴關係（ internal partnership）有關的一些觀念，彼此間存在錯綜複雜的關聯。內部行銷之較早的觀點更接近「員工接受管理當局預先安排好的情境來行事」（Varey and Lewis, 1999 ），但內部顧客的概念則依據原始的「銷售工作」之觀念所發展出來的，並確保這些銷售工作能夠更吸引員工（Reynoso, 1996 ）。但是，近年來內部行銷與內部夥伴關係則在許多方面，兩者之間存在密切的相關性（亦即兩者通常有一些相重疊的觀念）：

⚲ 員工作為（內部的）供應商與顧客的概念（Gummesson, 1991; Christopher *et al.,* 1991），此乃假定組織內的內部顧客（行政及製造／加工處理人員），形成一個鏈鎖（chain）。依照一般的工作進程，即使員工並未直接與外部顧客互動，但他亦會與內部顧客接洽，並將之視為組織外部的顧客來對待一樣。

⚲ 組織內功能間障礙的撤除（Doyle, 1995 ）。

⚲ 向內部的視聽眾（audience）「推銷」組織訊息之努力，其所採用的技術類似於組織與其外部視聽眾建立關係時所使用者（Palmer, 1998 ）。

⚲ 在一個分權化的公司內部，各個利潤中心之間皆需要行銷的工作（Gummesson, 1991 ）。

⚲ 員工一起合作猶如一支管弦樂隊，必須配合公司的使命、策略、目標等的節拍（Christopher *et al.,* 1991），且亦須配合公司所面臨的環境之更寬廣的工作範圍（Hogg *et al.,* 1998）。

⚲ 組織內的任何活動皆集中於員工在內部活動方面的注意力，而為了提升外部市場的績效，這些內部活動亦須配合修正（ Ballantyne, 1997)。

⚲ 改善內部溝通的活動，並強調員工之間具有顧客意識（Hogg *et al.,* 1998 ）。

ℰ 迎合員工的需要，期使他們亦能符合其顧客的需要（Shershic, 1990)。

ℰ 公司行銷導向的發展(Gummesson, 1991; Varey and Lewis, 1999; Hogg *et al.*, 1998)。

ℰ 如何召募與留住具顧客意識的員工（Grönroos, 1990）。

　　Varey and Lewis（1999）雖認同這些多樣性的涵義與內部行銷概念的應用，但他們亦提出了不同的看法；他們認為內部行銷可被視為：

ℰ 一個隱喻（metaphor）。

ℰ 一種哲學（philosophy）。

ℰ 一組技術。

ℰ 一種方法。

　　將內部行銷視為一個隱喻乃意指，組織的工作與員工的條件皆是可被「行銷」的產品，行銷的對象則是那些可同時視為購買者與消費者的員工。若將內部行銷視為一種哲學，則意謂著人力資源管理（HRM）必須採行「類似行銷」（marketing-like）的活動，以「推銷」管理當局所要求的政策。此一概念亦認為HRM應該採用行銷的技術，諸如行銷研究、市場區隔、促銷溝通及廣告等，作為向內部顧客告知與說服的手段。最後，內部行銷亦可視為一種管理風格，有其關鍵的（或可能對立的）彈性與承諾之目標。

　　上述這些觀念與IM之最基本的要素是相一致的，此亦與Christopher *et al.*（1991）所提出更廣泛的概念相呼應，他們將內部行銷描述為：

　　　是發展顧客導向的組織非常重要的活動，實務上，內部行銷
　　涉及到溝通、回應性、意志力的貫徹與一致。內部行銷之基本的
　　目標在於發展內部與外部顧客之知覺，以及移除功能性的障礙，
　　並獲致組織的效能。

　　一般而言，內部行銷被認知為經營企業的全面性途徑，而非僅侷限在HRM與行銷（Hogg *et al.,* 1998）。如同組織各部門間無可避免的會發生內部互動一樣，組織的動態性特別與服務性產品和服務傳送有密切相關（Reynoso, 1996；Reynoso and Moores, 1996）。事實上，由於它對公司營運的成功與否非常關鍵，因此，Gummesson（1991）認為未來的行銷者應從整體性的觀點來陳述與教學，且確實應與公司的其他功能加以整合。依實務的術語來說，其所涵括的 HRM 政策應著重在員工的吸引、甄選、訓練、激勵、指導、評估及報償等活動（Palmer, 1998），且事實上可藉由打破存在於許多組織的傳統功能性之障礙，以延伸此一影響力至組織的各個環節，Gummesson（1991）將此發展趨勢視為從「行銷功能」演變至「行銷導向的公司管理」之途徑。

參、內部市場

　　就一般的意義來說，內部行銷可被描述成「組織內任何一種形式之行銷，主要集中注意力在那些必須加以修正的內部活動上，期能順利執行行銷計畫」（Chirstopher *et al.,* 1991），以及提升外部市場的績效（Ballantyne, 1997）。內部行銷本質上是讓組織能夠召募、激勵與留住具顧客意識的員工之一種方法，藉以提升員工留住率與顧客滿意度（Clark, 2000）。我們亦可將內部行銷更廣泛的定義為，用來改進內部溝通與強化員工之間顧客意識的活動，且這些活動與外部市場績效之間有密切的連結（Hogg *et al.,* 1998）。除了此種一般性的意義之外，此一名詞亦可應用在組織中的每一個人，包括顧客與供應商（Buttle, 1996）。根據 Varey and Lewis（1999）的看法，內部行銷本質上並非後工業世代的一種現象，因為早在二十世紀初便有一些文獻提及一些相關的態度與方法，所謂新的概念乃是積極的市場導向之態度。

■內部行銷的利益

內部行銷以三項核心的價值創造活動為重點，包括創新、有效的流程與顧客支援、及建立網絡，這些都與品質的設計有關（Doyle, 1995）。它意謂著留住具顧客意識的員工(Grönroos, 1990)及發展員工的授權賦能（empowerment），期能更加滿足顧客的需要。內部夥伴反映出如下的信念，若管理當局希望其員工傳送卓越的服務水準給顧客，那麼它必須先好好的對待其員工（Reynoso, 1996）。

由此可知，內部行銷乃是成功的執行內部夥伴概念之必要條件，並可進而成功的達成RM的目標。根據Buttle（1996）的說法，此一目標在於促進新文化的發展、說服員工樂於接受新的願景，以及激勵他們去發展與執行RM策略。由此一層面的意義來看，內部行銷夥伴關係已成為核心的企業哲學（Palmer, 1998），而非僅是行銷部門所專有的事物。

肆、功能間的介面

CIM 對行銷的定義為「管理程序」，意謂著負有一些既定責任的功能性行銷部門，其任務與傳統的行銷組合有密切相關；但RM策略則隱含著打破這些功能障礙，其經常被重複提及的準則（至少在行銷領域內）是，「雖然並非每件事物都是行銷，但行銷是一切事物（whereas not everything is marketing, marketing is everything）〔McKenna（1991）與 Ballantyne（1997）對此一原則有不同的看法〕，其涵義是行銷導向意謂著並非僅是單獨由行銷部門來負責。相反的，行銷導向意謂著「組織全面性的產生市場情報、在各部門間傳播這些情報，以及組織全面性的對它做出回應」（Kohli and Jaworski, 1990）。這種全面性的組織觀點可從有經驗的行銷人員之實務得到驗證與支持，這些人士亦皆認為企業計畫（business plan）與行銷計畫（marketing plan）兩者之間沒有多大的差異。根據 Bitner（1990）研究所提出非常明確的意涵，亦認為功能間的協調在服務

組織中特別有其必要性。她指出，「有關員工與實體呈現之設計，一般並非由行銷人員來制定決策，而是由人力資源經理、作業經理及設計的專業人士。」上述的研究觀察更強調，行銷組織的創建必須以跨功能流程為思考依據，而非以組織功能為基礎（Payne, 2000b）。根據 Doyle（1995）的觀點：

> 行銷人員通常會誤以為此一主題（行銷）只是一項基礎的學門，而非一個整合性的企業流程，行銷主管一般僅致力於制定行銷決策，而非與跨功能的團隊分享滿足顧客需求的責任。不幸的是，僅由行銷所做出來的決策，其所擔負的責任僅屬於戰術性的，如促銷、產品線延伸及膚淺的定位政策。

■人力資源

過去十幾年來，愈來愈多的公司已開始體認到，影響其成功的主要因素乃是那些令人滿意且擁有才能的員工，而絕非其他的資源，如資金或原料（Christopher *et al.,* 1991）。最近的一些研究報告亦指出，經理人最主要關注的是儲備內部資源的重要性，因此他們會特別強調員工的溝通與涉入、企業流程的再設計，以及重視員工與顧客滿意度之間關係的重要性，這些都被列為其最重視的項目（Varey and Lewis, 1999）。

有關人力資產的重要性也許沒有任何領域會比服務業更受到重視，許多服務業已不再依據實體資產來對公司做評價，而是依據「智慧資本」（intellectual capital）。根據 Gummesson（1999）的看法，這類智慧資本可歸納成兩種類型：

¶ 個人資本（individual capital）。
¶ 結構資本（structural capital）。

1. 個人資本

個人資本涵括員工與其素質，包括知識、技能、動機加上個人在公司內外部的關係網絡。

2. 結構資本

如同前面我們曾指出的（參見第二章），結構資本是鑲嵌的知識，與其環境是不可分割的，且當員工離職時是不會消失的，此種資本包括已建立的關係、組織氣候與文化、制度、合約、形象與品牌。核心能耐（core competence）奠基在特定的知識，它是存在於組織人員與系統中，且可被開發出來（Doyle, 1995）。若能成功的發展「個人資本」，則有可提升「結構資本」的潛力，因此，如何維護個人資本是相當重要的。因此，公司有責任去開發公司專屬的技能，並激勵其員工積極的利用這些技能，以傳送卓越的價值給顧客（Doyle, 1995）。

3. 團隊工作（Teamwork）

Reynoso and Moores（1996）的研究指出，造成服務品質規格與實際的服務傳送兩者之間的差異，其關鍵的要素之一便是差劣的團隊工作。功能性的儲藏地窖（functional silos）之所以存在，乃因為各功能是獨立運作的，且彼此間很少協調；此一現象通常是造成意見不一致與「缺乏目標」的主要因素（這也是CRM最常遭受批判的問題）。對那些追求RM策略的公司而言，行銷、作業、人事及其他功能彼此之間的介面，有其策略上的重要性（Grönroos, 1994）。此一觀點乃認為，公司內的所有活動是彼此相互關聯的——此即Gummesson（1991）所稱的「功能間的依賴性」（inter-functional dependency）。其中一個有趣的議題是，全面性的行銷導向是否要求所有的行銷部門直接指揮公司內一切的營業活動（Ballantyne, 1997），或者意謂著是否行銷功能本身就須達成其具有保質期限的商品銷售，而跨功能的團隊則負責提供功能性問題的解決方案。在很多方面，此

乃為目前RM/CRM最受爭議的難題（參見第十二章）。任何一個解決方案不可能在每種情況中都是正確的，每家公司都需要致力於尋求一合適的組織結構，既具有效能亦能輔助其組織氣候與文化。

4.兼職的行銷人員（ Part-time marketers; PTM）

許多公司皆採行集權式的行銷與銷售人力的組織，他們都可稱為「全職的行銷人員」（full-time marketers）。然而這些員工並不能代表所有的行銷人員與銷售人員；公司自有其處置與安排的方式（Grönroos,1996）。Gummesson（1990）曾提出「兼職的行銷人員」（PTM）這個名詞，他所著的書即以此為名稱，主要在描述「不論其在公司的職位為何，這些非行銷的專業人員對公司的行銷活動都是相當重要的。」這類 PTM 包含所有的員工，他們可能以各種不同的方式影響著顧客關係、顧客滿意度及顧客對品質的認知（Gummesson, 1991）。如同 Grönroos（1996）所指出的，在很多情況下，他們對顧客滿意度與品質認知的影響，從市場長期成功的角度來看，皆比全職行銷人員之影響更為重要。

Christopher *et al.*（1991）對行銷人員與兼職行銷人員在行銷過程中所扮演的角色，亦有其獨到的見解。他們進一步依據與公司接觸的頻率來分類，可分為如圖 7.1 所示的四種類型：

- 承包人（contractors）：這群人員經常或定期的與顧客接觸，且高度涉入「傳統的」行銷活動，包括有銷售與顧客服務的角色。他們應該非常精通公司的行銷策略，且受過良好的訓練與不錯的激勵，以從事日常性的顧客服務。這類人員的召募應以其對顧客需要的回應潛在能力為基礎，並根據這些基礎來評估績效與提供獎酬。
- 修正者（modifiers）：修正者雖然並不直接涉入傳統的行銷活動，但卻經常與顧客有所接觸。這類的人包括接待員、會計人員、送貨人員等。修正者對組織的行銷策略應有很清楚的概念，且他們亦參與其中一部分，他們在顧客關係技能的發展方面應接受嚴格的訓練，並以這些技能作為監測與評估的基礎。

	涉入行銷	不直接涉入行銷
經常或定期的顧客接觸	承包人	修正者
很少或沒有顧客接觸	影響者	被孤立者

🐣 圖 7.1　影響顧客之員工的類型

（資料來源：摘自 Christopher *et al.*, 1991）

- 影響者（influencers）：影響者涉入傳統的行銷活動，但卻較少與顧客直接接觸。然而他們是主要執行組織行銷策略的人員，其角色包括研究與發展、行銷研究等，他們所須培訓的主要技能是「顧客的回應」（customer responsiveness）。影響者應該依據顧客導向的績效標準來評估與獎酬。若能依照既定的方式來迎合顧客的需要，則亦有相當的價值。
- 被孤立者（isolateds）：雖然這類員工既未經常與顧客接觸，且通常亦未涉入傳統的行銷活動，但他們的表現亦會影響到公司的行銷策略能否成功的執行。包含在此類別的人員，諸如那些從人事到資料處理部門的職員皆屬之。對這類人員之注重的焦點應擺在「讓其活動對行銷策略產生的影響最大化」，且他們亦可據此作為獎酬的依據。

伍、組織氣候與文化

依據 Bitner（1990）的觀點，個人接觸的管理是，「……置入在組織結構、經營哲學及文化等更廣泛的管理議題之錯綜複雜的結構內，它們亦會影響服務遞送，且最終對顧客所認知的服務品質產生影響。」組織並非是一個具體有形的東西，而是一種社會性的構念，係由人員、活動、思想、

情感及其他無形物所組成的（Gummesson, 1994）。根據 Payneet et al.（1995）的觀點，組織氣候與文化皆已被認同為長期行銷效能的基礎；他們對這些相關聯的概念之定義如下：

- 文化：潛藏深處的，組織內的共通價值觀與規範之非書面的制度（會進而支配組織氣候）。

- 組織氣候（climate）：可用來描述組織特徵的政策與實務（且會反過來反映其文化信念）。

　　一個組織的氣候與文化和員工如何看待組織與其目標有很大的相關（Hogg *et al.*, 1998）。具體而言，此兩者皆會影響到個人如何認知其在組織內的角色，以及這些角色如何與組織之廣泛的運作和其環境之間的相關聯（Hogg *et al.*, 1998）。根據內部行銷與內部夥伴關係的發展來看，促成跨功能品質改善的組織氣候之創造，可由涉及其中的人員加以推行與遵循，而這些人員的工作流程皆與組織氣候有關（Christopher *et al.*, 1991）。

　　組織內的變革通常會引發員工之間的爭論，即使這些變革在某些方面對員工都是有利的亦然。就今日的策略發展而言，這些變革本質上都是激烈的，因此必須有一個支持性的氣候方能成功的執行變革。當然，變革本身亦帶有很大的風險，若擴大的變革發生之前未能先處理這些議題，那麼就必須快速發展組織氣候的問題。

陸、留住員工與員工忠誠

　　一位員工待在公司的時間愈久，他對公司的業務便愈熟稔，這是很明顯的道理；此外，員工的年資愈長，則愈具有學習經驗，這也是一般人所認同的。根據 Reichheld（1993）的說法，依據員工待在公司的時間長短與其對業務的學習經驗，將會影響其對公司的價值。此一說法或許有些誇張，因為「時間長短」本身並無法保證「價值」的多寡，而且「服務年資」

愈長，通常也會讓員工較缺乏彈性。然而，一般的論點是，經驗往往受到一己之私而降低其效果，尤其是在降低成本的活動方面，這是英國政府最近的報告（2000 年 4 月）所特別指出的。雖然「員工是我們最大的資產」是一句老生常談的話，但它絕非是陳腔濫調（Christopher et al., 1991）。

柒、授權賦能

授權賦能（empowerment）是 1990 年代流行的名詞；驅使企業走向授權賦能策略的重要因素之一是，服務傳送的異質性帶來工作的困難度，以及在與顧客的互動過程中要求迅速的做出決定。根據 Bowen and Lawler（1992）的說法，關係持續的期間愈久，且其對套裝的服務（service package）愈重要，則授權賦能的必要性愈高。公司必須有能力創造一個不錯的組織內部環境，讓員工更具有彈性且可自行做決策而不須向管理當局請示（Chaston et al., 2000）。然而，授權賦能似乎一直僅是次佳的選擇而已。1970 年代，在企圖克服異質性上所帶來的困擾時，有些公司（可以麥當勞為例）在其服務作業上會採用「生產線的方法」（Bowen and Lawler, 1992）。透過活動的複製、任務的簡化及明確的分工，公司能夠掌控其組織的作業與生產效率、降低成本，以及提供大量的服務作業來滿足顧客的需求，此套系統在高度重複與相對簡單的作業上，似乎運行得很順利（如速食店或 FMCG 零售商）。

然而，從製造業經濟走向服務掛帥的經濟時代，經常遭受社會輿論批評的地方是，高技能性的工作往往被低薪與缺乏技能的服務作業所取代。就某種程度來說（尤其是那些以生產為主要方法的行業），此一說法的可信度相當高。然而一般說來，這是一種常規與直線職權的觀念，它也相當程度的限制了員工之個人天生的技能，使得這些技能無法發揮與表現出來。因此，根據 Tom Peter 的說法，藉由消除組織那些貶低與輕視人類之尊嚴的政策與程序，實施授權賦能是有必要的，它可降低「去人性化」（dehumiliate）的工作特質（引自 Zemke and Schaaf, 1989）。

在提供服務（事實上亦包括產品）的其他領域中，比起僅是採用生產線方法的作業，它存在一些更複雜的互動。在某些情況下，這類互動可能涉及部分員工必須立即做出決定（如服務檯、抱怨處理中心等的員工）。在這類的案例中，組織很難在接觸（互動）點維持有效的控制（雖然事先可訂定一些遵循的守則，但事後仍可能發生一些遭譴責的事情）。比較有效的做法是，經理人必須信任員工有做決策的能力，相信他們都會從對公司最有利的思考點出發。因此，在實施授權賦能的政策時，首要建立信任感。

授權賦能主要在尋求問題解決方案之任務的執行者，並期盼這些員工能夠提出新產品與服務的建議，以及有創意的與有效率的解決問題。SAS之前任 CEO Jan Carlzon（引自 Bowen and Lawler, 1992）將之視為：讓員工「跳脫出指導者、政策及戒律等的僵硬控制，期能享有更大的自由空間可以對構想、決策及行動負責」。他預言，這將「釋放出潛藏的價值，否則將仍然很難達成個人與組織的目標」。

一、授權賦能的運作

Bowen and Lawler（1992）將「授權賦能」定義為，讓前線員工分享四種組織的資源，這些在生產掛帥的服務業與許多產品行業中，大都掌握在高階經理人的手中：

- 有關組織績效的資訊。
- 以組織績效為基礎的獎酬。
- 足以讓員工了解與對組織績效做出貢獻的知識。
- 有制定決策的權力，而這些決策足以影響組織營運的方向與績效。

根據 Lindgreen and Crawford（1999）的研究發現，當員工執行工作時被授權賦能，必須投資在適當的顧客導向之員工訓練，以提升各種不同的技能，包括產業知識、顧客服務、溝通、簡報與團隊工作等。當組織內

的經理人建立政策、程序及行為規範時，必須展現出組織對顧客的關懷。根據 Schneider（1980）的說法，此即為「服務的狂熱者」（service enthusiats）。這與經理人僅致力於系統的維護形成強烈的對比，後者只是訂定一些僵硬的例行規定，用以統一經營的指導原則與程序〔稱為服務官僚（service bureaucrats）〕。

若能同時體認到人際關係的價值以及展現對顧客關懷的重要性，那麼「服務狂熱者」與「服務官僚」兩者之間的差異，主要在於之前所強調的各項規定、程序及維護的系統之彈性應用，此乃假設所有員工之工作職場目標皆與其組織相一致，且雇主與員工之間存在某種程度的默契與承諾（Palmer, 1998）。

二、授權賦能的效益與注意事項

授權賦能存在許多可察覺到的效益，根據 Bowen and Lawler（1992）的看法，可歸納如下：

- 在服務傳送期間可更快速的線上回應顧客的需要。
- 在服務傳送期間可更快速的線上回應不滿意的顧客。
- 員工對工作與其本身有較佳的認同。
- 員工以更溫馨與更熱情的態度和顧客互動。
- 對員工授權賦能，使其成為服務創意的最主要來源。
- 最大效果的「口碑式」廣告與顧客留住率。

由於涵括有許多經營管理的概念，因此授權賦能的利益應足以克服其可能的負面影響（參見專欄 7-1）。在一開始時，雖然其利益是很明確的，但在執行面上卻存在許多困難點，大多數公司所面臨的問題是，管理當局希望能保留住職權，而員工可能不希望擔負這類的責任。此外，有些顧客亦可能偏好由那些未授權賦能的員工來服務，例如在自助式服務的情況（Bowen and Lawler, 1992）。因此，授權賦能未必都是最好的策略。縱使

Peter曾提出警告，有些服務工作本身其本質上即受到輕視，但Bowen and Lawler（1992）則指出，若公司的核心使命在於以最低的成本來提供大量的服務，那麼生產線的方法將是不錯的選擇，因為「工業化的」服務可藉由大量服務的槓桿作用而獲得較規模經濟的優勢，此舉所帶來的價值包括便宜的、快速的及可靠的服務，可與「體貼的、關愛的及關懷的」（tender loving and care；TLC）競爭者抗衡；或者說，採用「交易式行銷」抗衡「關係式管理」。

　　授權賦能亦無可避免的有其相關的成本。Bowen and Lawler（1992）彙總這類成本如下：

- 在甄選與訓練員工方面大量的投資。
- 較高的勞工成本。
- 當個人在服務作業的處理上放慢速度時，會降低服務傳送的速度與提供不一致的服務。
- 視員工為與其顧客協商「特別的交易」或條件之工具時，將有不良的顧客反應。
- 存在太多「一廂情願」以及不良的與耗費成本的決策。

　　具體而言，授權賦能確可產生一些利益，但未必限定在服務業的環境。然而，我們亦須體認到，授權賦能並非任何的內部管理問題之萬靈丹。

專欄 7-1

授權賦能的黑暗面

2002 年 1 月，Carphone Warehouse 的顧客服務專員皆獲得公司的授
權賦能；當顧客對服務品質有所抱怨時，他們可提高每位顧客之信用額
度達到 10 英鎊。此一措施不但讓信用額度增加了，卻同時也提高了抱
怨次數。在短短的 3 個月內，便處理了大約 100 名的客戶抱怨。根據分
析結果顯示，在第一個月收到欠帳單的顧客中，約有 35%提出抱怨，並
因而要求提高信用額度。

（資料來源：Chouglary, 2002）

捌、IM 的執行

在管理顧客滿意度方面，我們已了解與認同員工的觀點乃是重要的工
具，因為這可讓經理人採行內部行銷——其結果可符合員工的需要，進而
亦能使員工滿足顧客的需要（Shershic, 1990）。我們已了解到，內部行銷
是一種關係發展的過程，在此過程中，員工擁有自主權與技能，可將之結
合以創造與傳播新的組織知識，使得內部活動能夠配合需要來改造，進而
提升市場關係的品質（Ballantyne, 1997）。內部行銷係建立在「員工希望
提供優良的服務，而顧客希望享有不錯的服務」之前提下，此時管理者可
藉由內部行銷而很容易的達成這些目標，並讓顧客與員工皆有正面的回應
（Schneider, 1980）。

就戰術層面來說，內部行銷可能包括正式與非正式溝通之持續不斷的
訓練與強化（諸如通訊、簡訊的發行）；而就策略層次來看，內部行銷更

擴及廣泛的採納支持性的管理風格與人事政策、顧客服務訓練與規劃程序（Hogg *et al.,* 1998）。Doyle（1995）指出，內部行銷策略的發展必須遵循三階段的過程：

❦ 組織必須公開說明對其員工之保障與發展的承諾和決心，且將其重要性排到至少與其他利害相關團體列於同一位階。

❦ 組織必須建構一種組織結構，可以打破功能性的障礙；其將擁有「扁平式」的組織結構，對前線員工的授權賦能，且將努力的焦點集中在三項核心的價值創造過程，包括作業、顧客支援及創新。

❦ 之後，高階管理當局可藉由強化這類價值觀及提供組織未來走向的明確願景，藉以鞏固其領導。

　　Reynoso and Moores（1996）認為，執行內部顧客的管理方法涉及許多的程序，包括內部知覺的創造、內部顧客與供應商的確認、內部顧客的期望之確認，將這些期望對內部供應商加以溝通，以及內部顧客滿意度的衡量與回饋機制的發展等。上述所建議的這些程序，其潛在的風險是，在擴展至更廣泛的組織文化之議題時，內部行銷可能受到限制，因為它往往無法落實內部溝通之成效（Meldrum, 2000）。

■人員的發展

　　公司必須了解到，光只是員工的滿意度是不夠的，員工的滿意度僅在公司的作業具顧客導向時，才能讓員工的工作與顧客滿意度有正相關。事實上，並未有任何證據顯示員工滿意度與顧客滿意度之間存在明確的因果關係（Ballantyne, 1997）。Grönoroos（1996）曾提出所謂的「過程管理的觀點」（procees management perspective; PMP），他認為 PMP 與傳統的功能管理方法有很大的不同，後者主要是奠基於「科學管理」的原理。PMP的方法視部門間的疆界是不存在的，而是工作流程〔包括銷售與行銷活動，生產性、管理性與分配性活動，以及一大群「兼職」（part-time）的

行銷活動〕的組成與管理，皆視為一種價值創造的過程。

知識可能是員工效能（事實上是滿意度）之最關鍵的驅動因子，誠如 Gummensson（1989）所指出的，所有的「接觸人員」皆必須將公司的使命、目標、策略與制度等融合成一體，否則當其與顧客互動期間若有重要的「關鍵時刻」發生，將無法有效的應對。這對服務公司來說尤其真確，因為與顧客互動的層面相當廣泛，且是經常而密集性的發生，但是它對任何公司，一般而言亦是成立的。

在內部夥伴關係發展過程中，獎酬系統亦扮演著非常重要的角色。時下的銷售與行銷管理最廣為盛行的是，底薪與績效相關的獎金和佣金之混合制。如同 Buttle（1996）所指稱的，一般的績效標準包括銷售量與網羅顧客數，但這些都僅能反映出短期的績效。在採用 RM 策略下，員工很可能依顧客獲利力、客戶滲透率及顧客留住率等指標，作為獎酬的基礎（參見專欄 7-2）。

專欄 7-2

可發揮作用的夥伴關係

John Lewis Partnership 是一個零售組織，它總是視其員工為整個企業的一部分。實際上，其員工不僅被稱為「夥伴」，且事實上亦確是如此，他們共享所有的「夥伴利益」，包括股利分紅，且其所有的代理人亦皆成為整個集團之策略與戰術發展的一部分。在零售業競爭日益激烈的年代，John Lewis 是否將被迫重組，以與其他的英國零售業者趨向一致？如果從總管理處所發布的報導是可信的話，那麼它顯然並非如此。然而，該公司的確針對某些業務的優先順序重新加以洗牌。根據 John Lewis Partnership 的行政主管說法，組織所發行的內部刊物 *Gazette*，在 1999 年 5 月 22 日曾刊載一篇文章，指出 Partnership 是一家有冒險創業

精神的企業，若要能夠在競爭日趨激烈的商場生存下來，則必須權衡各

種「夥伴」的利益，並能滿足顧客的期望。

　　根據 Kandampully and Duddy（1999）的說法，一項 RM 的計畫被視為
公司的「命脈」（Life-blood）──超越了公司所有計畫的等級之上，且
各部門、功能及資產等皆以其為核心──其最終目標在於對所有的層級同
時提供與獲得價值。公司的行銷、管理、作業、財務及人力資源等功能皆
應加以整合形成一個有利的機制，以協助公司發展、創造及維持組織內部
與外部各種利益相關團體之間持續性的價值。

玖、結　論

　　RM 所面對的環境不僅是一般的市場與社會，尚包括整個組織，因此，
它必須配合組織設計的變革（Gummesson, 1994）。內部行銷就廣泛的意義
來說，它是成功的執行 RM 所必備的條件，雖然其執行可能不只是行銷所必
須擔負的責任而已（Clark, 2000）。根據 Grönroos（1994）的觀點，如果
內部行銷被忽視，那麼外部行銷將慘遭災厄或挫敗。Bairnes and Howlett
（1998）的研究指出，公司與其顧客間的關係品質，大部分決定於員工如
何讓顧客有不錯的感受。Schneider（1980）的研究報告亦指出，如果員工
認同與擁有強烈的服務導向，則顧客所反映出來的是他們可以獲得卓越的
服務。此一論點具有兩個層面的涵義，RM 的成功在很大的程度上，與員工
的態度、承諾及績效等有密切的關聯。如果他們未能完全投入其行銷人員
的角色（包括專職與兼職的行銷角色），且未受到激勵來執行顧客導向的
任務，那麼 RM 策略註定會失敗（Grönroos, 1996）。

　　內部的 RM 概念之採行，乃是體認到有必要採用一種新型態的組織配合

新的管理類型（Gummesson, 1994）。傳統的「煙囱式」（chimney stack）管理普遍失靈，因為其功能性燃燒爐（包括行銷功能）「融合成一個抽象的行銷導向之概念，……但在實務的推行上無法落實，導致煤煙的外洩，進而無法一致的傳送顧客服務與滿意度」（O'Driscoll and Murray, 1998）。例如，Doyle(1995)曾指出，此一變革將導致由一些通才（generalists）所領導的更小規模之行銷部門，但卻須承擔經由內部與外部夥伴所組成的團隊來獲致成果的重責大任。他（1995）更進一步的指出：

> 行銷經理作為團隊成員的一份子，必須更有效的工作；必須積極主動地將團隊結合起來，並與其他的功能部門合作，以強化創新、訂單的履行及顧客服務等核心的流程。「專業的核心」功能疆界將顯得不重要，而一般管理的技能則變得更受到推崇。

行銷的研究學者一般都非常認同這類見解。Chaston（1998）認為內部行銷在達成顧客滿意的目標方面，它應比任何其他的組織流程居於更優先的地位。Grönroos（1996）則認為RM的成功，主要有賴於良好的組織設計與持續的內部行銷之流程。Buttle（1996）亦引用服務業的例證（包括郵局、銀行、醫院及非營利組織），並指出，「當組織內部相關的夥伴之期望無法相一致時，則其外部的營運亦將缺乏成效。」

愈來愈多的公司已體認到內部行銷的活動方案之必要性，且這類的活動方案之推行近年來已有巨幅的成長（Clark, 2000）。Varey and Lewis（1999）則提出警告，雖然已了解到內部行銷是一個正在蓬勃發展的主題，但截至目前為止尚未有任何堅實的理論或很強的實證研究證明，它為何對管理者有很大的價值，因此，內部行銷策略的採行未必能保證企業的成功。Doyle（1995）引用了三家公司的案例，Marks and Spencer、Virgin Airways及Body Shop，說明這些公司皆已刪除功能邊界，且沒有任何行銷主管與傳統的行銷部門。過去這幾年來，這三家公司則各有不同的命運，特別是Marks and Spencer已面臨許多的問題，且最近也重新設置行銷主管的

職位。文獻中所引用的「倡導內部行銷最著名的」British Airways（Clark, 2000），雖引進其所謂的「熱忱與心靈的」（hearts and minds）員工方案，但仍不斷的遭遇困境。雖然內部行銷在理論上有其堅固的立論基礎，但在實務上卻缺乏普遍的持久性。

摘　要

　　本章主要探討內部夥伴關係（亦論及內部行銷）。我們特別強調員工—顧客界面的重要性，以及內部行銷方法步驟的發展對整體的關係策略之成功亦相當重要。本章亦提及，人力資源管理對內部行銷的發展之重要性，且亦將在組織的相關環境中移除掉所有的功能障礙。我們也了解到全職與兼職的行銷人員之重要性，以及彼此之間團隊合作的優勢。留住員工與員工忠誠的利益在本章中亦有論述，且亦討論了組織氣候與文化對員工忠誠的影響作用。授權賦能乃是內部行銷所必備的要件與特色之一，但其相關的成本與利益必須納入公司政策的考量。最後，本章亦討論了執行內部行銷的手段與方法。

討論問題

1. 在內部行銷策略的基礎下，有哪些基本的概念？
2. 請提出一些可用來打破功能障礙的方法（例如，行銷與人力資源管理之間的功能障礙）。
3. 授權賦能之主要的優、缺點各為何？
4. 何種類型的組織氣候與文化，最適於關係行銷策略的執行？

個案研究

員工居於阻礙競爭的關鍵地位

在我的工作上，我花費了相當多的時間在各類不同的客戶之契約履行上，而從這些前序事件中可讓你了解公司與你之間許多的業務或即將做些什麼事。

就拿 Chelsea Village 公司來說，我無意中發現在其致歡迎辭中，即相當直截了當與特別注意到該公司的經營使命：「羅馬並非靠著眾多的參與者而建立起偉大的帝國——他們只是藉由扼殺每個人的自由意志而締造輝煌的歷史，打從心底這絕非是我所喜歡的做法，但至少一開始你便可清楚的了解到自己的立場。」

我在一家知名的多國企業之來賓接待區看到一種更為典型的做法——一冊相當有份量的書籍擺放在浩大的公司櫥櫃內。我問了接待員，這究竟有何特別的涵義。她說：「我完全沒有概念，它是在週二擺上去的，而當天正是我休假的日子。」這真是件令人感到悲哀的溝通方式，一個扮演關鍵角色的人物竟不知公司的所做所為，除了缺乏內部的參與之外，傳達的消息平淡無味且缺乏相關性，似乎讓人聯想到整個公司的文化與其所提出的服務主張完全不搭配。

內部行銷亦須具有相同的技能，即與消費者行銷有相同和嚴謹的戒律。目標視聽眾必須加以區隔化，且其在媒體與訊息的規劃和設計方面亦須相當的純熟。不論溝通的任務是否為有關公司的信念、品牌的強化或改進顧客服務，其所運用的原則都是相同的，你總會希望你的目標視聽眾，最後都能接受與擁有公司的產品。

而且，這些努力的成果都是值得的。歷經五年的長期研究之後，哈佛企管學校已建立一套可量化的關係，即利潤與成長兩者

不僅與顧客忠誠度和滿意度有直接的關聯，而且亦與員工忠誠度和涉入（參與）亦有直接關聯，員工的承諾是建立顧客對公司品牌忠誠所必備的要件之一。

然而，為何會有許多行銷人員在此方面犯下疏忽這類細微服務的錯誤呢？這可能因為內部與外部之績效的衡量缺乏關聯性，且激勵與品牌成長等各項因素亦相互脫節。但是，依據 Cranfield Business School 之 Marketing Forum and Added Value 學會所做的調查研究（調查二百多位行銷與溝通主管），其結果卻顯示，雖然僅有三分之一的受訪者會衡量其員工對公司的產品或服務之承諾，但有很多的受訪者則堅信員工是創造公司優勢的主要關鍵。

在「新經濟」的時代，愈來愈難僅依賴某項優勢的產品與服務之特色，便能維持其領先的地位。在強調迎合個別消費者需求的新紀元，此一重擔便落在企業內部的員工身上，他們負有傳承品牌經驗之重責大任；這也意謂著，公司必須在溝通與訓練方面大量投資，以確保企業的每一個人都能了解該品牌的價值與個性。

而我認為最成功的公司，將是那些能大量投資在建立員工對品牌績效之高度承諾的公司。至於那些失敗的公司，乃是因為它們僅將焦點擺在弭平競爭，且認為在這個和平的背後，公司將可享太平之秋。當然，我們也都知道羅馬帝國最後的遭遇如何。

（資料來源：摘自 Peter Bell, global client director at Added Value, *Marketing*, 24th August, 2000）

個案研究問題

1. 依你的見解，足以提升組織內員工之「忠誠度與滿意度」的主要因素有哪些？

2. 根據你的經驗，阻礙內部溝通的因素有哪些？

参考文獻

Ballantyne, D. (1997) 'Internal networks for internal marketing', *Journal of Marketing Management*, **13** (5), 343-66.

Barnes, J.G. and Howlett, D.M. (1998) 'Predictors of equity in relationships between service providers and retail customers', *International Journal of Bank Marketing*, **16** (1), 5-23.

Berry, L.L. (1983) 'Relationship marketing' in Berry, L.L., Shostack, G.L. and Upsay, G.D. (eds) *Emerging Perspectives on Service Marketing.* Chicago, IL: American Marketing Association, pp 25-8.

Bitner, M.J. (1990) 'Evaluating service encounters: the effects of physical surroundings and employee responses', *Journal of Marketing*, **54**, 69-82.

Bowen, D.E. and Lawler, E.E. (1992) 'The empowerment of service worders; what, why, how and when', *Sloane Management Review*, **33** (Spring), 31-9.

Buttle, F.B. (1996) *Relationship Marketing*: *Theory and Practice*. London: Paul Chapman.

Chaston, I. (1998) 'Evolving 'new marketing' philosophies by merging existing concepts: application of process within small high-technology firms', *Journal of Marketing Management,* **14**, 273-91.

Chaston, I., Badger, B. and Sadler-Smith, E. (2000) 'Organisational learning style and competencies', *European Journal of Marketing*, **34** (5/6), 625-46.

Chouglay, N. (2002) 'Customer perceptions of payment in a service perspective', Middlesex University Business School, unpublished.

Christopher, M., Payne, A. and Ballantyne, D. (1991) *Relationship Marketing.* London: Butterworth Heinemann.

Clark, M. (2000) 'Customer service, people and processes' in Cranfield School of Managment, *Marketing Management: A Retationship Marketing Perspective.* Basingstoke: Macmillan, pp. 110-24.

Doyle, P. (1995) 'Marketing in the new millennium, *Euriopean Journal of Marketing*,

29 (12), 23-41.

Grönroos, C. (1990) 'Relationship approach to the marketing function in service contexts; the marketing and organization behaviour interface', *Journal of Business Research,* **20**, 3-11.

Grönroos, C. (1994) 'From marketing mix to relationship marketing: towards a paradigm shift in marketing', *Management Decisions*, **32** (2), 4-20.

Grönroos, C. (1996) 'Relationship marketing: strategic and tactical implications', *Management Decisions,* **34** (3), 5-14.

Gummesson, E. (1987) 'Using internal marketing to develop a new culture; the case of Ericsson quality', *Journal of Business and Industrial Marketing,* **2** (3), 23-8.

Gummesson, E. (1990) *The Part-time Marketer.* Karlstad: Centre for Service Research.

Gummesson, E. (1991) 'Marketing orientation revisited: the crucial role of the part-tine marketers', *European Journal of Marketing,* **25** (2), 60-7.

Gummesson, E. (1994) 'Making relationship marketing operational', *International Journal of Service Industry Management,* **5**, 5-20.

Gummesson, E., (1997) 'In search of marketing equilibrium: relationship marketing versus hypercompetition', *Journal of Marketing Management,* **13** (5), 412-30.

Gummesson, E., (1999) *Total Retationship Marketing: Rethinking Marketing Management from 4Ps to 30Rs.* Oxford: Butterworth Heinemann.

Hogg, G., Carter, S. and Dunne, A.(1998) 'Investing in people: internal marketing and corporate culture', *Journal of Marketing Management,* **14**, 879-95.

Javalgi, R. and Moberg, C. (1997) 'Service loyalty: implications for service providers', *Journal of Services Marketing,* **11** (3), 165-79.

Kandampully, J. and Duddy, R. (1999) 'Relationship marketing: a concept beyond the primary relationship', *Marketing Intelligence and Planning,* **17** (7), 315-23.

Kohli, A.K. and Jaworski, B.J. (1990) 'Market orientation: the construct, research propositions and managerial implications', *Journal of Marketing,* **54**, 1-18.

Lindgreen, A. and Crawford, I. (1999) 'Implementing, monitoring and measuring a programme of relationship marketing', *Marketing Intelligence and planning,* **17** (5), 231-9.

McKenna, R. (1991) *Relationship Marketing.* London: Addison-Wesley.

Meldrum, M. (2000) 'A market orientation' in Cranfield School of Management, *Marketing Management: A Relationship Marketing Perspective.* Basingstoke: Macmillan pp. 3-15.

O'Driscoll, A. and Murray, J.A. (1998) 'The changing nature of theory and practice in marketing: on the value of synchrony', *Journal of Marketing Management,* **14** (5), 391-416.

Palmer, A.J. (1998) *Principles of Sernices Marketing.* London: Kogan page.

Payne, A. (2000a) 'Customer relention' in Cranfield School of Management, *Marketing Management: A Relationship Marketing Perspective.* Basingstoke: Macmillan, pp. 110-24.

Payne, A., Christopher, M. and Peck, H. (eds) (1995) *Relationship Marketing for Competitive Advantage: Winning and Keeping Customers.* Oxford: Butterworth Heinemann.

Payne, A. (2000b) 'Relationship marketing-the UK perspective', in Sheth, J.N. and Parvatiyar, A. (2000b) 'Relationship marketing-the UK perspective', in Sheth, J.N. and Parvatiyar, A. (eds) *Handbook of Relationship Marketing.* Thousand Oaks CA: Sage, pp. 39-67

Reichheld, F.F. (1993) 'Loyalty based management', *Harvard Business Review,* March/April, 1993, 64-73.

Reynoso, J.(1996) 'Internal service operations: how well are they serving each other?' in Edvardsson, B., Brown, S. W., Johnston, R, and Scheuing, E.E. (eds) *Advancing Service Quality: A Global Perspective.* New York: ISQA, pp. 77-86.

Reynoso, J.F. and Moores, B. (1996) 'Internal relationships' in Buttle, F.B. (ed). *Relationship Marketing: Theory and Practice.* London: Paul Chapman, pp. 55-73.

Schneider, B. (1980) 'The service organization: climate is crucial', *Organizational Dynamics,* Autumn, 52-65.

Shershic, S.F. (1990) 'The flip side of customer satisfaction research', *Marketing Research,* December,45-50.

Varey, R.J. and Lewis, B.R. (1999) 'A broadened conception of internal markcting', *European Journal of Marketing,* **33** (9/10), 926-44.

Zemke, R. and Schaaf, D. (1989) *The Service Edge: 101 Companies That Profit From Company Care.* New York: New American Library.

第八章

供應商夥伴關係

學習目標

1. 垂直與水平關係
2. 合夥
3. 夥伴關係的成本
4. 夥伴關係的利益

前言

　　隨著組織間的疆界變得愈來愈模糊，以及許多組織開始體認到協作（collaboration）的效益，學者們也逐漸地對探討這類關係的動態性感到興趣（Shaw, 2003）。關係行銷理論認為，相互依賴可降低交易成本與產生較佳的品質，且同時能夠保有較低的管理成本（Sheth and Parvatiyar, 2000）。

　　組織的外部關係可從垂直與水平兩個層面來看（Palmer, 2000），分別說明如下：

- 垂直關係意指整合所有或部分的供應鏈之成員，包括零組件供應商、製造商及中間商等。
- 水平關係意指那些處在配銷通路同一階層的組織（包括競爭者）所形成者，他們可能為了彼此的互利而進行合作與結合。

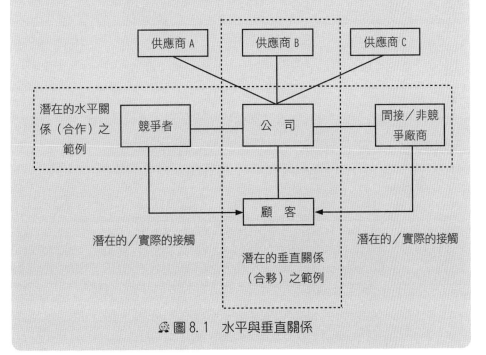

🏵 圖 8.1　水平與垂直關係

　　這類的水平與垂直關係彼此間並非互斥的，對一個組織而言，它在這兩類關係中有可能同時擁有許多雙邊與多邊的關係類型。當公司採取此類型的關係時，不僅可能出現一夫多妻（或一妻多夫）的情況，且亦是頗為盛行的（Gummesson, 1999）。合資比其他形式的組織間關係有較明確的法定邊界，而通路夥伴則較缺乏法律的條文來界定他們彼此間的關係（Wilson, 2000）。

　　雖然這些關係型態從很多方面來看都有類似的特性，但若個別來探討則亦有其特殊的涵義。因此，本章將集中討論垂直關係（即探討供應商夥伴或合夥關係），而第九章則將深入探討水平關係。稍後為了有所區別起見，我們將水平關係稱為「協作關係」（collaborations）。

壹、供應商夥伴關係

顧客與供應商之間的夥伴關係有多種不同的形式，且有許多不同的面貌。例如，Christopher *et al.*（1991）指出，Phillips（菲力普）公司稱這類關係為「賣主夥伴」（vendor partnership），而 AT&T 公司則稱之為「共同的製造商」（Co-makerships）。雖然我們在此使用「供應商夥伴關係」（supplier partnership）來描述這類垂直關係，但從廣泛的意義來看，它意指垂直供應鏈內任何的雙向關係（two-way relatronship），且通常可簡稱為「合夥關係」（partnering）。很顯然的，供應商夥伴關係乃「顧客夥伴關係」的另一面，因此其與前面曾討論的「夥伴」（partners）之間的一般關係，在一些相關的觀念上是可相互適用的。因此，我們沒有必要重複討論第六章曾提及的供應商—顧客關係之類似的觀念。然而，前面章節雖已從消費性商品與服務（即一般所稱的企業對消費者，或B2C）的角度，對關係的大多數（但未必全部）觀念詳細討論過，但本章將進一步集中在供應鏈的上游之關係的探討。有關上述之最普遍的說法乃是所謂的「企業對企業」（B2B）的關係，此一名詞最常套用在「工業品與服務行銷」的領域。

前面我們亦曾論及組織間關係與人際關係等的概念，如同 Hakansson and Snehota（1989）所指出的，當我們討論B2B的關係時，乃意謂著「沒有任何企業可自立於一個孤島」；也就是說，大多數的 B2B 市場存在相互依賴的本質，某類型或另一類的企業關係是無可避免的。相互依賴或可定義為，沒有倚賴某一方的協助，則另一方便無法獲致所追求的目標（Rousseau *et al.,* 1998）。在無限供應的情況下，沒有必要進行組織間的互動，但在匱乏的環境下，組織間的交換便有其必要性（Levine and White, 1961）。討論B2B關係的主要問題是，由於存在許多各種不同類型的關係，它們全都含有「關係」這個名詞，因此有可能過於一般性而無法提供更完整與更具體的見解（Blois, 1999）。然而，本章將儘可能的嘗試處理此一難題。

貳、企業對企業（B2B）關係的相關研究

工業行銷與採購學會（Industrial Marketing and Purchasing Group; IMP）早期的研究工作，即已深入探討 B2B 市場之複雜性與其間的關係（Naude and Holland, 1996），並由此引導出此產業部門之關係理論的發展與應用。事實上，該學會最早所發展出來的理論即隱含著，關係可提升績效（O'Toole and Donadson, 2000），且提供了一些理論基礎作為往後關係行銷研究的發展方向。「關係」之重要性的體認乃源自真實世界的一些例證，且由此累積許多事實證據，而逐漸的推翻供應商與其顧客之間敵對關係的傳統觀點，並逐漸走向以合作為基礎的一種新型態之關係（Christopher *et al.*, 1991）。Brennan（1993）即指出：

> 在企業對企業（B2B）行銷的研究領域中，其研究人員大都會與 IMP 學會聯想在一起……，他們所發表的研究成果大都支持如下的主張：公司間的購買與銷售必須視為相關聯的活動，且行銷功能至少亦須專注在公司間關係的發展與管理，並如同傳統的行銷組合之管理一樣。

IMP 的研究者指出，研究方法主要分為兩種層次，第一種層次「包括短期的事件……即有關商品與服務、資訊，及財務與社會層面等的交換」；而第二種層次則為長期的過程，著重在角色與職責的調適與制度化（Grönroos, 2000）。Webster（1992）亦認為，在 B2B 領域中存在「一種明確的演變趨勢，從敵對的交易與傳統的階層、官僚式的組織，朝向更具彈性的夥伴、聯盟與網絡的組織類型」。針對上述的論點，Häkansson and Snehota（2000）指出，IMP 在 B2B 市場的研究奠立了下列四項基礎概念：

℘ 存在於買方與賣方之間的關係。
℘ 企業關係乃由網絡來連結。

💡 關係是一種組合（combination），包括市場與階層（hierarchy）等要素。

💡 關係是一種對抗性的（也因此亦是創新的）（relationships are confrontational and therefore innovative）。

參、企業關係

　　雖然我們不能過度強調 IMP 的研究在有關產業關係之研究領域中的重要性，但「交易的夥伴關係」（trading partnership）早已存在，而非新的觀念。在 B2B 行銷的領域中，與長期關係有關的概念，已存在一段相當長的時間，且在實務界中亦行之有年（Barnes, 1994）。例如，公司員工與雇主／主管之間的人際關係，長久以來即頗受買方與賣方組織及這些組織內的個人所重視（Blois, 1997）。B2B 交換雙方之間的關係「連結」（bonding），絕非二十世紀才有的現象，在工業革命之前，這類的關聯性早就相當盛行於買賣雙方之間。部分的原因是，在動盪的、較少的法律規範及通常會有某種程度的風險市場上，必須與你所信任的另一方做生意（Sheth and Parvatiyar, 1995）。事實上，一般認為唯有大眾市場的配銷有所成長與定型化，配銷鏈中的交易雙方之傳統關係才有可能加以擴張。

　　配銷鏈上這類處處可見的緊繃壓力，在有品牌的供應商與其零售商之間的關係是最為明顯的，雖然雙方都將焦點放在最終的消費者身上，且他們個別的目標有很多重疊的部分，但其在策略的執行上卻大異其趣。在所謂的「行銷之金色年代」期間（約從 1950 年代到 1970 年代中葉），有品牌的供應商擔負了個別品牌之發展所須的融資，且亦主宰與操控了整個配銷的手段，而較為少見的情況是，品牌所有者與零售商共同合作以達成可滿足雙方目標的成果。相反的，最為常見的倒是，供應商採用「拉式策略」（pull strategies），其做法即是「越過零售商這個環節」而追求獲致吸引顧客的目標。即使是採用「推式」（push）策略（有效的運用交易誘因與促銷，透過配銷鏈來推動產品），他們亦傾向於將之視為「一次就結束的」（one-off）戰術，而絕非是策略性的合作活動。零售商在這類活動中對任

何一個供應商，似乎並未擔負任何責任，他們較為關注的是整體的利潤邊際，而非特定的品牌。

1975 年左右，供應商與零售商之間權力的平衡似乎出現了變化，尤其是在FMCG的產業部門，但仍尚未有走向合作的趨勢。隨著大型超市零售商之權力的成長，供應商往往被逼得必須彼此一決勝負。關於某一方的產能資訊以及另一方的銷售資訊，都被視為具有高度的商業敏感性，導致某一供應商或顧客彼此間的不信任變成一種常模。

唯有透過供應鏈之向前或向後的「購併」而形成垂直整合，如此才有助於資訊順暢的往供應鏈的上游或下游流通，當然此時仍存在某種程度的障礙。此類的購併之最常見的理由是，保障供應的來源（向後整合）或保障產品市場的銷路（向前整合），至於資訊流通的效率之改善倒成為次要的利益。不幸的是，約有 90%的購併案例並未獲得原先期望的報酬（Reed, 2000）。這類形式的整合之問題在於，資金的需求與彈性的缺乏，而它們通常會導致事業單位之間的資金補助與移轉性定價，作為保護內部事業單位免於遭受市場環境因素的威脅（Sheth and Sisodia, 1999）。此種期望藉由購併來獲致有效能與有效率的配銷綜效之風潮，乃是 1970 年代與 1980 年代主流的公司策略。隨著二十世紀進入尾聲之際，許多企業深深的體認到，經由協調整合供應鏈之要素所追求的理論上的利益，可能是另一種獲致效率與效能之更佳的途徑，企業不再想要包辦供應鏈之全部或大部分的活動。相反的，它們致力於將組織的努力與資源集中在其「核心能力」（core competance）上，此一思考模式衍生出許多可行的概念與做法，諸如委外（outsourcing）與合夥（partnering）等。

委外策略亦非新的概念，如同 Gummesson（1999）所指出的「自製或外購」（make or buy）之決策，過去以來一直都是製造業之重要的課題。無獨有偶的，合夥的概念在過去即有許多的先例，縱使在供應鏈上的各成員仍普遍存在不信任感，但卻有一些夥伴關係的案例，它們被視為規則上的例外。存在於公司之間的夥伴關係有各種不同的類型，諸如 Whirlpool 與 Sears 及麥當勞與可口可樂，且後面的案例已維持五十年以上（Sheth

and Parvatiyar, 1995）。然而，過去似乎僅侷限在一些公司，但目前卻已
發展成為主流的策略。

肆、合　夥

　　合夥有各種形式，因此很難有一個足以涵括所有合夥關係之一般化的
定義：

　　　　合夥是顧客與供應商組織之間的一種關係，當合夥的雙方體
　　　認到彼此的主要目標是相容的，若能發展密切的關係，則雙方的
　　　聯合行動將可提高效率與效能。

　　由此可知，發展夥伴關係之最主要的理由，在於改善效率與效能，並
藉以提升價值創造之系統與功能（Brennan, 1997）。Sheth and Sisodia
（1999）認為，買方與賣方經由合夥可獲致垂直整合方面的許多優點，且
可免除因購併所衍生的問題。他們認為這類優點包括：

- 降低交易成本。
- 確保供應來源。
- 改善協調的效率。
- 提高進入障礙。

　　此種買方與賣方的合作型態，本質上亦有多種不同的做法，包括建立長
期的契約承諾、個人資訊的公開與分享，及生產、運送和購買流程的調適以
迎合買方與賣方之要求與需要（Palmer, 2000）。此種流程的調適在汽車製造
業與 FMCG 配銷業中特別盛行，因為這些產業中快速流暢的補貨（replenish-
ment）策略〔如「及時」（just-in-tine）策略〕，對於競爭優勢的取得是非
常重要的。至於在零售業中，這類的補貨策略通常都與供應商／零售商的協
作（supplier/retailer collaboration; SRC）有密切的關聯。GEA 顧問公司

在一項針對可口可樂的調查研究報告中（1994），曾將 SRC 定義如下：

> 零售商與供應商彼此分享特有的內部與外部資料，及在制定
> 利益分享的明確目標之決策中，採用共通一致的政策與流程。

科技的精進已驅使這類資訊的交換，比起過去所能想像的還要順暢。目前已開發出來的系統可讓某特定的供應商監測其任何產品的銷售情況。這類變動中的觀念與便利的科技，其所帶來的成果是供應商與零售商似乎改變了其以往做生意的方式，且彼此視對方為結盟者而非供應鏈中的必要（但敵對）之成員。

顧客—供應商之合夥關係的發展，在過去十幾年來已發展得非常快速。B2B 產業部門的利潤邊際似乎愈來愈微薄，因此更需要進一步的提升其效率與效能。快速的科技發展提高了研究與發展（R&D）的成本，並打開了將產品與服務行銷至市場的「機會之窗」，且時間更為縮短，也因此迫使公司必須採行聯合研究專案與聯合產品開發方案等的做法（Sheth and Parvatiyar, 1995），與全面品質管理有關聯的理念及配銷通路之有效率與效能的管理等因素，都促使顧客與供應商之間資訊的流通更具迫切性。

伍、文化的差距

合夥的一個很重要的關鍵是，夥伴公司之間都彼此很了解。具體而言，對彼此組織文化的認識與接受，乃是成功的企業關係之關鍵（Phan *et al.*, 1999）。Kanter（1994）曾提及，在選擇夥伴時，「來電」（chemistry）與「相容性」（compatibility）是很重要的考量，且合夥的成功與否，人的因素要比財務或策略等的因素更重要。事實上，不僅是組織間對文化的接受度，而文化風格與組織心態的調適，都可讓夥伴關係更為欣欣向榮。Brennan（1997）指出，在比較「舊式的」（old）與「所想要的」（desired）組織間文化時，文化的等級必須加以區分，如此才有助於關係的發展（參見專欄 8-1）。

專欄 8-1

公司的組織文化

舊式的組織間文化

我們都投入一場遊戲；如果我們贏了，則代表他們輸了。

資訊就是權力；我們對他們知道得愈多愈好，他們對我們知道的愈少愈好。

信任別人就像是傻瓜一樣。我對待我的對手如同斤斤計較的談判者，我信任他，倒不如將他推得遠遠的。

他們試圖操控我們，且我們亦試圖操控他們。

個人的成功在於贏得勝利；如果我持續的讓對手做出讓步，那麼我的事業將可輝煌騰達。

所想要的組織文化

我們所參與的是一場正數和的遊戲：我們必須一起致力於提高我們事業成功的機會。

資訊共享是個關鍵；除非我們有很大程度的分享資訊，否則無法將我們共同的效率與成果最大化。

信任會自然形成與發生：我們將逐漸的了解彼此是值得信任的，且這有助於改善關係的效能，因為我們不再彼此監視對方。

這是一項有價值的關係：我的對手不太可能只是為了短期的利益，而做出傷害我的情事。

個人的成功在於雙方都成功：如果我能說明此種關係的優勢對我的公司之成功有很大的貢獻，則我的事業將可輝煌騰達。

（資料來源：Brennan, 1997）

顧客與供應商組織之合夥協議的達成，往往是經由其員工在個人層次與組織層次上來引導整個關係的發展。雖然一些實證研究顯示，個人之間連結力（bond）可能會因某一方人員的離職而產生鬆動或遭致瓦解的現象，但不可否認的，這些人員之間的連結力在關係持續期間內仍是具有很大的影響力。此外，社會性連結力一直被視為具有降低賣方對風險的認知，且可簡化再次下訂單的程序（Palmer, 1996）。這類社會性連結力可藉由創造其他情境、正式會議之外部場合的交流，以及多方的觀察夥伴等方式，有助於關係中的雙方建立信任的基礎。

陸、夥伴關係的成本與利益

根據 Brennan（1997）的說法，走上夥伴關係一途，其主要目的在於能改進價值創造系統之運作的效率。他直截了當的指出：

> 如果對整體系統的效率未有任何改進，則夥伴一方的獲利將以另一方作為犧牲的代價，此時雙方處於「零和遊戲」的局面，且將會回到傳統的敵對關係。合夥關係唯有處在「正數和的遊戲」才得以繁榮興盛，此時採用夥伴關係的方法來做生意才會有實質的經濟利益。

根據其對汽車產業的研究，Brennan 指出採用夥伴關係做法的供應商與顧客，其所能獲得的利益主要包括下列幾項：

- 供應商得以深入的了解顧客的需求，且顧客會積極的提供有關產品開發的建議。
- 供應商的人員更熟悉顧客之「做生意的方式」，如此將有助於降低對顧客的誤解以及改進回應的速度。
- 供應商的涉入愈深（如「成為工作團隊的成員」），且在新專案與新產

品的早期階段即參與其中，則愈能加速「產品上市的速度」。

- 對顧客的「銷售成本」得以降低或消除。
- 供應商不至於暴露在市場中危險的地方，此乃因為對未來的收益能有更大的掌控能力。
- 「供應商夥伴」通常可享有取得顧客長期計畫之資訊的特權，使其居於積極主動的地位，可取得「有利的供應商」地位，確保未來仍會被顧客選為往來的供應商。
- 資訊流通的數量愈來愈多，且資訊的可信度也會提高。
- 雙方專注在價值鏈之重要活動的能力，可讓雙方專心發展各自的「核心能力」，而非核心能力的部分則可委由值得信任的夥伴來執行。

然而，夥伴關係的發展亦須花費成本，Brennan（1997）認為採用夥伴關係之顧客或供應商，其可能的潛在成本包括下列數項：

- 基於激烈的競爭所產生出來的「市場誘因」將會減少（或變得不明顯）（亦即，供應商或顧客可能因自滿而帶來的風險）。
- 外部供應商很有可能沒有機會與這些有利的供應商競逐訂單。
- 對不佳的夥伴給予負擔沉重的承諾之風險（養肥了這些素質不佳的馬）。
- 沉入的成本（與特定的顧客或特定的供應商之實體或人力資產的投資有關）在夥伴關係的範圍外一點價值也沒有。

如同任何一種策略的發展一樣，在進一步推動任何夥伴合作協議之前，皆須經過相當謹慎的評估成本與利益的階段。

柒、權　力

權力的不均衡與某一夥伴對另一方依賴的程度有直接的關聯，它亦是傳統與關係的研究之核心議題（Wilson, 2000）。在組織間的關係中，「權

力的均衡」很少是對稱的（Gummesson, 1999），亦即總有一方比較強勢。如同 Gummesson（1994）所指出的，在一個不完全的市場中，某種程度是可以接受的；但從福利的角度來看，長期而言可能無法被接受。例如，被迫害的一方在起爭執的期間若有機會居於上風，則它們可能採取比無法控制整個情勢時，更具侵略性的抱怨解決策略（Boote and Pressey, 1999）。

在關係中的權力與依賴對於雙方之相對重要性，可能發揮很大的作用（Storbacka *et al.,* 1994）。在不均衡權力之情勢下──一方較為強勢，而另一方居於劣勢──Palmer（1996）稱此種情況為「缺乏對稱性的依賴」──可能會促成某一方致力於追求短期的利益，而「均衡或對稱的依賴關係則意謂著對雙方彼此的保障，且會形成一種合作誘因來維持關係」（Palmer, 1996）。根據 Weitz and Jap（2000）的說法，關係中的夥伴雙方若有相等的權力，則較可能致力於建設性的衝突、解決。如果權力不均衡，則擁有較大權力的一方較不會致力於聯合問題的解決。這也難怪會有許多小型的企業或中型企業（small and medium-sized enterprise;SMEs）會處在權力不均衡的關係中，因為其間往往有大型公司的干預。因此，有人認為，小型企業在許多低度開發的社會中，由於其在一個「封閉的社群中」營運，因此買賣關係的素質較佳（Palmer, 2000）。

對任何一種關係來說，權力的不平衡最終註定會瓦解的，因此，成功的夥伴關係應謹慎地設計與規劃其合作協議，盡可能地讓權力／依賴達成均衡，避免不必要的問題發生。在任何特定的時間，夥伴的某一方可能是淨利得者（net-gainer），此時他之所以不會「切斷關係而走人」（cut-and-run），乃基於其認為唯有透過持續不斷的關係，將來的利得才有可能實現（Dodgson, 1993）。

捌、B2B 夥伴關係的黑暗面

如同我們可預期到的一樣，潛在的夥伴關係仍存在許多的陷阱（除了上述與成本和權力不均衡有關的問題外）。在任何一種關係中，不一致的

情況很有可能發生，事實上是無可避免的，在買方—賣方交換的情境內所發生的抱怨行為，其與消費者行為的抱怨情境下是有很大不同的，前者可能涉及更複雜的情況（Boote and Pressey, 1999），如果夥伴認知到這種不一致是一種解決問題或讓問題浮現之有效的方式，而非導致惡言相向、關係破裂並走向尋找新夥伴的途徑時，它反而是一種「正向」有利的循環（Hunt and Morgan, 1994）。即使當不一致發生最嚴重的情況，威脅到被迫脫離關係的情景，此時亦可能受限於離開障礙的存在，因為當初發展關係時已投入龐大的沉入成本。當投資、調適及分享的科技達到某一程度，這種隨著時間所建立的結構性連結（structural bond），將促使夥伴很難中止此一關係（Wilson, 1995）。在關係中，這種戰略行動空間的受限即為一項主要的負面因素（黑暗面），夥伴若掉入這種情境，則出現類似第五章曾提及的「虛假忠誠」之觀念。

　　另一種潛在的黑暗面則與關係的長度有關，雖然我們一般都認為，關係愈長久則獲利愈大，但長期的關係仍存在一些黑暗面，關係中存在固有的缺點，且會延續到任何期間（Grayson and Ambler, 1999）。例如，一個符合邏輯思考的觀點是，若與供應商或顧客長期間「過從甚密」（too cosy），則可能存在很多的缺點，且實務上這些缺點可能遠超過合夥所獲致的優點（Brennan, 1997）。Moorman *et al.*（1992）曾研究過服務提供業者間的夥伴關係，發現若關係過於長久則有可能變得了無新意，或者夥伴間在思想上變得太相似，以至於對雙方都沒有加值的效果。Palmer（2000）亦指出，買方與賣方關係「動態的緊張壓力」乃是獲致價值傳送之持續改善所必要的動力，長期關係若呈現穩定且可預測的狀態，則缺乏創新事物的張力，Palmer 認為，若缺乏這類的張力，則將呈現「受騙的買方將缺乏抱怨的意願」，且將「導致夥伴雙方很難獲致合作的利益」。

　　因此，關係中似乎隱藏著一些累贅多餘的因素，使得彼此之間不會經常性的再度投資。事實上，根據一些相關的研究指出（Grayson and Ambler, 1999），許多夥伴都不能走進如下的階段，即他們開始認為該是更換夥伴的時刻了。值得注意的是，在某些產業中，「新鮮的點子」是重要的

資產（如廣告業），也因此關係（與客戶或代理商）的更迭更被視為是必要的。

有些人對 B2B 夥伴關係會產生的抱怨是，它不但無法代表一種新型態的業務之發展，而只是在這種新的偽裝面貌下之「老套的」交易行銷。例如，在某些產業中可能體認到，雖然個別的公司不再彼此競爭對抗，但卻呈現「供應鏈」與「供應鏈」之間的競爭對抗（Christopher, 1996），以及「網絡」與「網絡」之間的競爭對抗（Doyle, 1995）。未來可能有另一波的挑戰，此即夥伴關係具有反競爭的涵義，此時合夥將被看作是一種過程，即賣方僅會尋求一組有限的買方（Palmer, 1996）。當社會連結力伴隨著緊密的組織間關係且變得相當普遍時，將帶來另一種風險，因為它們可能導致經濟性的無效率，且更糟的情況是，導致買方與賣方網絡的瓦解（Palmer, 1996）。Palmar(1996) 指出，諷刺的是，西方國家的公司在尋求緊密的關係之際，這些公司卻可能遭受來自其政府的壓力，要求他們摒棄類似日本國家所推行的實務。

最後，雖然學術界及一般性和商業媒體都強烈的指出買方與賣方之合作關係會有愈來愈增加的趨勢，但此一趨勢並非遍及各行業，且亦有一些證據顯示採行策略的光譜（連續帶）將可獲得利益。例如，Cannon and Perreault（1999）指出，通用汽車（GM）採用對抗（非合作）的戰術來壓低成本，而克萊斯勒汽車則主動積極地與供應商合作，以追求彼此類似的目標。

摘　要

　　本章針對企業對企業（B2B）領域中，垂直供應商—顧客關係（夥伴）與水平（合作）關係兩種類型加以區別。我們詳細的探討與供應商—顧客夥伴（或合夥）有關聯的垂直關係之類型，並建立了這類關係之一般性的目標，即主要在於改進加值系統之運作的效率與效能。我們指出了了解組織文化的重要性，以及若未配合這類組織文化的特質來作變革，則很可能會慘遭失敗。此外，本章也討論了形成夥伴關係的各種理由，以及說明這類夥伴關係相關聯的利益與成本。最後，本章亦論述所謂的關係之「黑暗面」。

討論問題

1. 請區別垂直與水平關係兩者之異同。
2. 夥伴雙方之間的權力均衡，其在關係發展中扮演著何種角色？
3. 為何企業對企業（B2B）比企業對消費者（B2C）的關係，更有可能發展較密切的連結？
4. 為何合夥關係有可能導致本章所述的「市場動機或誘因的減少（或消失）」？

個案研究

購買甚麼（What to buy）

網路的盛行促成許多公司皆想要將其所有的營運系統與網路加以連結──從人力資源到製造系統皆如此，但這並非是一件容易的事。即使是資訊科技產業的能力可做到，但仍很難確保不同的系統彼此間可加以連結。

企業與會計軟體開發協會Basda的首席高級主管Dennis Keeling指出，「在今日，一般的中小型企業之會計、製造及物流系統等，大部分都是獨立的。」

然而，此現象正逐漸在變動中，Keeling先生說道：「新的軟體，諸如微軟的 Office 2000 等，可讓使用者上網，並可利用自身所提供的功能收發電子郵件；至於在讓不同的客戶使用套裝軟體之相容方面，亦有了很大的突破。」

Keeling先生進一步指出，在過去兩家公司之間會計系統的資料傳送主要是採用電子資料交換（electric data interchange；EDI）方式，但此種方式愈來愈昂貴，時至今日，它對一些大型的公司，諸如 Tesco、General Motors 及福特等公司，已無法像小型公司那麼有效，「然而去年網際網路──特別是由 IBM、微軟及其他公司等所推出來稱為可擴張的加成語言（extensible markup language；XML）之標準級──已逐漸被用來從事不同系統間的文書檔案之傳送與交換。」

Basda 已開發出一套 XML 為主的規則（稱為 Basda e-BIS Initiative），可允許客戶之間的套裝軟體透過網際網路來傳送採購訂單，此套系統在這個月於 UK Softwork 會議中亮相過，當場示範數家客戶套裝軟體之間採購訂單的傳送，諸如 Geac 與 TAS 等公司。

根據 Basds 的說法，它的架構很容易在四或五天內便可附加在客
戶的套裝軟體上。

　　它亦可透過電子郵件將採購訂單傳送給小型企業，即使這些
企業沒有記帳軟體亦然。為了能察看與列印採購訂單，任何的接
收者所需要的是微軟最近所推出的瀏覽器 Internet Explorer5.0。

　　此外，發貨單亦可使用此系統來交換，之後便可傳送一些便
條、回報函、Barkers Automated Cleaning Services (BACS) 之匯款
通知，最後即可付款完成此項交易。此套系統提供開發者免費使
用，可自 www. biztalk. org 或 www. xml. org 網站下載。

　　Keeling 先生亦指出，「Basda 亦允許用來與英國政府機構交談，
談論一些有關如何調整此系統，使它能用電子方式來傳送報稅文
件；且此項業務已開始進入自我評估的階段，我們也正規劃在四
月前傳送一些文件。」

　　對繳交國家規定的保費給福利機構（benefits agency）之企業
而言，這套以 XML 為主的系統可用來作為繳款的工具與管道。
Keeling 先生認為，此套架構亦有助於人力資源與製造系統透過網
際網路來進行交流。

　　Computing Services and Software Association（CSSA）的總經
理 John Higgins 亦認為，能夠與網際網路連上線是非常重要的。
他說：「正規劃購買新的後場辦公室（管理室）系統的企業，應
該了解這些系統如何與 e 化企業整合，對這類後場辦公室的供應
商而言，這是他們所必須特別重視與注意的一個領域。因為大多
數購買者都會想要尋找與 Web 有良好連結的介面。」

　　Higgins 先生認為，購買者亦須思考將其系統與 Web 連結之
績效的涵義。他引用了一家公司的例子，該公司將其資料庫與
Web 連結，結果發現內勤人員與網際網路使用者在搜尋資料時，
速度變得非常慢。

結果，該公司必須購買第二個資料庫，擺放在兩者的中間，以求能加快速度，且公司目前必須花費很多的時間與精力來確保此兩個資料庫包含相同版本的資料。

獲致網際網路績效與連結效率之水準，將有助於企業被隔絕於世。為達此一目標，另有一種戰術，此即購買以 Windows 為主的軟體。

Keeling 先生提出警告，「未堅決要求自己的軟體與 Wintel (Windows/Intel)的標準互相一致之企業，可能會有麻煩。即使本身擁有強大的 IT 技術之大型企業，亦都會購買以 Windows 為主的軟體，諸如企業資源規劃系統 SAP/R3。但是外面仍然有許多的套裝軟體，並無法以 Windows 的格式來顯示資訊。」

Catalysis 的經營主管 Peter Sive 是一位 IT 通訊顧問的專家，他說：「小型公司一般所面臨的困境不是那些無法相容的系統，而是要將這些系統透過網路連線但卻非常的複雜。」Catalysis 使用 Windows NT 在其伺服器系統上，以將它的所有 PC 連結成電腦網路。

Sive 先生指出，即使擁有自己的IT職員，但對小型公司而言，Windows NT 本身就存在某種程度的難度。Sive 先生說：「在透過 e-mail 接收資訊時，不相容的檔案格式也是一個很大的問題。我們一直採用 Apple 的系統來傳送 JPEG 圖形檔案，但我們確實需要將之轉換成 PC 的格式，否則此時便無法開啟此檔案。」

幸運的是，一些 IT 公司，諸如 IBM、Intel 及微軟等，正想辦法幫小型公司彌補此一鴻溝，因為這些小型公司逐漸發展成一個龐大的市場，如果順利的話，這也意謂著，將有更簡單與更佳的方式可將每件事物加以連結。

（資料來源：Joia Shillingford, *Financial Times*, 21 October 1999）

個案研究問題

- 本個案所介紹的系統認為它可帶給小型企業相當多的利益。從 RM 的角度來看，這些利益可能是什麼？

參考文獻

Barnes, J.G. (1994) 'Close to the customer：but is it really a relationship?' , *Journal of Marketing Management,* **10**, 561-71.

Blois, K.J. (1997) 'When is a relationship a relationship?', in Gemünden, H. G., Rittert, T. and Walter, A. (eds) *Relationships and Networks in International Markets.* Oxford; Elsevier, pp. 53-64.

Blois, K.J. (1999) 'A framework for assessing relationships', competitive paper, European Academy of Marketing Conference (EMAC), Berlin, pp. 1-24.

Boote, J.D. and Pressey, A.D. (1999) 'Integrating relationship marketing and complaining behaviour: a model of conflict and complaining behaviour within buyer-seller relationships', competitive paper,European Academy of Marketing Conference (EMAC), Berlin.

Brennan, R. (1997) 'Buyer/supplier partnering in British industry: the automotive and telecommunications sectors', *Journal of Marketing Management,* **13** (8), 758-86.

Cannon, J.P. and Perreault, Jr, W.D. (1999) 'Buver-seller relationships in business markets', *Journal of Marketing Research*, **36** (4), 439.

Christopher, M. (1996) 'From brand values to coustomer values', *Journal of Marketing Practice,* **2** (1), 55-66.

Christopher, M., Payne, A. and Ballantyne, D. (1991) *Relationship Marketing.* London: Butterworth Heinemann.

Dodgson, M. (1993) 'Learning trust and technological collaboration', *Human Relations*, **46** (1), 77-95.

Doyle, P. (1995) 'Marketing in the new millennium', *European Journal of Marketing,* **29** (12), 23-41.

GEA Consulting Group (1994) *Grocery Distribution in the 90s: Strategies for the Fast Flow Replenishment,* GEA/Coca Cola.

Grayson, K. and Ambler, T. (1999) 'The dark side of long-term relationships in marketing', *Journal of Marketing Research,* **36** (1), 132-41.

Grönroos, C. (2000) 'The relationship marketing process: interaction, communication, dialogue, value', in 2nd WWW Conference on Relationship Marketing, 15 November 1999-15 February 2000, paper 2 (www.mcb.co.uk/services/conferen/nov99/rm)

Gummesson, E. (1994) 'Making relationship marketing operational', *International Journal of Service Industry Management,* **5**, 5-20.

Gummesson, E. (1999) *Total Relationship Marketing: Rethinking Marketing Management from 4Ps to 30Rs.* Oxford: Butterworth Heinemann.

Hunt, S.D. and Morgan, R.M. (1994) 'Relationship marketing in the era of network competition', *Journal of Marketing Management,* **5** (5) 18-28.

Håkansson, H. and Snehota, I (1989) 'No business is an island: the network concept of business strategy', *Scandinavian Journal of Management,* **4** (3), 187-200.

Kanter, R.M. (1994) 'Collaborative advantage', *Harvard Business Review*, July/August, 72 (6), 96-108.

Levine, S. and White, P.E. (1961) 'Exchange as a conceptual framework for the study of inter-organisational relationshins', *Administrative Science Quarterly*, **5**, 583-601.

Moorman, C., Zaltman, G. and Deshpande, R. (1992) 'Relations between providers and users of market research. The dynamics of trust within and between organisations', *Journal of Marketing Research,* **29**, 314-28.

Naudé, P, and Holland, C. (1996) 'Business-to-business marketing', in Buttle, F. (ed.) *Relationship Marketing Theory and Practice.* London: paul Chapman.

O'Toole, T. & Donaldson, W. (2000) 'Relationship governance structures and performance', *Journal of Marketing Management,* **16**, 327-41.

Palmer, A.J. (1996) 'Relationship marketing: a universal paradigm or management fad?', *The Learning Organisation,* **3** (3), 18-25.

Palmer, A.J. (2000) 'Co-operation and competition; a Darwinian synthesis of relationship marketing', *European Journal of Marketing,* **34** (5/6), 687-704.

Phan, M.C.T, Styles, C.W. and Patterson, P.G. (1999) 'An empirical examination of the trust development process linking firm and personal characteristics in an international setting', *European Academy of Marketing Conference* (EMAC), Berlin.

Reed, D. (2000) 'Rank and file', *Marketing Week*, **9**, March, 3.

Rousseau, D.M., Sitkin, S.B., Burt, R.S. and Camerer, C. (1998) 'Not so different all: a cross discipline view of trust', *Academy of Management Review*, **23** (3), 393-404.

Shaw, E. (2003) 'Marketing through alliances and networks', in Hart, S. (ed.) *Marketing Changes*. London: Thomson, pp. 147-70

Sheth, J.N. and Parvatiyar, A. (1995) 'The evolution of relationship marketing', *International Business Review,* **4** (4), 397-418.

Sheth, J.N. and Sisodia, R.S. (1999) 'Revisiting marketing's lawlike generalizations', *Journal of the Academy of Marketing Sciences,* **17** (1), 71-87.

Sheth, J.N. and Parvatiyar, A. (2000) 'The evolution of relationship marketing' in Sheth, J.N. and Parvatiyar, A. (eds) *Handbook of Relationship Marketing*. Thousand Oaks CA: Sage, pp. 119-45.

Storbacka, K., Strandvik, T. and Grönroos, C. (1994) 'Managing customer relations for profit: the dynamics of relationship quality', *International Journal of Service Industry Management,* **5**, 21-38.

Webster Jr, F.E. (1992) 'The changing role of marketing in the corporation', *Journal of Marketing,* **56** (October), 1-17.

Wetiz, B.A. and Jap, S.D. (1995) 'Reltionship and distribution channels', *Journal of the Academy of Science*, **23** (4), 305-20.

Wetiz, B.A. and Jap, S.D. 'Relationship marking and distribution changels', in Seth, J.N. and Parvatiyar, A. (eds) *Handbook of Relationship Marketing*. Thousand Oasks, CA: Sage, pp. 209-44.

Wison, D.T. (1995) 'An integrated model of buyer-seller relationship', *Journal of the Academy of Marketing Science*, **23** (4) 335-45.

Wison, D.T. (2000) 'An integrated model of buyer-seller relationship' in Sheth, J.N. and Parvatiyan, A. (eds) *Handbook of Reltionship Marketing*. Thousand Oaks CA: Sage, pp. 245-70.

第九章

外部夥伴關係

學習目標

1. 水平夥伴關係
2. 網絡
3. 產業協同合作
4. 外部協同合作
5. 關係生命週期
6. 立法權、代理權及
   壓力團體的關係

前言

　　前一章我們曾區別垂直關係（合夥）與水平關係（合作）兩者之間的差異。本章將著重討論這類水平的關係；如同前述，它是由配銷通路之同一階層的組織所形成的關係（包括競爭者），它們會為了追求共同的利益而合作與結合。此外，本章亦將探討其他的關係（例如政府機構），但嚴格來說，並非屬於商業活動（雖然每種關係都有影響組織之商業活動的潛力）。

壹、水平關係

　　過去數十年來，競爭者之間或互補性的競賽者之間的水平夥伴關係，在數目方面即有相當高的成長（Sheth and Sisodia, 1999）。事實上，根據報導，這類的協同合作關係已重大的改變了競爭的局勢（Thomas, 2000），並相當程度的擴大了公司間關係的複雜度。根據資源依賴理論的觀點（Varadarajan and Cunningham, 2000），很少組織在重要的資源上能夠自給自足，但這並非形成組織間關係之唯一的理由。組織之所以會建立聯盟、夥伴、合資、授權協議及網絡等各種關係，其可能的原因包括全球化的來臨、科技的快速精進、產業版圖的變動以及顧客要求愈來愈多等（Shaw, 2003）。

　　與前一章相同的是，本章亦完全集中在企業對企業（B2B)的市場領域，雖然消費者網絡（特別是透過網際網路，參見專欄 9-1）關係亦開始大幅度的成長，且仍處在早期發展的階段，但其在可見的未來將扮演著非常重要的角色（參見第十章）。在 B2B 的領域中，各種協同合作與網絡的關聯與關係，目前已有明顯的發展。此外，一個相當明顯的事實是，前一章所討論的許多「更高層次」（higher forms)的關係，在 B2B 的發展上可能比在大多數的消費者市場上更有其發展的空間。

專欄 9-1

消費者網絡關係的發展

雖然消費者網絡關係（有效的消費者合作關係，以達成某一特定的目標），在今日的經濟社會較少存在，但卻有許多事例顯示它們在未來將會蓬勃發展。在過去，家人與朋友必須在一起才有可能以較低的價格進行大宗購買（例如，向屠宰場購買整隻的牲畜），事實上，合作運動（Co-operative Movement）的起源之後，即已聚集了消費者的消費力量，並形成一股強勁的力量。最近幾年來，「共享投資組合」（share portfolio）俱樂部盛行，它聚集了一些資源來削減成本與共享決策制度，可提升潛在的效率與效能。此類型的合作在擴展其配銷協議上通常存在一些地理區域的限制，即可能因而增加了成本。此外，當會員的分布愈擴，通常其合作的機會也愈少，因為彼此碰面的機會不多，然而網際網路的出現，消除了這種地理區域的限制。目前已存在許多有關美國的消費者這方面的案例，即他們對其所欲購買的新車之定價覺得太高，於是便利用網際網路來搜尋其他潛在的購買者，結果，由於有較多的訂單可與經銷商交涉，最後終於能以較低的價格買到新車。這類的消費者網絡，很顯然的擁有強大的力量，不論他們是否分散各地，此問題已不是很重要了。為能獲致成功，他們必然非常依賴一位「領導的夥伴」（leading partner），這位夥伴可有效的執行中間商或「經紀人」（middleman）的功能，領導的夥伴是顧客或供應商的角色，其間的區別也因而變得模糊不清。Chaffey *et al.*（2000）發現到存在另一種類型的市場

中間商,他們可為客戶帶來許多利益。這些學者指出,「當顧客愈來愈了解到資訊的價值,且網際網路的科技能夠有效保護有關其上網與交易等的私人資訊時,將促使這類充當『顧客代理人』的中間商,有絕佳蓬勃發展的機會。」對於這類新興的「資訊中間商」(infomediaries)之收益的唯一來源,乃是他們為其客戶所創造出來的價值。

貳、關係的研究

根據 Blois(1998)的說法,一位觀察家監看兩個組織的行為,當存在下面的情境時,他便可評估此兩組織之間關係的現狀:

- 在交換進行的情況下,彼此對合約的條件皆充分了解。
- 即使在一段很長的時間後,他們仍可觀察此一交換過程。
- 參與者會提出解釋,說明為何會採取他們所觀察到的活動。

受限於某些可採行的量測方法,使得這類型的研究在 B2B 的領域中可能被視為相當直接的途徑。事實上,許多研究者(特別是 IMP 學派的學者)對此產業部門一直採用一種相當明確的方式,可非常詳盡的探討夥伴公司與其員工之間的互動。這與消費性產品部門(B2C)相對照之下(該領域中大多數的關係皆為非契約式的,且消費者的動機往往是隱藏起來),想要評估這類關係似乎頗為困難。此外,許多消費者很少有動機想要去解釋他們所採取的行動(即使他們真的知道為何會採取這些行動),也因此在 B2C 的領域,RM 的研究者會遭遇許多困境,這是顯而易見的。

由於 B2B 行銷領域更為開放,使得此領域已存在相當多的相關文獻之研究,雖然未必都是如此(特別是在使用語言來描述關係的研究),但過去

已有相當豐富的例證說明，為何網絡與協同合作關係已愈來愈被採納。

參、網絡與協同合作關係

有關網絡（networks）、協同合作（collaborations）及其他相關聯的名詞（如聯盟），其用法與涵義似乎頗為分歧與混淆。這些名詞的意義會因不同的作者而有不同的說法，且通常會交互使用，亦與其所描述的情境有關。在本章中，我們所抱持的看法說明如下：

1. 網絡

網絡被認為是一種個人（而非組織）之間的關係，「網絡成員」（net-workers）偶爾以有系統的（但更常是以特別的）方式接觸其成員。依據Chaston（1998）的說法，這些「人員接觸的網絡」，「形成了正式或非正式的合作關係，而個別的企業主／經理人則藉著這種關係，在其市場上與其他人彼此尋求建立相互的連結，其主要目標在於獲取必要的資訊與知識，以使組織的績效獲致最佳化。」

2. 協同合作

協同合作的關係則被視為一種組織間更正式的關係（其意義是指他們都站在整個公司的立場來行事）。這些關係可能是契約式的，但如同Gum-messon（1999）所指出的，「信任未必可自契約而獲致保障，且那些認為律師可預防協同合作的風險與障礙的人，則可能受到矇騙。」然而，根據企業特有的本質，它們很可能涵括更正式的會議以及涉入一些協議與程序的建立，並以協同合作的形式與本質來呈現。

一、網絡

網絡是1990年代頗流行的用語，且在新的千禧世紀之初也持續獲得共鳴。由於網絡關係更具個人化而非組織化，因此大家普遍認同它在較小而

非更大的規模上更具效力。例如，一般認為人員的網絡提供了小型公司更多的機會，更可讓這些小型公司有效的與大型的公司相互競爭抗衡（Chaston, 1998）。

一個網絡是由一群個人所組成的（參見圖 9.1），雖然個人很可能有其組織的歸屬感，且可使用由網絡關係所衍生出來的利益來提升其個別公司的績效。根據 Keegan（1999）的說法，全球性企業的高階主管其資訊來源管道約有三分之二以上是來自人際來源。有些企業會致力於網絡關係的繁榮發展，而其他企業則實際上主要仰賴由其員工所發展出來的人際接觸的網絡（如金融服務業）。一般而言，大多數的公司皆體認到由其員工與相關的和競爭公司，所發展出來的人際接觸的網絡之價值，其他產業與其他具有影響力的參與者(如政府機構)，並特別鼓勵這類網絡關係的建立。

非正式與特別的接觸是相當重要的，這些網絡參與者之間的正式關係未必是存在的，甚至有可能被政府法令所禁止（例如，當網絡的成員有任何操控市場的傾向）。儘管只有這類非正式的接觸，但這類的網絡可能非常堅固且維持長久，社會關係並未被阻隔，且事實上通常是有如一種「強力膠」，可用來將網絡成員緊密結合在一起。

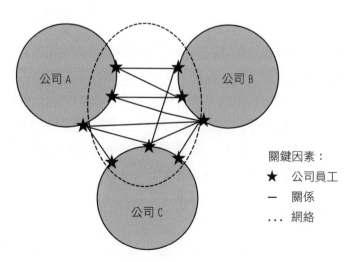

🐾 圖 9.1　企業對企業（B2B）的網絡

　　網絡既非一種新的現象，亦非一種介於可接受與不可接受之商業關係行為間的模糊地帶，但它卻引發一些新的爭議。例如，公司在招待方面是否要明文規定？某一決策者與潛在的供應商彼此從事社交活動是否會成為不公平的利益輸送？組織的會員結成親戚關係是否符合倫理？組織的社會性會員，諸如同濟會會員（Freemassons）、扶輪社、甚至是勞工的俱樂部，若較無法為外界所接受，則對可加入的會員類型必須有明文規定。然而，很明顯的事實是，網絡組織愈來愈複雜且成員間的相互依賴也增加，導致其後相關的研究與分析顯得過於簡單化（Palmer, 2000）。

二、協同合作

　　根據 Doyle（1995）的看法，未來企業所存在的矛盾在於是否能成為一成功的國際性競爭者，亦或公司亦可成為一家被賦予重任並受到信任的合作廠商。過去十幾年來，許多學者對於市場上較常見的合作類型之描述，一直存在很多的爭議，這類關係的數目與範圍，通常會引發對井然有序的分類架構提出挑戰。例如，Brandenburger and Nalebuff（1996）便創造了一個辭彙「合作競爭」（coopetition），用來描述這種競爭與協同合作同時存在的反常事例（也許剛開始時會有這樣的想法）。實際上，「合作競爭」這個名詞在之前被用來描述諸如聯盟、夥伴、合資、聯合研發（R & D）、少數股權投資、交叉授權（cross-licensing）、原料供應的關係（sourcing relationship）、共品牌（co-branding）、共同行銷（co-marketing）、及其他合作的類型等，這些用語皆可用來描述類似的觀點，即欲在全體市場上贏得競爭之「關鍵的必要條件」（Sheth and Sisodia, 1999）。

　　如同我們所看到的，協同合作之如此的盛行，使得十幾年前的一些舊行銷概念必須以合作行為的相關名詞來改寫。例如，Gummesson（1999）即修正 1980 年代的「競爭力」（forces of competition）模式（包含現有的與潛在的競爭者、顧客與供應商；Porter, 1995）；他進一步的闡釋「就 RM 的精神來說，關係力量（非競爭力）使聯盟因而誕生」，政府在「協同合作的協議上」亦扮演著愈來愈重要的角色，且亦重新詮釋反競爭的立法，

以便將合作的條款列入考量（例如，在"Star Alliance"中的某些夥伴，受到美國政府之反托拉斯法案的保護；詳見本章末的個案研究）。

然而，協同合作不應該被誤解為利他主義，或是競爭的結束；事實上，在某些產業中，競爭甚至比以前更為激烈，因為它已演變成一個「聯盟」與另一個「聯盟」的戰爭，並企圖獲致更大的市場占有率（如航空業）。此外，一般的看法是，若未受任何的限制，則協同合作關係從某個角度來看亦具有反競爭的涵義（Palmer, 1990）。它們創造出「權力網絡」，並進而創造部分封鎖的市場（partly locked markets）（Gummesson, 1999）。由於這類協同合作關係擁有如此龐大的力量，使得全球各地的立法機構皆會密切監察這些協同合作協議，且已發揮制裁的作用，若有必要的話，則可加以制止（參見專欄 9-2）。

肆、協同合作的類型

協同合作可大概分為下列兩種類型：

⚲ 產業協同合作（industry collaboration）：協同合作的對象可能是同一市場領域中的競爭者，而其目標可能包括提升配銷通路的效能與效率、服務或使用其他的支援性設施，以及追求市場的成功或成為市場的主宰。

⚲ 外部協同合作（external collaboration）：參與協同合作的組織（通常是來自不同的產業）都擁有許多不同的技能，並可帶給此一關係的競能（competence）與資產，而外部協同合作的目標通常在於取得新市場領域的優勢，或提升既有的市場部門之差異化。

一、產業協同合作

隨著企業逐漸察覺到「正數和遊戲」（positive-sum game）的可能性之後，產業合作已逐漸變成重要的行銷策略，此時從事某種程度的合作可

獲致更大的價值創造，且擴大了所有參與者的市場（Sheth and Sisodia, 1999）。產業協同合作並非一種新的現象，存在數個世紀之久的商業公會，有助於提升某特定產業的成長，這類的組織早已建立一些合作條款，可經由大家一致認同的標準以及通常採一般性的廣告，以共同開發市場（如 British Meat、International Wool Secretariat）。這種基於合作而提升整個市場規模之相關的利益，比只嘗試個別的增加市場占有率要多出許多。

根據 Sheth and Sisodia（1999）的說法，市場占有率將持續成為重要的概念，但與產業協同合作相較之下，它基本上僅是一個「零和」或「輸贏」的主張。大多數的學者皆認同，協同合作（如合夥）若能成功的話，其目標將著重「雙贏」的關係；此外，公平亦將扮演著非常重要的角色。在此類型的關係中，雙方必須彼此公平且以視為夥伴的方式對待，否則很有可能某一方會祕密的操控另一方（Gummesson, 1999）。

因此，市場占有率的思考必須以「市場成長導向」來取得平衡，亦即由整個產業的協同合作來共同提升整體的市場成長，它通常比個別公司獨自進行要來得便宜（Sheth and Sisodia, 1999）。此外，Gummesson亦曾提出所謂的「心照不宣的聯盟」（tacit alliance），亦即經由諸如產業共識來達成，且將促使所有的成員皆採取一致的行動。這類「心照不宣的聯盟」之正面效果是，它們會逐漸的在該產業中注入一股道德行為規範；然而就負面的情形來看，它們有可能仍維持著過去不佳的實務作為，而犧牲了產業之未來的發展。

二、聯盟

目前產業協同合作發展最快速的領域是所謂的聯盟（alliances），這是一群或數群競爭者（與整體產業相互對抗）的協同合作，主要在獲致成本與效率的目標。策略聯盟的一種極端情形是涵括所有的功能領域；另一種極端則可能僅限定在某單一功能領域（如行銷）或單一價值活動的範疇內（Varadarajan and Cunningham, 2000）。例如在航空業中，聯盟的發展似乎是最為盛行的（參見專欄 9-2 與個案研究），對航空公司而言，這類

聯盟所涉及的目標包括改進競爭力、提高銷售量、增加收益與降低成本，而這些目標或可經由目的地、時刻表、訂位系統、售票與地勤人員等活動與項目的協調合作而達成（Gummesson, 1999）。

產業驅動（industry-driven）的聯盟似乎已有段頗長的歷史，它可追溯到二十世紀初，Associated Merchandising Corporation（AMC）便是其中一個典型的例子。AMC 於二十世紀初成立，其目的是為北美的許多百貨公司（包括 Bloomingdales of New York, Filenes of Bostons, Bullockls of Los Angles 及其他）取得商品貨源，這些百貨公司在剛開始的時候都是獨立作業的商店，到最後每家公司都持有 AMC 的一些「股份」。雖然這些商店的所有權目前集中在少數幾家大型公司手中，但它仍在傳送協同合作所獲致的利益之基礎下繼續營運著，以期能為其「成員」商店創造低成本的商品與有效率和有效能的銷配。在日本有所謂的類似集團的產業，即大家所熟知的「產業集團」（Keiretsus），這些產業集團是由彼此互動與相互依賴的公司之複雜的網狀組織所組成，彼此間的合作猶如一個體系（系統），它們共享技術與資源，以期能獲致競爭優勢（Chaston, 1998；Varadarajan and Cunningham, 2000）。

專欄 9-2

英國航空公司之「一個世界的聯盟」

航空業在協同合作上的複雜度，或可由 Nigel Piercy 所撰寫的這篇短文窺知一二，他所描述的是英國航空公司（British Airway; BA）1997 到 1999 年的「聯盟協商」（目前，它已成為「一個世界」（One world）的會員之一，參見第三章）。

從 BA/AA（美國航空公司）所提議的聯盟作為基礎，BA 承諾於新的「One world」品牌大傘之下，致力於更大網絡的營運。在朝向此一目

標之發展過程中，雖然與 AA 的聯盟已被「美國與歐洲之立法者」所阻斷，但它仍作出一些貢獻。在此建立過程中的關鍵步驟是，於 1998 年推出的「One world」品牌之宣言，包括：

1997 年 8 月──Virgin 的 Richard Branson（是 BA 的競爭策略之長期的反對者）發出了一個令人驚訝的新聞稿，宣稱 BA 已在進行一項「神秘的全球之舉」，包括 BA/AA 與日本航空和 KCM 之聯盟，皆應立即中止。

1997 年 9 月──計畫將西班牙的伊伯利亞半島納入聯盟的範疇觸礁，但在 1998 年 1 月之前，AA 與 BA 所協商的共用班機（code-sharing）之協議出現轉機，且在伊伯利亞半島所持有的股權再度由 AA 與 BA 搬上檯面討論，結果雙方皆擁有 10% 的股份。

1993 年 10 月──BA 與芬蘭航空公司在斯堪的那維亞半島共同宣稱結成行銷與網絡聯盟，以挑戰斯堪的那維亞航空體系〔是 Star Alliance 的一支（參見個案研究）〕。

1998 年 1 月──BA 與 Lot Polish 航空公司宣稱結成事業夥伴，以對抗 Lufthansa 在波蘭的勢力。

1998 年 5 月──BA 與美國航空公司因彼此的歧見，雙方的聯盟被迫中止，其前奏曲乃是美國航空公司加入 BA/AA 的聯盟（AA 與美國航空公司已締結行銷協議）。

1998 年 9 月──BA/AA 擴大其聯盟的範圍，納入香港的 Cathay Pacific、澳洲的 Quantas 及加拿大航空公司。

1998 年 9 月──BA 正式宣告 One world 聯盟的品牌名稱。

1998 年 9 月──雖已精心設計以規避法律的議題，但歐洲的 Commissioner 則宣告他正在調查，並可能採取行動。

1998 年 12 月——由芬蘭政府掌控的芬蘭航空公司宣布加入 One world 的行列。

1999 年 1 月——日本航空公司計畫與 BA 和 Cathay Pacific 引進共同班機的業務，此舉可視為亞洲最大的航空公司走向聯盟的行動。

（資料來源：摘自 Piercy, 1999）

一般常見的情況是，一家公司可同時隸屬數個合作聯盟，其中有些彼此間是處在競爭狀態的。例如，航空公司可能屬於以銷售為目標的聯盟，但亦同時屬於某一引擎維修的聯盟團體——此時，可能提供服務給銷售競爭聯盟的航空公司（Palmer, 2000），此類型的聯盟在密度與持續時間方面皆可能有很大的差異，且亦可能為一次短暫的專案（one-shot projects），有時間限制但持續的合作，或雙方極為親密使得下一個步驟便進行合併（Gummsson, 1999）。

三、協同外部合作

協同合作通常意指組織間的各種協定，且會因不同的產業部門而有很大的差異，而彼此皆可為關係帶來不同的技能、能耐及資產。產業間的協同合作通常受到下列因素的驅策，「產業的聚合效應以及這些新興產業所生產的產品（或服務）所採用的科技之複雜性與多樣性」（Varadarajan and Cunningham, 2000）。這些關係各有不同的目的，包括改善所提供的整套提供物（如英國航空公司與 Hertz 之間的協同合作），在現有的產業部門創造獨特的競爭優勢（如 Sky 電視公司與 Granada 電視公司和各種不同的足球大聯盟之球隊的合作）。另一方面，它們亦可能為了共同開發新的市場領域而合作（參見專欄 9-3 與專欄 9-4）。

專欄 9-3

Handbag.com

依網際網路的術語 Handbag.com 是一個「垂直式入口網站」（vertical portal 或 vortal），其目標鎖定在女性市場。垂直式入口網站是一種與其他網站（通常是零售商網站）有連結的網際網路之網站，其收益主要來自廣告與贊助費用的收入。Handbag.com 於 1999 年 10 月創立，是產品與美容產品零售商 Boots 與 Hollinger Telegraph New Media 彼此以 50/50 的比例所合資之事業；Boots 公司對此項合資事業所帶來的貢獻是，針對網站的女性目標市場零售的豐富經驗，Hollinger Telegrarh New Media 公司（Hollinger International 之媒體經營與投資事業部）所帶來的貢獻則是，網際網路刊載與發行之豐富的經驗，而包括 Electric Telegraph，其為英國最佳的線上新聞 Web 網站之一。

專欄 9-4

超級市場集團與美國網際網路公司的合資

Tesco 是一家超市集團，它已同意在未來的三年內投資一千八百萬（一千二百萬英鎊）於 web 網站，目標鎖定在女性市場，並與美國的一家 web 公司合創 iVillage 公司。此項合資的舉動反映了最近朝向實體內容公司（content company）之一般趨勢，諸如 iVillage 與傳統的零售商形成夥伴關係。此外，Boots 於去年推出 Handbag.com 時，即建立了類似的合作聯盟，它是一個與媒體集團 Hollinger Internation 相互競逐女性市場的入口網站。iVillage 的創辦人兼首席執行長 Cardice Carpenter 說道：「對我們而言，今後最佳的方向乃是與諸如 Tesco 等著名的品牌結成夥伴關係。」

此一新的網站加入了相當擁擠與競爭激烈的女性 web 網站市場之行列，而此一市場中尚包括 Charlottestreet.com（circkcle 與 Beme.com 的結合），iVillage.co.uk 將提供各種類別的網站內容，其涵括的主題諸如工作、兩性關係、育嬰與妊娠等。Carpenter 女士說：「iVillage 涵蓋女性生活的重要層面，其構想係源自每個人未必都有相同的觀點。」iVillage一直都與其他的潛在夥伴洽談，而其中以媒體公司為主，Carpenter 說：「之前我曾未聽過 Tesco，直到我碰到它且了解其一切狀況，在美國似乎並沒有任何一家公司與其類似。」

Tesco 指出，iVillage 將提供額外的社群話題內容，這是一個吸引上網人潮之不錯的管道，且可獲致顧客所提供的回饋資訊。Tesco.com 的一位主管說道：「它改善了我們 e-commerce（電子商務）所有網站的內容，並支援了我們走向非食品領域的廣泛目標。」

Tesco 與 iVillage 總共投入了七千萬於行銷、品牌建立、現金與資源，以挹注 iVillage.co.uk。Carpenter 指出，她預期將可吸引十六萬個英國網路使用者來登錄註冊到此美國網站上，以使用此一新版本的網站。

在美國歷經一段動盪的時期後，iVillage 決定擴展至海外的其他國家，在那些國家，其 Nasdaq 股價指數由於受到一些企業對消費者（B2C）網際網路公司之興起而遭致負面的衝擊，此一股價於三月時在 24 元左右浮動，而在四月時竄升到 114 元，隨後即一蹶不振跌至 7.5 元。

iVillage 亦曾經歷過管理階層之高度的流動率與經營方向之變革的時期。這個月初曾傳聞它在一家嬰兒產品零售商 iBaby 銷售其資產，由於此一銷售獲致相當的成效，使得該公司決定從 e-commerce 的模式轉向專注於網站內容的經營。

Forrester Research 公司的一位分析家 Rebecca Ulph（這是一家網際網路研究公司）指出：「iVillage 的目標顧客與 Tesco 的非常匹配，因此能吸引到更多的成熟女性，以及一些想在家裡購物的家庭主婦。」

（資料來源：*Financial Times*, 20 July 2000）

目前我們正處在「新興市場不斷竄起」的年代，尤其是那些與近代科技進步有關的產業部門，因為若能採取協同合作行為，則預期會有最大的成長潛力。如同 Doyle(1995)所言：

> 這是一個外部「協同合作」的「領域」，它對傳統的行銷觀點產生了重大的變革。……明日的行銷經理將會更廣泛的描述其周遭環境，及檢視任何組織的能力（capabilities）與資源，期能尋求可擴展市場規模的合作對象。這類外部的資源可能是新產品、其他的配銷通路、製造能力，或更一般性的知識，可共同來開採。

伍、發展協同合作的關係

任何類型之成功的協同合作關係並非一夕之間便可造就出來，而是需要長期間的發展，所想要的親密程度及關係的複雜度，通常與其所維繫的時間長度有關。協同合作的關係會隨著雙方的互動、溝通頻率、持續時間及挑戰的多樣性等因素而漸趨成熟，使得關係夥伴有進一步的接觸與面對面相處的機會（Lewicki *et al.,* 1998），最後則演變成組織之結構性資本的一部分（Gummesson, 1999）。Tzokas and Saren（2000）認為，此一發展過程可稱為「關係生命週期」（relationship life cycle），它包含數個不同的發展階段，此兩個學者亦認為，每個階段各自涉及一些獨特的需求要件與機會。圖 9.2 繪示了這些生命週期的階段。

Tzokas and Saren 指出，在週期中的每個階段皆會有特定的知識之需求條件。例如在導入階段，夥伴會對彼此的能力與關注的事物尋求相互的了解，以及在策略、行為、文化及目的之間，皆能相互「匹配」（fit）；在此階段，信任是奠基於理性的評估之基礎上。在實驗階段（experimental stage）始進行第一項聯合的任務，以測試關係的效率與效能，並協助

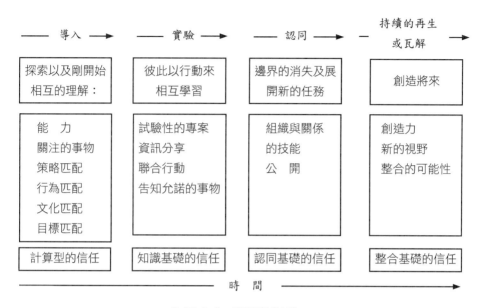

☺ 圖 9.2　關係的階段

（資料來源；摘自 Tzokas and Saren, 2000）

協同合作雙方對彼此的能力加以評價；此階段中，信任被認為是奠定於合夥運作的知識之基礎上。在認同（identification）階段中，更親密與更具企圖心的協同合作關係就此展開，且組織間的邊界可能開始消失，為了維護協同合作的策略性目標與方向，此時迫切需要組織與關係的技能，認同階段的信任，具有價值觀共享的涵義，且亦變得愈來愈明顯。在最後的持續更新（continuous renewal）或瓦解（dissolution）階段，存在兩種可能的情況，如果關係已走完其整個過程（例如，若雙方已經厭倦），則關係的瓦解乃是最終的結果；另一方面，如果夥伴另發現有新的任務要執行，且有能力與意願重新再投資此一關係活動，那麼雙方的關係便又會開創另一春，此階段的信任乃是後續運作的主要成份。

　　Tzokas and Saren 的模式說明了協同合作關係之各種可能性，這類關係的存在隱含著某種程度的相互依賴，使得某一夥伴的能力在沒有任何約束的情況下，可讓另一方受惠（Brennan, 1997）。然而，對此一模式，仍

須提出一些值得關注的「忠告」，當關係是否被弱化或被強化，乃與某特定時點所認知的需要有關，因此關係發展的階段未必是單向的。此外，若夥伴缺乏強烈的關係而僅滿意於現狀，則關係未必會走向「組織間邊界逐漸消失的」階段。

陸、關係的黑暗面

許多不同的環境因素皆會影響合作關係的穩定性（及可接受性），包括社會上一般的價值觀，它會反映交換活動的進行，以及在該社會中個人所採取的行動與反應之經歷（Palmer, 2000）。合作與勾結（collusion）之間很可能僅是一線之隔（Sheth and Sisodia, 1999），且不同的社會較傾向依據已建立的國家法律實務來界定此一界線。例如，在日本其可接受的合作行為，在美國與歐盟國家便可能被視為違反競爭的規則。甚至在一般狀況的國度內，亦傾向於「移動此一分界線」以為自己公司的自利行為找到正當性。 例如，Palmer（1996）即指出這似乎是相當諷刺的，雖然西方國家的企業會尋求親密的關係，但這些公司中有許多是被政府所迫而不得不採行，而這類的實務在日本是無法被接受的。

作業上的缺失亦可能帶來嚴重的傷害。根據 Palmer（2000）的說法，若合作過於泛濫，則可能促使市場的效率與效能下降（如日本配銷通路之間存在相當廣泛的合作關係網絡，它至少比一般的通路多出三個階層，結果整個配銷體系的價格大幅提升）。在系統中更常發生的情況是，社會關係往往與商業關係複雜交錯，導致「利他行為」被某一方無限擴張，作為保護另一方權益的藉口（如所接受的商品無法符合其價值的期望）（Palmer, 2000）。另一個與建立關係有關的問題是「文化的衝突」（culture clash）（參見第八章），兩個公司文化之間的潛在爭鬥是相當危險的。根據 Gummesson（1999）的觀點，價值體系與文化衝突之間的對抗，是一種法則而絕非是例外的情況。以另一個（可能是協同合作）系統來取代某個競爭體系的價值，亦是頗令人質疑的。如同 Palmer（2000）的說法：

　　　　合作性的行銷聯盟之發展，可能帶來組織網絡之間的競爭對
抗（而非個別組織之間），這是一種網絡組織（而非個別公司）
之利己行為的本質。

　　行銷人員若錯誤的解讀夥伴與雙方的合作路線，以及這類的關係僅是
階段性的而非全盤的新方向，那麼危險仍可能存在的。可以確定的是，雖
然合作協議的數目會持續增加，但有許多例證顯示大型的購併亦將更快速
的形成。例如，Time-Warna, Carlton-Granda 與 Seagram's/Universal 等合
併案例，它們最近則結合成大規模的公司。根據 Reed（2000）的說法，
1999 年合併與購併的數量是前一年的 2 倍。此外，亦有證據顯示協同合作
者之間的股權投資之數目大幅增加，這些合資在將來皆有可能進一步合併。
另一方面，這也可能只是反映出市場的多樣化，以及採行策略光譜（連續
帶）的必要性。

　　若要確保成功，則協同合作必須要不斷的耕耘與培植。Gummesson
（1999）指出，這些問題都是與關係的維持有密切關聯，他認為：

　　　　婚姻顧問所提供的忠告似乎特別適用於想加入聯盟行列的公
司——慎選你的夥伴、對雙贏的關係作投資、對你的夥伴持續保
有吸引力、發展一個完善的經濟收入來源之計畫，以及尋求所有
參與者皆能分工合作的方式等。尋求不錯的心靈共鳴是必要的，
即使它未必是熱情如火的戀愛，儘管如此，我們也知道在不確定
的情況下決定先同居，此時會發生什麼事誰也不知道。

柒、其他種類的關係

　　除了本章與前一章所討論的各種關係外，尚有其他重要且與外部有連
結的關係，包括：

♀ 地方、國家及超國界的立法機構（者）。

♀ 全國與國際性的機構。

♀ 壓力團體。

一、立法者（機構）

　　長久以來，公司即體認到與立法者維持良好的關係是非常重要的。畢竟立法者在其權力範圍內，可能對完善的商業組織帶來很大的利益或危害。然而，在各種不同類型的關係之間存在很大的差異，即立法者對不同的私人企業有不同程度的影響。雖然商業性公司（在反競爭法案所規範的範疇內）無須與其他團體建立深入的關係，但在大多數的西方經濟體制中，與立法者之間的關係（非敵對關係），往往被視為有官商勾結之嫌疑，而認為此類情事未必會發生，乃是天真的想法。然而，雙方也都了解到彼此之間存在界限（雖然不是很明顯），可避免這種勾結情事的發生。

　　「遊說」是一個較為概括性的說詞，通常用來描述足以影響政府的行動與措施，雖然此一名詞儘管有些爭論但仍具影響力，而其一般的涵義是「影響或勾引」（政治人物），且除了進行直接的辯論外，尚有相當多的技術可用。例如，遊說可能會採用資訊傳送的形式（確保立法者擁有相關的資訊來做決策）、影響力（確使公司或產業的地位是明確的）、一般的「公共關係」活動（如社會事件、輿論等）及政治團體的基金募款。

　　由於擁有政府（或未來可能的政府）的耳目人士被認為是相當重要的，因此投入資金在這類活動上是值得的（且通常是濫用）。一般而言，也僅有企業才具備足夠的財力來進行這類政治遊說的活動。另一方面，當政府可與合法的利益團體進行政策的討論，這才是最佳的民主作為（Baines *et al.*, 2004）。公司亦認為將特定的政治人物帶領至其企業內是有用途的，可達提供建議與進行遊說之目的。例如，在英國最常見的利益團體乃是「House of Common's Register of Members'Interest」，其經費來源是由那些想利用該團體的組織所捐獻的基金（Filkin, 2000）。根據 Filkin 於

1997 年英國大選所做的調查指出，約有二百四十九個英國國會議員擁有這類「顧問」的頭銜。這類頭銜由於受到輿論所施加的壓力，於是一些新的法條與其他的輿論促使至 1999 年之前人數已降至一百人以下，且在 2000 年 6 月更降至四十人左右；此外，可接受與不可接受之影響力之間的界線，似乎仍是非常的模糊。

　　另外，我們亦不應該忘記，政府機構（地方、全國及跨國界）是非常大規模的現有與潛在的顧客；因此，從供應商的角度來看，關係的維持亦是其致力追求的目標（Zineldin, 2000）。然而，對此一既定的公共部門客戶，用來發展人際關係所須花費的水準，（在技術上）是受到嚴格限制的，而此一情況在其他的所有市場上未必是如此。

二、機構

　　如同立法者一樣，地方、全國及國際性的機構，其在許多產業中（如道路工程與營建業）亦具有相當大的影響力，因為它們通常都握有政府的耳目人士，因此在很多的情況下皆控制了龐大的購買力。這類「機構」的影響力在許多的國家中（如英國、紐西蘭等）皆有大幅度的成長，使得相當多在以前是由政府部門掌控其營運的機構，目前皆已被民營化。如同立法者一樣，此類關係的程度乃是由一般的實務所決定。之前由政府所經營的企業（如英國郵政局），其自由度愈大的話，則意謂著這些組織與其在私人部門之間的正式和非正式關係，其所受到法規（書面與非書面）的束縛就愈少。然而，此類組織的高階公眾人物通常很難確保這類關係的水準，達到與其他商業性公司之間所建立的關係程度。

三、壓力團體

　　有愈來愈多的壓力團體其行動亦足以影響公司經營的成敗，若與這類壓力團體發生衝突，則可能遭受不公平的對待，就如同小機構對上大組織或多國籍公司一樣。然而，它們對於消費者與立法者亦有相當大的影響力，且幾乎與規模不成比例，諸如 Shell 與麥當勞之類的公司之案例，皆可作為

此一事實的明證,通常(但未必總是如此)商業組織會發現自己與這類團
體是相對立的,雖然想達成完全的協議是不太可能的,但此時若能與這類
團體保持良性的對話管道則是有益的。

捌、結　論

　　毫無疑義的,在許多產業中,水平的關係在目前與未來,其重要性愈
來愈顯著。Gummesson(1999)認為,對諸如康寧(Corning)之類的集團
企業,由於其經營策略相當集中,使得這類公司稱自己為「組織的網絡」;
他亦指出,光就五家美國企業集團,便已涵括了四百個正式的聯盟與無數
多個非正式聯盟,而這些聯盟包括 IBM(136)、AT&T(77)、HP(65)、Di-
gital Equipment(63)及 Sun Microsystems(45),在那些由新科技所驅
動的產業,這類策略(聯盟)的價值是相當顯而易見的。

　　然而,我們並無法保證此類的合作關係最後都會開花結果。McKinsey
所做的一項研究中(引自 Gummesson, 1999),調查四十九個協同合作的案
例,其中約有三分之一是失敗的。雖然整體來說,協同合作對某項作業是
有益的,且對效率與效能亦是有貢獻的,但這類的結果未必全然會有好的
結局。關於各類協同合作之成效如何,有些重要的決策必須加以決定,包
括親密的程度與可能的持續期間;此外,公司亦不應該僅是制定「協同合
作」的策略,對於這類策略之執行在整個關係走上正軌時亦是相當重要的
議題。

摘　要

　　本章探討水平夥伴關係以及組織外部之其他可能的夥伴關係。值得注意的是，競爭者與其他互補性競賽者（參與者）之間的這類協議似乎有遞增的趨勢，且他們可能是、亦可能不是來自單一產業。另外，本章亦區別了「網絡」與「協同合作」兩者之間的差異，並進一步將後者依「產業協同合作」來細分，通常可與競爭者協同合作，以及與其他公司進行「外部的協同合作」，而這些公司可提供夥伴不同的技能、能耐及資產等。本章指出成功的協同合作關係並非一夜之間所創造的，並說明了關係發展中每個階段之特徵與要素，此即「關係生命週期」的觀念。此外，與政府、相關機構和壓力團體之間的關係亦是相當的重要，這在本章中亦有討論。

❂ 討論問題

1. 請區別網絡與協同合作策略之間的差異。
2. 協同合作與勾結兩者之間的分界線，你如何確定？
3. 請舉例說明：(a)產業協同合作與(b)外部協同合作。
4. 為何組織會想要與消費者或其他壓力團體維持關係？

個案研究

Star Alliance 為顧客每年節省了一億

伊利諾大學之一項有關航空業共用編碼航班與免除反托拉斯等之利益的研究中，曾引用了聯合航空公司的例子作為進一步說明航空公司之聯盟對顧客所帶來的顯著利益之事證。

根據美國運輸部門所編輯的 1999 年第三季國際航空費率的資料，該項資料顯示，旅客的航程若涉及兩家有結盟的航空公司之航線，一般都可獲得低價位機票的好處。在涵括兩家有結盟的航空公司之航線的特定航程之案例中，若此兩家公司實施了共同編碼航線與具有反抗托拉斯之免疫力，則其所獲得的成果是，平均票價比今日所使用的兩家航空公司之間（interline）聯合定價的票價，低了 27%左右。此項研究亦特別引用 Star Alliance 航空公司為顧客每年節省了一億的例子，作為共用航線與反托拉斯免疫兩者之聯合成果的例證，而此兩項合作項目皆為目前 Star Alliance 會員所採用者。

伊利諾大學的經濟學教授 Jan K. Brueckner 於 2000 年 7 月完成該項研究。Brueckner 亦預測，若美國的反托拉斯免疫法在未來能普及 Star Alliance 內的所有航空公司（目前尚未普遍實施），則每年可為旅客帶來二千萬費用的節省，只要他們是搭乘 Star Alliance 內的兩家航空公司之結盟的旅程便可獲得該項好處。

在 Brueckner 教授該項研究的結論中指出：「除了享有航空公司合作所可能帶來的便利之利益外，需要轉機的旅客在機票方面亦能獲得實質的利益，亦即付出較低的票價，這些都是合作行為所創造出來的成果。」此外，Brueckner 亦將旅客所獲得的節省之利益，大部分歸因於 Star Alliance 的數位會員享有反托拉斯免疫

權；他認為：「Star Alliance 夥伴所享有的免疫權，可為轉機旅客創造出每年約八千萬的整體利益。此外，Star 夥伴之間的共用編碼航線（code-sharing），每年亦可帶來約二千萬的利益。因此，此兩項現有的合作形式為聯盟的轉機旅客所創造的利益每年約有一千萬。」

International and Reguatory Affairs 的 United Airline 副總裁 Michasel Whitaker 認為這是一項令人振奮的研究結果；他說：「這些結果足以說明，除了所有的舒暢服務之利益外（這是 Star Alliance 的顧客過去三年來一直享受到的），Star Alliance 的會員因享有反托拉斯免疫權，因而可帶來更低航空票價之顯著的利益」。在剛開始時，Star Alliance 即一直提供顧客享有暢遊全球各地的旅遊經驗，這項暢遊無阻的服務猶如搭乘同一架飛機一樣。2000 年 7 月所做的研究結果顯示，當暢遊無阻的標準服務被納入定價的決策之後，航空界每年即省下了數千萬美元。」

此項研究將轉機旅客之航空費率降低的理由，歸因於兩家結盟的航空公司因提供了三種合作的層次所導致的結果：

合作的層次	*費率的降低*
共同編碼的航線	7%
聯盟的會員費	4%
反托拉斯免疫權	16%
總　　計	27%

Brueckner 的研究主要以旅程為基礎，即起點與目的地都在美國境內，以及兩家橫跨大西洋結盟的航空公司，或美國與加拿大之間的航線，並將其與兩家航空公司從相同的起點到相同的目的地之航線作比較，且後者未擁有反托拉斯免疫權。Star Alliance 的會員中，Air Canada、Lufthansa German Airlines、SAS Scandinavian Airlines 及 United Airlines 等，皆享有反托拉斯免疫權。

　　有關此項研究之完整的報告可上網至 www.brueckner-report.
com 閱覽。

　　United Airlines 每天提供二千四百多次的航班，飛往二十六個
國家的一百三十四個不同的目的地，其範圍涵括兩個美國領土。
United Airlines 的網址為 www.united.com。

　　Star Alliance 現有的會員包括：Air Canada、Air New Zealand、
All Nippon Airways、Ansett Auetralia、Austrian Airlines Group
（包括 Australian Airlines、Lauda Air 及 Tyrolean Airways 等公司）、
British Midland、Lufthansa German Airlines、Mexicana、Scandinavian
Airline System（SAS）、Singapore Airlines、Thai Airways Interna-
tional、United Airlines 及 VARIG Brazilian Airlines。整個 Star Al-
liance 網絡每天提供了超過九千二百次航班，飛往涵括一百三十
個國家的一百三十四個目的地。Star Allianc 的網址為 www.staral-
liance.com。

（資料來源：PRNewswire, Chicago, 24 August 2000）

 個案研究問題

1. Star Alliance 的顧客所獲得的「暢遊無阻的服務利益」，究竟是
   什麼？
2. 參與此類聯盟關係的航空公司，究竟有何優點？

參考文獻

Baines, P., Egan, J. and Jefkins, F. (2004) *Public Relations: Contempory Issues and Techiques*. Oxford: Elsevier.

Blois, K.J. (1998) 'Don't all firms have relationships?', *Journal of Business and Industrial Marketing,* **13** (3), 256-70.

Brandenburger, A.M. and Nalebuff, B.J. (1996) *Cooptition*. New York: Doubleday.

Brennan, R. (1997) 'Buyer/supplier partnering in British industry: the automotive and telecommunications sectors', *Journal of Marketing Management,* **13** (8) 758-76.

Chaffey, D., Mayer, R., Johnston, K. and Ellis-Chadwick, F. (2000) *Internet Marketing*. Harlow: Pearson Education.

Chaston, I. (1998) 'Evolving "new marketing" philosophies by merging existing concepts: application of process within small high-technology firms', *Journal of Marketing Management,* **14**, 273-91.

Doyle, P. (1995) 'Marketing in the new millennium', *European Journal of Marketing,* **29** (12) 23-41.

Fildin, E.(2000) 'House rules', *RSA Journal,* 34-5.

Gummesson, E. (1999) *Total Relationship Marketing: Rethinking Marketing Management from 4Ps to 30Rs.* Oxford: Butterworth Heinemann.

Keegn, W. (1999) *Global Marketing Management*, 6th edn. Englewood Cliffs, NJ: Prentice Hall.

Lewicki, R.J., McAllister, D.J. and Bies, R.J. (1998) 'Trust and distrust: new relationships and realities', *Academy of Management Review,* **23** (3), 438-58.

Palmer, A.J. (1996) 'Relationship marketing: a universal paradigm or management fad?', *The Learning Organisation,* **3** (3), 18-25.

Palmer, A.J. (2000) 'Co-operation and competition; a Darwinian synthesis of relationship marketing', *European Journal of Marketing*, **34** (5/6), 687-704.

Piercy, N. (1999) *Tales From the Marketplace: Stories of Revolution, Reinvention and Renewal.* Oxford: Butterworth-Heinemann.

Porter, M.E. (1985) *Competitive Advantage.* New York: Free Press.

Reed, D. (2000) 'Rank and file', *Marketing Week,* **9**, March, 3.

Shaw, E. (2003) 'Marketing through alliances and networks' in Hart, S. (ed) *Marketing Changes.* London: International Thomson Busineaa Press, pp. 147-70.

Sheth, J.N. and Sisodia, R.S. (1999) 'Revisiting marketing's lawlike generalization', *Journal of the Academy of Marketing Sciences,* **17** (1), 71-87.

Thomas, M.J. (2000) 'Commentary: princely thoughts on Machlavelli, marketing and management', *European Journal of Marketing,* **34** (5/6), 524-37.

Tzokas, N.and Saren, M.(2000) 'knowledge and relationship marketing: where, what and how?', in 2nd WWW Conference on Relationship Marketing, 15 November 1999-15 February 2000, paper 4(www.mcb.co.uk/services/conferen/nov99/rm).

Vardarajan, P.R. and Cunningham, M.H. (2000) 'Strategic alliances: a synthesis of conceptual foundations' in Sheth, J.N. and Parvatiyar, A. (eEds) *Handbook of Relationship Marketing.* Thousand Oaks CA: Sage, pp. 271-302.

Woodall, P. (2000) 'Untangling e-conomics: a survey of the new economy (Part 1)' e-businessforum. com, *The Economist,* **27**, September.

Zineldin, M. (2000) 'Beyond relationship marketing: technologicalship marketing', *Marketing Intelligence and planning,* **18**(1), 9-23.

第三篇

關係的管理與控制

本書最後一篇將討論關係的管理與控制之重要的相關議題，然而應該注意的是，本篇的兩章並未朝某既定的思考途徑來陳述，而是嘗試採用各種途徑來說明，可讓公司依其個別的需求來決定選用合適的方法。

第十章探討新科技的各種衝擊；毫無疑問的是，在過去與未來，它對關係的管理與控制都將持續扮演重要的角色。根據 Brad de Long（引自 Woodall, 2000）的論點，「資訊科技（IT）與網際網路擴展了人的腦力（brainpower），就如同工業革命的科技擴展了人的肌力（muscle-power）一樣。」如同本書前面所提及的，有些關係行銷人員至目前為止，大都認同若沒有這類科技的發展（不論其為何種科技），那麼 RM 亦不會變成今日的顯學。

第十一章所討論的概念主要圍繞著 RM 的規劃與控制相關課題來分析。本書基本上都小心翼翼的避免落入某特定思考途徑來申論，雖然從規劃的觀點看，某些模式通常被認為很有價值，但我們仍會一一列出各種解決方案的「清單」。相反的，本書認為有必要對關係策略加以設計，而剛開始時會從現有的規劃程序出發。本章亦將嚴屬的剖析有關 RM 的各種批判，部分的原因在於提醒我們勿掉入「某派思考的自滿陷阱」，另外一部分的理由是對某些過於偏激的主張與論點重新加以平衡（若有必要的話）。

第十二章是本版書（第二版）新增的一章；它陳述了 RM 研究的未來方向及 RM 發展的走向。本章採取更寬廣的視角針對第一版做些評述，但本質上（希望）並未否定先前所談論的觀點。當我們討論 CRM 有必要邁

向關係行銷研究之路時，在某些地方或領域上必定會引來一些批判。本章最後的個案研究即在針對管理上「一時的流行」（風潮），適時地提出警告。

參考文獻

Woodall, P.(2000)'Untangling e-conomice: a survey of the new economy (Part 1)' e-businessforum.com, *The Economist*, 27 September.

第十章

關係科技

學習目標

1. 電子商務的用語
2. 大量顧客化
3. 忠誠架構與資料蒐集
4. 一對一行銷
5. 行銷的類型（RM、DM、DbM、CRM）
6. 網際網路與變動中的市集

前言

　　資訊科技（IT）與製造科技的發展，對於一般的行銷與特定的關係行銷之理論和實務，帶來很大的衝擊與影響。由於這類新科技所產生的影響力非常顯著，因此很多人認為若沒有這些科技的精進，則RM將無法成為一個有效的策略（Zineldin, 2000; Sheth and Parvatiyar, 2000）。可以肯定的是，沒有這類科技的發展，則很少有公司能夠處理與應變其顧客和其他核心關係之愈來愈複雜的關係。O'Malley and Tynan（2000）認為，此種問題在企業對消費者（B2C）行銷上更為明顯。B2C 行銷人員在剛開始時似乎忽略了這些問題，他們僅將其視為概念化的東西與認為不同情境會有不同的行為，因此這些行銷人員並無法清楚的探悉 RM 之精髓所在，直到一些重要的科技進步與發展，才讓 RM 得以發揮。

　　科技變動的步調是非常快速的。由於科技的發展是如此的「快速」，因而在如此動盪不定與複雜的環境中，使得我們僅能看到一片森林中有數千種樹木，但卻很可能迷失其中（Mitchell, 2000）。也就是說，隨著IT的蓬勃發展，我們很容易迷失方向，且很難從許許多多的科技詐騙技倆中辨出真偽（Gummesson, 1999），而這也充分說明了為何 CRM 專案中約有70-80%的失敗率。此一變動的速度使得我們在對新科技作探討時存在一定的困難度，此乃因為即使是新的科技，亦很容易一下子就變得過時。為了避免此種潛在的窘境，本章將著重在現行科技之實際的或潛在的策略性影響，以及其可能的前置因素，而非著重在工具本身。

一、科技常用的術語

在討論新科技對行銷理論與實務之影響時,愈來愈多的問題出現在不同的學者,會有無數種描述科技發展的方式。一些行話與用詞便以很快的速度被創造出來(並接著普遍擴散開來),這也反映出專家政治主義者(tichnociat)有必要隨著專業術語的發展趨勢來跟上其腳步;但它存在一個很明顯的風險,即此種科技發展的形式將引領而非促進行銷實務的進展。

電子商務的語言已普遍成為許多公司之策略性優先順序中最主要的選擇。以最簡單的層次來看,字首加上「e」,即意謂著其所利用的工具是科技年代中最新的技術(如 e-business 電子化企業;e-commerce 電子商務;e-tail 電子化零售業)。如同 Duncan(2000)所指出的,將 e 加在每個字的前面之後,似乎每天的活動就在一瞬間變得現代化、很活躍及很便利。此外,我們也到處可看到字尾出現「.com」(或「dot com」),它遠比其他的字尾(如.co.uk)還要多,這似乎也傳達了某種訊息,即企業皆希望自己能躋身進入此種由科技發展出來的市集之競爭行列中。從理論的層次來看,許多字尾附上「-marketing」之不同的概念,大致都直接與 IT 和製造科技的發展有密切關聯,且其發展的速度亦相當快〔如一對一(one-to-one)、應允(permission)、虛擬(virtual)……等等〕。而之所以會導致如此混亂的局面,通常是下列各種因素所衍生出來的:

♀ 許多概念性的名詞,其定義多有重疊之處。

♀ 不同的學者使用相同的名詞來描述不同的概念,或以不同的名詞來描述相同的概念。

♀ 有些名詞「逐步發展」成不同的名稱,但很顯然其皆為相類似的概念。

♀ 當有另一個「新的」構想(事實上它未必是新的)出現時,有些名詞便被除名與丟棄(參見專欄 10-4)。

上述提及的各種情況中，最典型的範例也許是「關係行銷」這個名詞本身。1999 年年底，許多實務界人士（與某些學術界人士）對RM的認知與定義，就其他人來說可能稱之為直效或資料庫行銷，而對目前的某些人而言則常稱之為顧客關係管理（CRM）。上述這些詮釋的涵義其正當性很顯然是表面重於實質，然而有些學術界與實務界人士（以及許多的專家顧問），毫無疑問的絕不同意此一說法。他們質疑，CRM的意涵應涵括更廣（或更少）的範圍？然而，它們最原始的概念由於非常類似，導致其衍生出的詮釋並沒有多大的差異。這類多重名詞的用法，意謂著許多行銷人員不再希望被一些嚴謹的規定所限制，並且應該可以更具彈性的方式來闡述，且稱號的優先性可蓋過其精確的定義。

二、基礎的法則

本章所遵循的「法則」（rule）主要在說明 IT 的發展對關係行銷的衝擊，並儘可能採用最能清晰表達意涵或最足以代表產業共識的一些名詞。此外，依循相同的方式，我們可同時用來討論製造科技與 IT 的發展，而前者既是驅策後者的主要力量，亦為後者所驅動與導引（兩者相輔相成）。

壹、製造科技

大量製造與大量行銷在於整個十九世紀與泰半個二十世紀是主要的商業活動，但此種情況不會一直持續下去。在較早的年代，大多數的人們在一個有限的地理區域內從事基本需要的交易，供應商非常了解其顧客，且通常依據訂單來製造或供應，隨後工業革命到來之後，大量生產的成本優勢受到業界一致的推崇與追求，導致企業欲將產品銷往市場時必須在大量的規模下加以開發。在二十世紀期間，大量生產與大量行銷共同推動了消費者支出的大幅提升，且此兩者亦被視為已開發國家中用來累積與提升財富（及所謂的消費者主義）的主要管道與方式。

一、大量顧客化

二十世紀末的十幾年，逐漸出現反對「大量生產」與「大量行銷」之風潮，此兩者乃是各類科技發展所推動的結果，且亦同時促進了科技發展。在很多方面，大量顧客化的概念可視為從服務市場（業）發展出來的；由於服務具有生產與消費是同時進行的特性，因此顧客化在服務業中是有其必要的（Bhattacharya and Bolton, 2000）。雖然此一說法不應過度誇大（大多數的消費者仍樂於享受大量製造的產品與大量提供的服務所帶來的成本節省之好處），但財富的增長與累積（相對於生活水準的費用）也意謂著，愈來愈多的消費者將會追求更個別化、個人化的消費。1990 年代初，McKenna（1991）曾做過如下的描述：

> 我認為大多數的人們絕非生活在一個齊質性的社會中，亦即不再生活於大量製造與大量行銷的年代——或者已改用另一種不同的方式（但仍透過大量化的作業）——下一個十年以及下一個世紀，產品與服務的複雜性將愈來愈高，而其真實的意義也將直接受到消費者的影響，甚至完全由消費者來主導與設計。

Brooks and Little（1997）亦認同此一論點並進一步指出，「處在今日零散、動盪不定的市集中，伴隨而來的是創新與量身訂做的產品和服務之需求已有顯著的變動，而標準的產品、標準的服務或標準的訊息等概念，已沒有任何意義。」Bhattacharya and Bolton（2000）亦認為，在大眾市場中，唯有採行某種程度的顧客化，關係行銷才是可行的。

雖然此一說法也許是真的，但這類的描述似乎有點誇張（大量生產者如可口可樂或麥當勞，肯定仍是人們生活中的必需品），而且此觀點通常與現實有些差異（參見專欄 10-1），很顯然的，「大量顧客化」（mass customization）將逐漸為人所熟悉與受到肯定，雖然尚有些動搖不定，但它將成為一個趨勢。

　　「大量顧客化」此一名詞的觀念意指，「藉由利用某些科技的槓桿作用，公司可提供顧客化產品給顧客，而同時亦能維持大量生產之經濟優勢」（Sheth and Sisodia, 1999）。在製造業中，大量顧客「必須採用彈性生產製程、結構及管理，以生產各種不同甚至個人化的產品」，且其成本與標準化的產品一樣低（Bhattacharya and Bolton, 2000）。大量顧客化與針對個人量身訂做產品或服務有所不同（但後者亦有可能逐漸成為一種趨勢），因為它亦同時享有大量生產之規模經濟。在許多產業部門中，此種能力可讓企業生產更多量與更多樣化的產品，且可讓消費者有更多樣化的選擇；如同專欄 10-1 所指出的，此一理想與現實之間仍存在一些差距。

　　「大量顧客化」所認同的專為個人製作的產品，此觀點係由 Brand Future Group 的 CEO Ira Matahia 所提出（引自 Chaffey *et al.*, 2000），他稱之為「難以理解的簡單化」（complicated simplicity）。Matahia 進一步指出，消費者迫切的渴望擁有為個人專製的產品，亦即他們非常想要擁有獨特（獨一無二）的商品。對企業而言，這意謂著大量觀眾（顧客）導向之思考模式的結束，而「一個觀眾」（audience-of-one）或「一個人的區隔」（segment of one）的行銷時代才正開始。然而根據 Hart（1995）的觀點，在任何有關顧客敏感度與大量顧客等課題的討論中，都會非常強調消費者並不想被眾多的選擇方案所淹沒，這也是某些汽車製造商之典型的經營問題。

二、上市的時間

　　在科技導向的產業中〔亦即那些一直產生（而非僅是使用）新科技的公司〕，上市的時間對它們來說是一項關鍵的要素。對任何新科技創新的產品而言，其機會之窗要比從前來得小，且產品的生命週期（PLC）也愈來愈短，推出一項新產品上市的壓力，一般而言即意謂著必須比以前花更少的時間在研究發展上。如同 Gordon（1998）所指出的，「行銷人員過去經常採用市場調查研究來協助議題的確認與取得顧客回應的資料」，但在時

專欄 10-1

大量顧客化遠景與現實

遠景的界定	現實的界定
大量顧客化是一種能夠提供顧客任何他覺得有益的產品之能力，且不論在任何時間、任何地點及以任何方式，都有能力提供。	使用彈性的流程與組織結構來生產多樣化且通常皆為個別的顧客化產品和服務，並仍擁有標準化的、大量生產系統之低成本的優勢。
（資料來源：Hart, 1995）	（資料來源：Hart, 1995）

間壓力愈來愈大的情況下，目前所採行這類研究途徑，似乎「比行銷人員願意花得時間還多」。Gordon 指出，市場環境變動是如此的快速，以至於公司目前所能採用的研究必須可快速獲得研究結果，並能迅速處理昨日的議題。在許多產業中，公司目前已不再從事上市前的研究，相反的，它們正利用市集作為其測試的戰場。「雛型的β測試」（beta testing of pro-totypes）是軟體開發公司最常在網路線上採用的技術，且逐漸成為科技導向公司普遍運用的方法（Dann and Dann, 2001）。這些公司正利用精進的製造方法之科技彈性，來「推出」（與同時調適）新產品，並同時測試其反應的情形。此種測試（不是研究）由於是根據實際的結果，因此可產生一些不錯的優勢，而不再基於產生收入的同時去預測其銷售。

上述的策略可能存在一些風險，特別是在有關創新的部分。科技導向的公司在思考上可能會被自己所矇騙，亦即它們認為其非常新穎的發明自然而然便會有新市場存在。這種自我欺騙的現象，Palmer（2000）稱之為

「大市場的迷思」（myth of the big market），且與產品導向的公司一樣可能又會產生一些潛在的問題，它們都不是市場導向的策略。

貳、資訊科技

一般我們的認知是，資訊科技（IT）若能有效的運用，其對關係的建立是有很大潛力的。在IT方面尋求發展，可讓具關係導向的管理當局有效的儲存與運用有關其顧客的資訊，且最後有助於公司提供更好的服務給其顧客。然而，它卻很容易走入IT的迷思境界中，結果往往很難從叢林中走出正確的方向（Gummesson, 1999）。

以RM的術語來說，其最大的危險在於假定科技必能有效的取代人員接觸的功能。以支援為主的科技發展，其目標在於提升組織的效率（如客服中心、電話選擇功能表），它未必能為顧客提升價值或便利性（參見專欄10-2），且通常以成本的縮減（而非以價值創造）的條件作為評斷的準則。為了將科技視為「適切的替代品，作為協助行銷人員重新改造昨日商品之營運風格」（Sisodia and Wolfe, 2000），此一想法也許過於天真。事實上，某些被科技神話所矇蔽的組織，可能皆已忽略掉關係的人性層面。根據 Peppers and Rogers（2000）的看法，處在今日「互動的年代」中的顧客：

> 已習慣於立即滿足他們的需要，且能以很便利與不昂貴的方式來完成此一目標。對大多數的人來說，這也是必須與顧客接觸的服務人員最感到苦惱的經驗。漫長的航程中按鈕選項的功能、等待服務的時間似乎有一世紀之久、從未接收到回應的e-mail，以及打了電話之後問題仍未獲得解決或得到任何回應等，也由於存在上述這類經常發生的情況，難怪許多顧客皆認為顧客「服務」是一項騙人的把戲。

一、忠誠方案

目前使用IT最多的部分是用於忠誠方案（或更嚴謹的用途）之管理上，雖然有些人可能認為它主要是用來作促銷而非作為關係發展的用途。例如，根據Bejou and Palmer（1998）的說法，許多這類的活動方案都是相當的粗糙，皆僅是用來提高短期的銷售，而非加強與顧客之間的長期關係。此外，另有些人則認為，「忠誠方案的科技」僅是延伸傳統促銷的計畫而已（所採用的活動方案包括蓋戳記或送贈品，這些在現有的卡片科技之前早就存在的）。例如，Uncles（1994）指出，有三個理由可說明為何發生這種情況：

- 採行這類促銷與活動方案的組織遍及各種範圍的公司，甚至從街道上的零售店與加油站，推廣至涵括國際性的旅遊業、金融服務業及通路鏈的各個階層。
- 全國的邊界不再構成一個限制範圍。
- 體認到其他各種方案的使用亦是相當普遍的，從提供相當複雜的提供物到留住顧客都有（例如，British Airways 與 Air Miles, Somerfield, Bp 及 Argos）。

專欄 10-2

在用於關懷顧客方面，科技並無法替代人的思想

為何有些公司堅持認為，科技是追蹤顧客關懷議題之有效的管道？當 IKEA 裝設許多監看顧客動態的閉路電視，用以評比活動方案在「語音信箱的牢籠」（voice-mail jail）之成效，自此之後你可能認為，任何

地方的行銷主管才逐漸了解，如果它有助於解決顧客的問題，則科技也僅是用來改進顧客服務的工具。

　　現實上，期望公司能自他人的犯錯經驗中得到學習，這也許僅是表面的想法而已。如果行銷部門真的非常重視每次所採行的活動，那麼它們至少會將曾發生的錯誤直接關聯至相關的功能領域，它們似乎無法全盤的思考整個策略性議題，亦不會將所學習到的經驗關聯到所有顧客接觸的領域。

　　目前普遍存在的問題是，無法有效的回應「語音信箱的牢籠」之議題，如果連最簡單的語音信箱科技都無能力管理，那麼即使像 IKEA 這麼龐大的公司都可能丟盡它的聲譽；其所引伸的涵義則是，公司正在發展顧客服務之一切的聲譽與品牌形象，是否完全未了解到科技在顧客關注方面所扮演的角色？

　　Alfa Romeo（GB）公司是一個典型的案例，據稱該公司曾花費一百萬英鎊以上來建立客服中心並安排其人事。然而，若老員工的經驗並未留下來，則所有一切的金錢投入都將因缺乏此一機制而流失掉，即使是一般普通的顧客只是需要一份小冊子，公司卻仍然無法提供。

　　Marketing Business 雜誌之四月份專題的作者 David Reed，在他的摘述中指出英國的 Mercedes-Benz 曾建立了一個小型的顧客協助小組，其中每位成員皆負有接聽電話與解決顧客所提出的任何問題之職責；相對照之下，Alfa Romeo 則採用轉介號碼的系統（reference number system）。

　　除了最簡單的要求外，其他的任何問題都須登錄詢問／抱怨處理系統中，然後給予打電話者一個號碼，並告訴他將有某個人會負責調查且

給予回應。回應的方式是採用書面的格式，並註明「請不要打電話給我們，我們會自動聯絡你」。萬一顧客再度打電話來，則他們或許會發現到，在檔案中已有充分的資訊足以答覆其所詢問的問題，但卻無法讓接線員（接聽電話的人員）詳細的告知他們，公司已為其做了哪些事。

如同 Merceades-Behz 所採取的做法，若為單通電話之求助的簡單事件，則此種回應的態度可能令人感到失望。然而，就此事件的發生開始，可能會讓事情變得愈來愈糟。

Alfa Romeo 似乎已陷入一個困境，即它假定科技上的投資可作為發展過程的替代物，且可由此導致良好的關注顧客之經驗。公司似乎已發覺到，投入金錢比投入時間來思考如何有效的處理顧客一般所關注的事物，要來得容易。

高階管理當局對於如何經營顧客之關注負有很大的責任。Alfa Romeo（GB）設立了一位顧客服務主管與一位顧客關係主管，也許我們很難想像，除了此兩種之外的其他不得體之職位頭銜。

對 Jeremy Clarkson 來說似乎一切都非常順利，他最近特別熱衷 Alfa 的案例，在他所進行的測試中，最後他可能決定回復原狀。

（資料來源：John Edmund, *Marketing Business*, May 1999）

如同前述，顧客的「資料」是有價值的，且有潛力來強化顧客關係〔將訂正過後所儲存的資料即是所謂的「資料倉儲」（data warehousing），至於對「倉儲」內的資料加以運算與利用即是所謂的「資料挖掘」（data mining）〕。然而，蒐集與儲存那麼多的資料，就目前的需求來看，似乎是多餘的，但稍後其派上用場的機會可能很大（參見專欄 10-3）。

專欄 10-3

超級市場認識你？

Safeway 的品牌行銷經理 Roger Ramsden 在 Whalley（1999）所做的研究訪談中曾指出，一般認為理論上超級市場在他告訴其同伴之前，認識一位顧客是頗富創造力的。他說，維他命 B 補給品塞在麵包捲內是一種無效的贈品，這對新生嬰兒來說是無濟於事的，此一邏輯觀念猶如是嬰兒出生前與出生後所須提供的營養是不同的，亦即在顧客需要的時間給予其所需才有意義。根據 Ramsden 的說法，剛組成一個家庭的婦女，正是 Safeway 想要與之建立關係的顧客。然而，2000 年時，Safeway 對外宣布，雖然公司可藉以獲取大多數的「資訊」，但它仍結束掉 ABC 忠誠方案（參見本章末的個案研究），公司所持的唯一理由是，獲得此一資訊的成本（雖然此類資訊很有用途），遠超過由此資訊所取得的利益。

二、一對一行銷

根據 Mitchell（2000）的說法，一對一行銷「幾乎已成為家喻戶曉之流行的用語，也幾乎是個陳腔濫調的說法；它運用在涵括非常廣泛的一切事物上，從精心製作之老套的大批郵件到相當精緻之大量顧客化溝通與產品之各種方法」。資料蒐集確實有助於改善資訊流量與系統，而有關顧客知識的取得，則有賴於這類資訊系統，經由電子資料交換（EDI），可將供應商、配銷商及顧客之間加以連結，而此種緊密關係的網絡則可提供威力

龐大的成本優勢（Zineldin, 2000）。若使用得當的話，則科技有助於一家公司自顧客互動過程中獲得學習，並可進一步藉由更精進的構想與顧客需要之問題的解決而深化其與顧客的關係（Gordon, 1998）。如同 Experian 的副總裁 Marty Abrams（2000）所指出的：

> 當我們走向一個新的世紀之際，製造科技乃是一種既定的事實，如果你無法製造卓越的產品並以最低的價格來傳送與銷售，那麼你便無法與人競爭。至於贏家與輸家兩者之間的差異（區別），主要在於其提升效率的能力，及其對個別消費者需求之本質的了解。市場上推出的產品不僅是更佳、更便宜與更快速，且應能根據資訊推出合宜的商品，因為它們更了解整體層次上個別消費者的需求。

雖然這種觀點有些過於理想化，但在理論上科技是可以做到的，這種針對個別顧客的需要分別予以重視與考量，即為一般所稱的「一對一行銷」（one-to-one marketing）之概念。一對一行銷隱含著與每一位顧客發展長期的關係，其目的是為了能更了解顧客的需要，藉以傳送迎合個別顧客需求之更佳的服務（Chaffey *et al.*, 2000）。RM理論提供了一對一行銷之概念性基礎，因為它非常強調經由對顧客知識的理解與依個人的層次來處理市場區隔等方式，以提供顧客服務。

由於一對一行銷已逐漸成為一項實務，因此有必要去發展此套系統（制度）的知識基礎，以學習了解更多有關個別顧客的課題，促使公司能夠創造符合顧客所需要的價值，並做好隨時（只要顧客有需要）服務顧客的準備（Gordon, 1998）。本書撰寫的期間，此一觀念與現象似乎尚未明朗化，根據一項最近有關 KPMG Consulting 發表的一篇知識管理之報導文章（此篇文章刊登在 *Marketing Business*, April 2000）指出，超過三分之二以上的公司已因擁有推行此系統之大量的資訊而克服了一些問題與困難，然而大多數仍尚未充分運用其潛在的優勢。

參、行銷的類型

如同第一章所述，某些類型的關係行銷皆已獨樹其自己的一套風格與特質，若能針對這些風格與特質作更深入的探討，應是很有意義與價值的。

一、資料庫與直效行銷

「資料庫」一直都被視為推動與執行RM之主要的引擎（Gordon, 1998），且可視為直效行銷的核心部分。Tapp（1998）曾區別直效行銷與資料庫行銷如下：

- 資料庫行銷（DbM）乃是利用資料庫來保存與分析顧客的資訊，期能協助行銷策略的發展。Tapp認為它與直效行銷有很大程度的重疊。
- 直效行銷著重在運用資料庫來與顧客直接溝通（且有時是傳送資料給顧客），期能吸引與獲得直接的回應。Tapp再度強調它與資料庫行銷是有重疊的部分。

Möller and Halinen（2000）指出，由於資訊科技的快速發展與進步，它已創造出「主要以實務為基礎與顧客所主導的文獻，而這些文獻大都談論利用資料庫來進行顧客關係的管理」，這類的活動方案（在RM的大傘下）通常被批評為並非「顧客導向」。相反的，一般認為它們只是在於提高轉換成本，及倚賴資料庫導向的資訊來向顧客行銷，而這些顧客可能想要也可能不想要建立關係（Barnes and Howlett, 1998）。事實上，當行銷人員將其所有心力專注在銷售的活動時，資料庫在 DbM 的運用更傾向交易導向的行銷策略（O'Malley *et al.*, 1999）。

由於充分掌握了科技資訊之蒐集的能力，使得公司可能忽略了關係是雙方的事情（非單方面的）（Fournier *et al.*, 1998）。DbM通常較少為了產生顧客化回應的相關訊息，而強化對顧客資料庫的操弄。在某些情況下，

RM 或多或少被用來當作直效行銷或資料庫行銷的同義詞（Tapp, 1998），且其被描述成它只不過是「行銷組合工具箱」內的另一項工具而已（Bejou and Palmer, 1998）。此外，也有其他的人認為，RM、DM 及 DbM 皆是有志一同的被用來創造一種有威力的新行銷典範（Chaffey *et al.*, 2000），其中 RM 提供了概念性的基礎，DM 提供了行銷戰術，而 DbM 則是促使技術發揮其功能。那些將 RM 視為只不過是顧客資料庫之發展與維護的人，一直被指責忽略了與關係本質有關的更深入之議題（Barnes, 1994），亦即科技絕對無法成為替代品。矛盾的是，隨著科技的發展與充斥各種不同媒體愈來愈多的資訊，導致人性的接觸變得愈來愈重要。

此乃區別 RM 與 DbM 兩者之間差異的主要論點之依據，而且亦有很多與 RM 有關聯的概念，而這些絕大多數皆與資料運用和操作有很大的關聯，並主要著重在個人關係與短期的戰術上，而非為長期性的策略。Tapp（1998）認為，單純的 DM 主要在於掌握個人的資料，使得關係的發展得以啟動，而諸如價錢折扣、折價券之類的其他戰術，嚴格說來並非所謂的 DM。多數的直效行銷人員較少從事關係式的活動（O'Malley, 1999），且大多數的資料庫行銷本質上皆屬於自動化交易式行銷（Sisodia and Wolfe, 2000）。事實上，當 DM 與 DbM 的運用引發行銷道德倫理之質疑時，便很難將它們視為關係式的活動（Smith and Higgins, 2000）。根據 Möller and Halinen（2000）的觀點：

> 資料庫行銷與直效行銷傳統上可能是最佳的實務，因為它並沒有明確的理論基礎，缺乏定義明確的方法論，且亦非市場理論的前提依據。它在提升行銷活動之效率方面乃是管理者非常強調的工具，特別是在溝通方面──強調其為溝通的管道與訊息，這其中乃隱含著商場的競爭性。組織─顧客關係的觀點卻受到很大的限制，其所描繪的景象是相當粗糙的，且與顧客關係的觀念似乎很難加以連結，其焦點在於互動式的溝通，此時賣方乃是主動的夥伴，它會根據顧客的狀況（特徵）與回饋的資料來計畫其提

供物與溝通活動。關係本質上是具有長期的特徵，但在掌握顧客關係之動態性方面，這些概念性或其他的努力似乎都有其極限，主要的焦點乃在於如何以有效的方式來維持顧客的忠誠與獲利力。

二、顧客關係管理（CRM）

最近經常入選「排行榜」之關係的觀念乃是「顧客關係管理」（CRM）。如同McDonald（2000）所指出的，「它是最近處處都相當流行的用語——令人感到歡樂、多彩多姿且又充滿著無限的期待。」姑且不論是否（或者說是由於）關係式策略在消費性商品市場較無用武之地，使得 CRM 在這類市場上逐漸取代關係式策略而成為「新的顯學」（O'Malley, 2003）。根據Henson Group（Stone *et al.*, 2001）所提出的數據顯示，2000 年 CRM 軟體應用與服務之全球市場成長率高達 100%（達到$76 億）。Wetsch（2000）依據不同的資料來源估計，2004 年在 CRM 專案方面的支出將高達$120 億，且約有 26% 的美國企業在 CRM 科技方面的支出將超過$500,000，以及執行上的成本約在$6 千萬到$1.3 億之間。由此可見，CRM 是一個多麼龐大的商機。

然而，CRM 與直效行銷或資料庫行銷之間的區別仍是相當的模糊（參見專欄 10-4）。DbM、DM 與 CRM 導向的經理人，實際上可能會同意 Möller and Halinen 的釋義，即認為 RM 的問題在於太過「理論為主」，而較不重視實務與可衡量的關係管理。毫無疑問的，這在很多方面稱得上是中肯的批判。在此所擬提出的答覆乃是「解析性的CRM」（analyltcal CRM），其解釋通常涉及將個別顧客之資料貫入「資料倉儲」，並利用企業情報相關的工具來分析（Bray, 2000）。然而，它仍存在許多不同的意見；根據McDonald（2000）的看法，這些意見包括：

- 「持續進行主動的行動以增加公司對其顧客的認識與了解。」
- 「與橫跨所有的溝通管道和企業功能及企業夥伴之間的高品質顧客支援是一致的。」

° （用比較粗糙的口語來比喻）「ERP 源自戰神（Mars），而 CRM 則源自維納斯女神（Venus）」。

專欄 10-4

顧客關係管理

顧客關係管理（CRM）一直被視為人類有史以來最偉大的管理活動。十年前，它是「全面品質管理」的一部分，二年前它則是所謂的「千禧蟲」（millennium bug）——十九世紀末的一種頹廢派的心境，而非電腦病毒——而最近則視其為「知識管理」，並已成為我們日常生活中最流行的用語。

上述這類的活動很多皆須投入大筆金錢——但千禧蟲則是明顯的例外，它可視為全球過去未曾出現的最大傷害之一。然而，此一流行用語的最大問題在於開始出現許許多多不同的意義與解釋，並與其最原始的涵義產生歧異。CRM 在過去三、四年以來一直被矮化，且質變成所謂的「關係行銷」，這種轉變所造成的結果是，有許多類似活動已變成單獨的事物，包括資料庫或顧客名單之使用的各項活動，然而，這是毫無意義的。

既是如此，那麼為何會發生這種情況呢？過去十年來，電腦科技的威力增強許多且成本同時巨幅下滑，這意謂著若能有效的建立與管理，則顧客資料庫將成為企業所能擁有最具潛力的工具。實際上，公司可成為「知識豐富」（knowledge-rich）之庫藏者，且可藉此知識來獲取最大的利益，也因為存在這類的工具，使得目前的顧客關係得以有效的管

理，並增進學習的能力，以網羅到具有最高價值的顧客群。

　　然而，若僅因為這類資料庫是管理顧客關係之頗具威力的工具，則未必就可認為資料庫行銷──通常僅意謂著它可作為有效的個人化溝通之工具而已──就是所謂的關係行銷。

　　Tony O'Reilly 曾說道：「我可能利用品牌，而你可能選擇工廠。五年後我們再回來比比看，究竟誰做得最好。」當然，他所提出的「品牌─消費者關係」，可視為公司最有價值的資產，而其工廠則可能成為最具風險性的負債。長久以來，品牌一直是確保成功的建立顧客關係之利器，而任何人都知道如何拼湊資料庫，但往往只是單獨的建立資料庫而已。

　　因此，我們是否全都為關係行銷者？客戶、代理商、設計、銷售、新事業發展、研究、廣告──一切你可以叫得出名稱的活動等，我們似乎都在玩過時的遊戲。不論何時，如果你所做的一切並非鎖定在開發或維護品牌關係，那麼我就會認為你是屬於錯誤的經營；當然，這並非CRM 之原始的本意。

　　追根究底來說，此乃因為不夠了解而導致整合性的行銷逐漸失去光環，而這是過去年代另一種流行的行話。就其核心而言，它的確是一個偉大的構想，也就是說，品牌─消費者關係的確是至高無尚的境界。不幸的是，它被誤解成「協力合作」（Co-ordinated）活動之同等的名詞，如果你想要「做關係行銷」，那麼最好納入一個 DM 代理商進來。因此，下一個年代也許你將發現另一個流行名詞的出現，但須特別注意其

最原始的涵義到底為何，且不應該僅是代理商修正（agency-modified）之類的版本。

　　是否有人會為了 de-Bugged Millennium Relationship 而去採購某個 Totally knowledgeable Quality Customer Management 系統？

（資料來源：Julian Dodds, "Look out for the bastardisation of buzz, phrase", *Marketing*, 29 June 2000）

　　CRM 的定義通常與銷售東西給你的人有關。然而，能否很客觀地稱它為「科技啟動的關係行銷」（technology-enabled relationship marketing）（Little and Marandi, 2003），似乎仍有待公評；但可以確定的是，許多 CRM 的執行絕大多數缺乏顧客導向（Wetsch, 2003）。

　　在商業關係的管理方面，CRM 通常與 IT 的運用有密切的關聯（Ryals, 2000）。由於參考資料的來源不同，因此會有許多與 CRM 有關的不同層面，這些層面包括資料倉儲、顧客服務系統、客服中心、電子商務，以及網際網路行銷等，都與作業和銷售系統有關（McDonald, 2000）。CRM 似乎又符合 Zineldin（2000）的定義，他將 CRM 描述成「科技工匠行銷」（Technologicalship Marketing; TechM）。TechM 意指以科技工具為基礎的行銷，公司可用來建立與管理其關係。

　　根據 Kelly（2000）所提出的關鍵解析性 CRM 之應用，包括：

☞ 銷售分析：提供組織在銷售方面的一個整合性觀點，可讓銷售部門了解到銷售資料所展現出來的趨勢與型態。
☞ 顧客特徵的分析（customer profile analysis）：可讓組織從大量的顧客資料中區分出個人與群體的市場區隔。
☞ 作戰活動的分析（campaign analysis）：提供組織有關個別的活動與不同

媒體之效能的衡量能力。

♀ 忠誠度分析：依據顧客關係之持續時間的長短來衡量顧客忠誠度。

♀ 顧客接觸分析（customer contact analysis）：與任何個別顧客過去接觸的情形之分析。

♀ 獲利力分析：衡量與分析獲利力之各種不同的構面。

　　在 CRM 中，資料庫被視為「一種代理的媒介（an agent of surrogacy）……有助於協助行銷人員重新建構昨日商品的營運風格」（Sisodia and Wolfe, 2000）。支持的人士認為，CRM 會有系統的尋求與解決問題有關的顧客資料蒐集與意義解釋，即使一些鼓吹的人士亦都承認，此一進展是緩慢的，此乃因為資料的掌控並非像精密的科技所能做到的程度一樣（Kelly, 2000）。McDonald（2000）認為，最簡單的一項事實是，CRM 預計將可產生龐大數量的資料；此外，關於組織是否能將這些資料轉變成「資訊」並進而成為「知識」，則仍是有疑問的。

　　至目前為止，似乎無法區別 CRM 與 RM 的目標（或事實上 DM 與 DbM 亦然）有何不同，除了各自的推廣者所認定的可達成之成果或有不同外（參見專欄 10-5）。Gummesson（2002）認為，CRM 很需要「一般性理論的支持」。Duncan（2000）在提出「今日的 CRM 熱潮絕非是偶發的」看法時，或許最能表達出上述問題的癥結。他接著補述道：

　　　除非我漏掉某些事物，否則附加在「舊式的」資料庫行銷組合之唯一真正的新概念僅是一項新的溝通管道（在缺乏合適的用詞下，或可以網際網路來取代），以及很期望能藉此對所有的顧客接觸都加以差異化。

專欄 10-5

事實、謊言或一時的流行

　　一路上走到那裡，不要推擠——所有世界即呈現在眼前，這種完全新的、令人眼花撩亂的、華麗炫目的花車就等在那裡，有待你去享受自己的感官世界。在第一次經歷到最近特殊的聲光效果（公司在全色彩上的精心設計）後，你可能對著你的朋友與競爭者暗自感到幸災樂禍，對這種最近代的科技，你必須依自己的方式來管理這類一時流行的事物，而且顧客關係管理（CRM）又太重要了，以致不能有任何閃失。然而，以前的景象又是如何，是否目前已遺忘亦曾是一時的流行？切記，是否一定要「追求卓越」？四十三家卓越的公司中，僅有六家被認為其僅在八年的光景便成為卓越的公司。難道是「TQM 的貢獻」？對大多數公司來說，取得認證的工作變成一項重要的任務，藉以說明它們在任何時間都能讓「廢物」變得很完美（「廢物」意指顧客並不想購買的商品與服務）。難道是「BPR」（企業流程再造，business process reengineering）之功勞？對多數企業而言，它僅帶來表面上的成本節省而已。難道是「關係行銷」的操作？此一主流很快的遍布任何層級與角落在，沒有任何鼓吹下便吸引了龐大的狂熱追求者，除了「取悅」或「鼓舞」所有的顧客之外，其他的都是導致快速破產的做法！當然，還有其他的因素。事實上，大多數一時流行的事物都僅是裹著長期效果之巧妙的外衣，完整的概念必須能夠有效的推動，才能使其基本的有利條件得以實現。

資料來源：McDonald, "On the right track", *Marketing Business*, April, 2000）

　　如同在 CRM 活動方案中一樣，新科技的運用對於關係的發展提供了很大的協助，此時不管是採用哪些用詞，RM、CRM、DM、甚至是 DbM 等的目標，幾乎是很難加以區分。Bray（2000）於2000年6月的Microsoft Business Technology 之 Web 網站上曾發表一篇文章，主要在強調 RM 與 CRM 之間的相似性。在該篇文章中，他對 CRM 作了如下的解說：「為了在愈來愈善變的世界裡，能夠提供更佳的服務與跟得上顧客的習慣，企業應更加學習與了解每位顧客的習性。」The Economist Intellgency Unit 曾與 Anderson Consulting（目前稱為Accenture）合作，其定義CRM為（引自Wilson, 2000），「確認、吸引及留住最有價值的顧客，以維持公司利潤的成長。」

　　其他關係的重要性並非行銷所考量的議題（參見第十二章）。然而，從顧客—供應商二元關係的觀點來看，唯一爭論的地方是，究竟應達致何種程度的自動化（作為取代人員接觸的部分），才是管理這類關係之最適切的做法。關於此一問題，產業別、產品或服務類型等都是主要的影響因素，此外，關係式—交易式連續帶（參見第四章）之位置為何，亦皆是決定適當的自動化程度之重要指標。

　　目前仍令人產生質疑的是，高階主管之間私底下對 CRM 所做的假設（assumption）很模糊，因而導致 CRM 的功能不彰，它絕非如同一般人所宣稱的，「CRM 是萬靈丹」（參見專欄 10-6）（Stone *et al.,* 2001）。問題也許在於，科技所帶來的「立刻上手」（quick fix），通常無法周全地考量到顧客所關注的議題（O'Malley, 2003）。根據 KPMG 顧問公司所指出的（Sussex and Cox, 2002），CRM 之所以落得聲名狼籍，主要因為「以科技為導向」的途徑並無法傳送顧客真正所要的利益。有些人曾預測，CRM「在1990 年代末將會像一時的流行而成為過去，僅留下人們對它的回憶，……就如同某些 IT 產業曇花一現一樣」（Seddon, 2000）。

專欄 10-6

CRM 的迷思

根據 Little and Marandi（2003）的觀點，CRM 仍存在許多的迷思，有待進一步地釐清，包括：

❏ **CRM 意指顧客的管理**。管理當局僅須巧妙地操縱即可。事實上，掌控關係的一方通常是顧客。

❏ **CRM 可以解決一切的問題**。將資訊聚集在同一個地方雖是重要的，但你仍須知道該如何利用它。此外，仍然存在一個麻煩的問題，那就是誰來「擁有」（經營）此一系統，以及誰可以取用此一系統。事實上，這也是大多數 CRM 失敗的地方。

❏ **CRM 的應用必定可帶來報酬**。成本效益的問題仍然不夠明確。未能將整個昂貴的費用列入考量便宣稱 CRM 的利益，這是毫無意義的。

❏ **所有的顧客皆喜愛新科技**。未必如此；即使那些科技文明人，也不喜歡被科技系統所擺佈。

❏ **公司可用同一種語言（聲音）來與顧客交談**。例如，對於擁有信用卡或向公司貸款的任何人，都想知道同一公司提供給他們的服務有多少是與眾不同的。

如同 O'Malley（2003）所指出的，許多公司正在使用著「自己不是很清楚的科技，用來執行其不熟悉的流程」。

肆、變動中的市集

　　雖然不應高估資料庫科技之重要性，但不久的將來變動最大的，也許就是市場本身。如同 McKenna（1991）所指出的，「科技改變了選擇的途徑，而選擇的方式亦改變了市集的本質。」過去一百年來，行銷一直是協助賣方的銷售活動之手段，但在資訊時代降臨之後，行銷的意義有了全新的面貌——協助買方的購買（Mitchell, 2000）。

　　在網際網路行銷的領域中，這種轉變是最為明顯的，網際網路影響了企業生命的每個層面，完全破壞現有的經營模式（Zineldin, 2000）。到了2002 年，英國約有一千六百五十萬個網路使用者（成年人），占總人口的50%，且與網路有連結的總人數已提升三分之一，約有三千萬人，幾乎占總人口的一半（Gibson, 2002）。

　　不論其對銷售的影響為何（對於銷售的成長也許有或沒有實質的增加），對線上行銷在顧客留住及關係建立的效果方面，出現了一股爭論的熱潮。對某些人而言（如 Zineldin, 2000），網際網路簡直就是「一對一行銷」的壓縮版，也正因為如此，它提供公司與個別顧客建立持久關係的能力。另一方面，最近一次針對零售服務業所進行的研究（係加拿大 Bristol 集團所做的），研究報告刊登在 2000 年 4 月份的 *Marketing Business* 期刊；這篇文章指出，鼓勵顧客從事網路線上活動，就長期而言是有害的。Irvin（2000）針對此一研究的結果作了補充說明，並列出了如下的一些問題：

　　　　「網路上的每一事物」可能是最近代的行銷聖品，但一切都經由網際網路（Net）未必是最佳的做法，在某些情況下，鼓勵顧客使用線上網路，就長期而言，可能會導致顧客忠誠度、推薦朋友等行為的下降，最終可能導致利潤的下降。當然，這是在需要精湛科技來超越顧客的需要水準時，更容易發生的現象。價格、存貨的

供應、運送的速度及其他的配銷因素等皆為非常重要，但顧客亦希
望在他們需要的時候能感受到零售商所提供的人性接觸。

當競爭者的提供物可與之相比擬時，網際網路行銷將降低忠誠度的事
實是很明顯的，因為它通常「只是在鍵盤點選一下便消失了」。如同 Mil-
ler Brothers 公司的 Scott Reid 所言（引自 Chaffey *et al.*, 2000），「顧
客忠誠度的觀念在網路購物的情境似乎變得不靈光了。」然而，由於網站
的經營可讓消費者隨時都可進入，因此上述問題的嚴重性或可因而減緩。
就正面的影響來看，將網際網路作為一種行銷工具，確實可掌握精確瞄準
顧客的效果，因為使用者的每個動作都將成為一項寶貴的行銷資訊
（Prabhaker, 2000）。公司可利用各種不同的方式來蒐集使用者的資訊，
包括（Prabhaker, 2000）：

- 註冊登錄。
- 留存電子信件的地址。
- Cookies（將資料寫入使用者的硬碟內，可讓 Web 網站追蹤使用者的選擇
  偏好，並可儲存在一個檔案內，方便 cookie 的經營者可隨時取用）。

此類資訊的運用一般都會有令人滿意的結果，網際網路已不再倚賴人
口統計方面的資訊（雖然亦有此方面資訊的記錄）；相反的，它所留存的
資料（特別是經由 cookies 與其他相關的科技）提供行銷人員有掌握顧客
真實（而非預測性的）行為之機會，即顧客從某個網站移動到另一個網站
之行蹤（這涵括了資料保護的課題，將於第十一章討論）。Woodall
（2000）指出：

　　網際網路（理論上）可讓顧客找到最低的價格，且公司可使
用更多的供應商；它降低了交易成本與進入障礙。換句話說，網
際網路將整個經濟社會帶往教科書所描述的完全競爭之模式，其

假定資訊相當充裕、存在許多的賣方與買方、零交易成本與沒有
任何進入障礙。它讓上述這些假設逐步成真。

「虛擬交換」（virtual exchange）可依電子方式將買方與賣方拉在
一起，而不須再至實體的市場場所（Mitchell, 2000），且亦提供了實質成
本節省的效益，以及避免傳統的配銷鏈之層層剝削。對已建立的夥伴關係
（如顧客／供應商）之調適，隨著網際網路科技的發展與精進，更締造了
一種新形式關係的形成。Mitchell（2000）預測將有一些實質的變化，如
圖 10.1 所示。

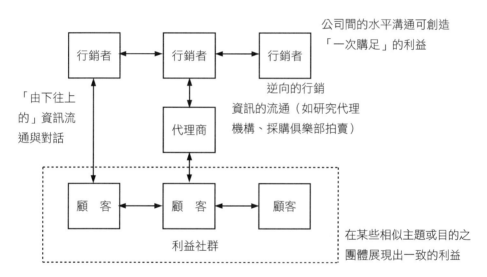

🙂 圖 10.1　虛擬交換：一種潛在新的關係型態

（資料來源：摘自 Mitchell, 2000）

Mitchell 指出這類新的與調適的關係型態包括：

🔑 行銷者—顧客。
🔑 代理商—顧客。

♀ 行銷者—行銷者。

♀ 顧客—顧客。

一、行銷者—顧客

傳統市場的關係將隨著行銷者與其顧客之間,「由下至上的資訊流」與「對話」之增加,勢將產生變動。如同Mitchell(2000)所指出的,「資訊成本下滑的速度愈快,則民主化的程度便愈高。雖然龐大的機構因擁有巨額的預算而仍保有獨占的資訊處理之決策權,但愈來愈多的普通老百姓也擁有能力可處理他們自己擁有的資訊。」在早期真空管的年代,傳統中間商(如零售業者)所執行的活動相對地較少,但多年來新進入者如雨後春筍般地興盛(Reynoids, 2000);它們能否長久地存活下來雖為不定數,但其參與的活動卻相當地多。

二、代理商—顧客

有些人認為「中間商已逐漸失勢」,但此一說法肯定是言之過早。事實上,「電腦網路中介者」(cybermediaries)數目的增加,諸如Amazon與Lastminute.com等,此一現象將持續下去。事實上,「去中間化」(disintermediation)是否成為真實,至少在大多數的專業市場中,它仍相當不明確(Reynolds, 2000)。毫無疑問的是,「逆向行銷」(reverse markiting)這個領域將更為蓬勃發展,這也包含了「資訊中間商」(infomediaries),諸如搜尋代理商、採購俱樂部及「逆向的拍賣站」(reverse auctions)等。其中最主要的差異在於「資訊中間商」(理論上)會依據消費者的動向來決定其營運作業,而不是站在供應商的代理機構之角色而已。

三、行銷者—行銷者

第九章曾討論了「聯盟」的形成,且指出其最有可能因網際網路的發

展而進一步成為一種趨勢。網際網路的領域非常倚賴顧客主動接近公司，因此，「能見度」（visibility）的設計將變得非常重要。公司之間的合作，不論是否透過連結，垂直型的入口網站（如 handbag.com）或線上社群（如 Barclay Square），毫無疑問的將愈來愈多。

四、顧客──顧客

如同第九章（參見專欄 9-1）曾指出的，消費團體（或利益社群）的興起，很可能成為新市集的一種特色。這些由個人所組成的團體，其個人皆在某一類似的主題與目標擁有共同的興趣與利益；這也說明了，行銷者已逐漸體認到尋求這類社群並鎖定為目標市場將是很有價值的，且亦迎合行銷者的利益，並藉以引導其採取贊助活動或其他的支援性活動之投資。

摘　要

　　本章討論了製造與資訊科技之發展所帶來的衝擊，我們說明了一些產生混淆的名詞，特別是有關關係策略與戰術的部分。此外，我們亦指出已有許多的證據顯示，消費者愈來愈排斥大量生產與大量行銷，此兩者一方面皆是科技所促成的，另一方面它們也促進了科技的發展，結果，此種趨勢與用來支援此種趨勢之科技的創造，促成了大量顧客化（產品顧客化的同時亦能獲致規模經濟），將成為未來重要的發展趨勢。然而，此一概念之理想與現實之間似乎仍存在差距，在科技導向的產業中，上市的速度目前已成為重要的優先順序，此種趨勢將影響到公司進行市場研究的能力，亦即公司必須比目前其他行銷者花更多的時間在上面。

　　資訊科技的發展對於一對一關係的建立著實有強大的潛力，但此一領域的發展可能未必能完完全全的符合顧客的認同。一般而言，資訊科技之充分的運用雖有助於提升忠誠方案的成效，但它們大都較屬於短期性質的促銷活動，而非長期的關係建立。

　　直效行銷、資料庫行銷及顧客關係管理等的概念，在本章中有所討論，而以科技來作為「關係近似物」的替代品，基本上存在很大的風險。本章的結論認為，DM、DbM 與 CRM 其戰術特質要遠大於策略層面，雖然 RM 一直被批評為過於「理論性」，且其在關係管理上的實務面與衡量面皆較為薄弱，但這的確可用來支助這類相關戰術之原理。此一論點似乎認同，所有這類「關係的概念」彼此之間的目標似乎很難去區別。

　　變動中的市集，尤其是在網際網路科技發展所帶來的影響，似乎有加劇的趨勢，隨著顧客的需求愈具積極主動性，以及資訊處理得愈來愈「民主與開放」，在在都調適了現有關係，並發展出一種新型態的關係。

討論問題

1. 為何行銷研究的支出被認為很難去評斷其效益？
2. 你對「一對一行銷」這個名詞所理解的意義為何？
3. 請區別「關係行銷」、「直效行銷」、「資料庫行銷」及「顧客關係管理」這些名詞之間的差異？
4. 網際網路如何改變市集？

個案研究

忠誠度已走到盡頭

這是一個正式研究的說法：忠誠方案只是一種花招，消費者已對它們感到厭倦。這是根據 Safeway 首席執行長 Carlos Criado-Perey 的觀點，當他宣布英國第三大超市連鎖店幾乎已廢除行之五年之久的 ABC 顧客忠誠方案時，震驚了全球食品雜貨業的行銷界。

Safeway 將僅對所選定的有價值之顧客群繼續採行 ABC 方案，以期能維繫住這些顧客——諸如電話訂購的顧客群——但亦將自活動方案的行銷預算中轉移五千萬（£50million）英鎊至其退休的顧客群，以推出一套全新的促銷活動方案。

可以理解的是，此舉已帶來很大的震撼，它意謂著這是首度讓顧客忠誠遭遇最大挫折的行動——也是熱衷追求食品雜貨業行銷的 1990 年代是個令人感到質疑的事件。然而，此一發展的重大影響為何呢？它是否僅為一種獨立的策略性退出，或者是忠誠方案盡頭之另一端的開始，當作英國另一股力量的崛起？此外，是否亦意謂著銷售促進已走入另一個新的紀元，且絕大部分與忠誠

度的建立沒有關聯？

Safeway 宣稱它之所以採取此一令人爭議的舉動，乃因為 ABC 對於顧客無法再發揮其激勵的效果，或者是針對其主要的目標顧客群蒐集資料。Safeway 的發言人 Suzanne Withers 說道，「它們不僅是使用公司產品的核心顧客」，且亦可藉此蒐集更多休閒購物者之龐大數量的資料。她指出，此種隨機的資料也許沒有多大的價值，且以其作為決策的結果將對「購物後離開」與「蒐集資料後離開」之服務與托兒所等顧客，產生了某種程度的限制。

Withers 接著說道：「重要的是，ABC 在顧客的網羅方面亦似乎是徒勞無功的，忠誠方案對於激勵現有的顧客確實是有成效，但對吸引新顧客則未必。」另一方面，銷售促進則是吸引新顧客之一項主要的工具。

她進一步的否認，改變成銷售促進活動只是為了迎戰 Wal-Mart 之大量販折扣策略的一種方法。

然而，Safeway 已撤除掉大部分的食品雜貨類品項，因為它無法完全掌握忠誠度的概念，且亦為了根據所蒐集的資料與顧客資料庫來使利益最大化。

協助開發 Tesco 最原始的忠誠方案 Dunn Humby 的 Edwina Dunn 指出：「忠誠度並非某些你淺嘗即止的東西。」她隱喻的指出，Safeway 從未積極追求忠誠度，僅將它視為一種報償顧客的手段。例如，某些東西對 Tesco 來說，則純粹被視為是次要的，Dunn 認為這將會貶損忠誠方案的價值，且會讓消費者認為它們僅是一些花招而已。她說：「這些活動只會帶來利益的損失。」

ISP 的 Sue Short 提出類似的觀點，她指出忠誠方案的增殖（擴散），總會讓顧客對它們逐漸失去信任。她說：「實際上它們是在破壞忠誠度。」

因此，縮編 ABC 的規模看起來雖然很難將顧客帶往忠誠計畫

之道路的盡頭，但毫無疑問的是，對銷售促進來說這卻是件好消息。銷售促進的主管Catherine Shuttleworth說道：「由於Safeway擁有一筆龐大的預算，因此將有能力去進行某些真正創新的事物。」

然而，在銷售促進上任何的擴張都不能單獨的進行，且無可避免的會依循忠誠方案的方式來執行——不管它們是否像 Tesco 的 Clubcard 之廣泛的活動範圍，或者像ABC僅是選擇性的做法。

Tesco 的發言人Russell Craig同意此一說法，他指出：「這完全在追求一種平衡的狀態。」如同任何的行銷創始活動一樣，它僅是一個遵循的方向。

在每天結束前，Tesco 會利用其 Clubcard 資料作為推進至另一個領域的跳板，諸如進入金融服務業的營運。由於 Safeway 很嚴密的注意其核心的食品雜貨事業——尤其當忠誠卡變得不值錢與貶值之際——持續的蒐集大眾規模層次的這類資料已愈來愈不重要了。

此外，就長期而言，若 Safeway 的經營能夠逆轉目前利潤滑落的頹勢，則此一策略將獲得擁護。然而，如果一切開始走下坡後，則我們將會真正的了解忠誠的利益。

後記：競爭者追求利潤

Tesco 與 Sainsbury 都已發現到，自 Safeway 快速退出的忠誠市場上將可獲得很大的利潤；當任何一個ABC的會員在退回其忠誠卡時，將分別可獲得 250 或 500 分的積點。

從此兩個領先的超級市場連鎖店之做法，可明顯的嗅出競爭的氣息；它們在此之前皆未曾嘗試過忠誠方案的活動。Sainsbury 的 CEO Sir Peter Darts 補充道：「從經驗了解到，顧客一旦開始使用 Reward Card 的方案活動，且是由於許多其他第三者所提供

者，那麼將成為購物經驗中所不可或缺的一部分。」

　　Tesco 行銷主管 Richard Brasher 補充說明：「顧客告訴我們，他們想要獲得積點與價格折扣，我們認為 Safeway 已喪失掉其機會。為了對那些覺得應可獲得較低價格的顧客作補償，我們將提供 250 點的白金貴賓卡。」

（資料來源：摘自 Joel Harrison, *Incetives Today*, Tune 2000）

個案研究問題

1. 依你的看法，誰做的決策是正確的：Safeway 或哪些仍維持忠誠方案的商店？
2. 如果 Tesco 將報償顧客視為「純粹是次要的」，則它持續採用該活動方案的主要理由為何？

參考文獻

Abrams, M. (2000) 'Contribution to debate paper', *Interactive Marketing*, **2** (1), 6-11.

Barnes, J.G. (1994) 'Close to the customer: but is it really a relationship?', *Journal of Marketing Management*, **10**, 561-70.

Barnes, J.G. and Howlett, D.M. (1998) 'Predictors of equity in relationships between service providers and retail customers', *International Journal of Bank Marketing*, **16** (1), 5-23.

Bejou, D.and Palmer, A. (1998) 'Service failure and loyalty: an exploratory empirical study of airline customers', *Journal of Services Marketing*, **12** (1), 7-22.

Bhattacharya, C.B. and Bolton, R.N. (2000) 'Reationship marketing in mass markets' in Sheth, J.N. and Parvatiyar, A. (eds) *Handbook of Relationship Marketing*. Thousand Oaks CA: Sage, pp. 327-54.

Bowen, D.E. and Lawler, E.E. (1992) 'The empowerment of service workers; what, why, how and when' *Sloane Management Review*, **33** (spring), 31-9.

Bray, P. (2000) 'Analytical customer relationship management', *Microsoft Business Technology*, June(microsoft.com/uk/business_technology/dw/798.htm).

Brookes, R. and Little, V. (1997) 'The new marketing: what does 'customer focus' mean?', *Marketing and Research Today*, May, 96-105.

Chaffey, D., Mayer, R., Johnston, K. and Ellis-Chadwick, F. (2000) *Internet Marketing*. Harlow: Pearson Education.

Dan, S.J. and Dan, S.M. (2001) *Strategic Internet Marketing Milton*. Qld: John Wiley & Sons.

Duncan, C. (2000) 'Customer evolution', *Marketing Business*, **58**.

Edner, M., A., Levitt, D. and McCrory, J. (2002) 'How to rescue CRM', *The Mckinley Quartely*, No. 4.

Fournier, S., Dobscha, S. and Mick, D.G. (1998) 'Preventing the premature death of relationship marketing', *Harvard Business Review*, **76** (1), 42-9.

Gibson, G. (2002) 'Internet usage soara', *Media Guardian*, 11 June.

Gordon, I.H. (1998)*Relationship Marketing*. Etobicoke, Ontario: John Wiley and Sons.

Gummesson, E. (1999) *Total Relationship Marketing: Rethinking Marketing Management from 4Ps to 30Rs*. Oxford: Butterworth Heinemann.

Gummesson, E. (2002) 'Practical value of adequate marketing', *Management Theroy*, **36** (3) , 325-49.

Hart, C.W.L. (1995) 'Mass customisation: conceptual underpinning opportunities and limits', *International Journal of Service Industry Management*, **8** (3), 193-205.

Irvin, C.(2000) 'Testing time for technology', *Marketing Business,* April, 9.

Kelly, S. (2000)'Analytical CRM: the fusion of data and intelligence', *Interactive Marketing*, (3), 262-7.

Little, E. and Marandi, E. (2003) *Relationship Marketing Management*. London: International Thomson Business Press.

McDonald, M. (2000) 'On the right track', *Marketing Business*, April, 28-31.

McKenna, R. (1991) *Relationship Marketing.* London: Addison Wesley.

Mitchell, A (2000) 'In one-to-one marketing, which one comes first?', *Interactive Marketing*, **1** (4), 354-67.

Möller, K. and Halinen, A. (2000) 'Relationship marketing theory: its roots and direction', *Journal of Marketing Management*, **16**, 29-54.

O'Malley, L.and Tynan,C. (2000) 'Relationship marketing in consumer markets: rhetoric or reality?', *European Journal of Marketing*, **34** (7).

O'Malley, L., Patterson, M. and Evans, M. (1999) *Exploring Direct Marketing*. London: International Thompson Business Press.

O'Malley, L. (2003) 'Relationship marketing' in Hart, S. (ed.) *Marketing Changes*. London: International Thomson Business Prass, pp. 125-45.

Palmer, A.J. (2000) 'Co-operation and competition: a Darwinian synthesis of relationship marketing', *European Journal of Marketing*, **34** (5/6), 687-704.

Peppers, D. and Rogers, M. (2000) 'Build a one-to-one learning rlationship with your customers', *Interactive Marketing*, **1**(3), 243-50.

Prabhaker, P.R. (2000) 'Who owns the on-line consumer?', *Journal of Consumer Marketing*, **17** (2), 158-71.

Reynolds, J. (2000) 'eCommerce: a crltical perspective', *International Journal of Retail and Distrbution Management*, **28** (10), 417-44.

Ryals, L. (2000) 'Organising for relationship marketing' in Cranfield School of Management *Marketing Management: A Relationship Marketing Perspective*. Basingstoke: Macmillan, pp. 249-64.

Seddon, J. (2000) 'From push to pull-changing the parding for customer relationship management', *Interactive Marketing*, **2** (1), 19-28.

Sheth, J.N. and Sisodia, R.S. (1999) 'Revisiting marketing's lawlike generalizations', *Journal of the Academy of Marketing Sciences*, **17** (1), 71-87.

Sheth, J.N. and Parvatyar, A. (2002) 'Relationship marketing in consumer markets: attecdents and consequences' in Sheth, J.N. and Parvatiyar, A. (eds) *Handbook of Relatinship Marketing*. Thousand Oaks CA: Sage, pp. 171-207.

Sisodia, R.S. and Wolfe, D.B. (2000) 'Information technology' in Sheth, J.N. and Par-vatiyan, A. (eds) *Handbook of Reationship Marketing*. Thousand Oaks CA: Sage, 525-63.

Smith, W. and Higgins, M. (2000) 'Reconsidering the relationship analogy' *Journal of Marketing Management*, **16**, 81-94.

Stone, M., Woodcock, N. and Strkey, M. (2001) 'Assessing the quality of CRM', *Marketing Business*, July/August, 31-3.

Sussex, P. and Cox, C. (2002) 'Next generation customer relationship management: stategic CRM', KPMG, Chartered Institute of Marketing Seminar, March.

Tapp, A. (1998) *Principles of Direct and Database Marketing*. London: Financial Times Management/Pitman.

Uncles, M. (1994) 'Do you or your customer need a loyalty scheme?', *Journal of Targeting, Measurement and Analysis*, **2** (4), 335-50.

Wetsch, L.R. (2003) 'Trust, satisfaction and loyalty in Customer Relationship Management: An application of justice theory', Relationship marketing Colloquium 2003, University of Gloucestershire.

Whalley, S. (1999) 'ABC of relationship marketing', *SuperMarketing*, 12 March, 12-13 .

Wilson, I. (2000) 'Customer relationship management-hype or relity ?' International *Journal of Customer Relationship Management*, June/July, 57-61.

Woodall, P. (2000) 'Untangling e-conomics: a surver of the new econnmy (paty 1)', ebusinessforum. com, *The Economist*, **27** September.

Zineldin, M. (2000) 'Beyond relationship marketing: technologicalship marketing', *Marketing Inteligence and Planning*, **18** (1), 9-23.

第十一章

關係管理

學習目標

1. 關係的管理
2. 行銷計畫
3. 高／低涉入的管理
4. 個人資訊的管理
5. RM 的批判

前言

　　你如何管理前一章所討論的各種類型的關係？管理關係的理念其本身或許就是不切實際的，因為它可能意謂著嘗試去控制非常容易善變與愈來愈獨立的顧客群。Evans（2003）曾以矛盾修飾法（oxymoron）來說明關係管理，它代表著極端右派與左派的兩個部分。根據O'Toole and Donaldson（2003）的觀點，將規劃的架構應用到關係行銷，意謂著「對某些無法被管理的事物採用管理的觀點」。這並不是在告訴我們商業世界的混亂。然而，管理當局的規劃與決策的制定，有必要對任一組織與重要的因素，協調其正確的方向與資源的分配，以創造出一種有利的組織氣候，俾有助於關係的培育與發展。雖然O'Toole and Donaldson（2000）曾提出一個頗為知名的理性規劃模式，但若只是將RM完全套用在現有的組織結構與系統中，而完全未考慮到如何追求與發展關係，則可能會產生嚴重的問題（O'Malley, 2003）。然而，又如何協調整合RM與組織結構和系統呢？所謂RM的管理並非意謂著只是一個公式或預先確定的解決問題之方式，便能保證成功。關係策略的運用決策與這些決策之設計與執行的方法，即使可獲致成功的關係管理，但它們都會隨著不同的情境而有所不同。

　　過去實務界所提供的建議，較缺乏有關如何執行RM或執行的細節等方面的內容（Too *et al.*, 2001）。毫無疑問的，由於缺乏特定與具體的指導綱領，因而受到批判。RM一直被批評為缺乏系統性的步驟，且關係行銷人員只是「短暫的幸福、容易多愁善感、行動遲緩、光有滿腹的熱情卻缺乏任何實際的動作」（McDonald, 2000）。而之所以會有此種批評，也許有部分原因在於你是否將行銷視為一門科學或藝術。行銷之科學的觀點，強調的是必須有一套系統性解決問題的方法，然而，若以藝術的觀點來看待行銷，則認為應針對個別的情境創造出「最適配」（best-fit）的獨特解決方法，且無法在其他場合加以複製。

有關科學或藝術的爭論已持續好長一段時間了，且似乎也沒有任何定論，在此，其可能最糟的結果是，當行銷人員排斥另一種觀點時，可能引發偏激的意見之辯論，而且（最極端的情況）可能宣稱若要獲致成功，則唯有採行其堅持的特定觀點之解決方法，科學與藝術的本質之各種見解與方法，基本上仍存在很大討論的空間，說得更淺顯明白些，確定自己是對的人，都會找出明確的事實來證明自己是對的。

具體言之，那些支持直效行銷、資料庫行銷及顧客關係管理的人士，傾向於提出一般化的解決方法，且通常較不注重那些特定情境下須採用何種不同的方法較適切，但這並不是說 RM 的鼓吹者都是這類誇大主張的無知人士。然而，不管關係行銷究竟有什麼缺陷，其概念基本上應與直效行銷、資料庫行銷、顧客關係管理、忠誠度行銷等有所區別，包括諸如戰術性的方法、採短期的定義等，但它們在各方面皆對長期關係的發展有所影響。

一般人的看法（至少在本書是如此）認為，RM 並非對每種情境，甚至大多數的情況，都是正確合理的，這是個沒有絕對誰是或誰非的觀點，亦即沒有任何一個觀點是絕對占上風或壓倒其他的觀點（Littler, 1998）。如同 Micklethwaite and Wooldridge（1996）就曾諷刺地指出：

> 當你深入探究任何一個領域的管理理論時，最終你將會發現，事實上各領域之間彼此都是緊密連貫的，問題在於，為了挖到金礦，你必須掘遍整塊大地。

關係策略的應用是針對某一需要情境做出的回應，這意謂著它們應涵括具彈性與熟稔的要素。沒有任何一種關係的策略彼此間是互斥的；也就是說，並非是一種單一的、狹窄的、一種概念性的策略，相反的，公司所需要的是「各種策略類型的組合」（參見第四章），且

各種關係皆占有其重要的角色，就如同自然界退潮與漲潮的規律性一樣，有些概念進入，有些則離開。某一世代適用的概念，下一世代則未必適用。事實上，由於關係的獨特性，導致不同公司之間成功實務的機械式移轉，讓人產生質疑（Häkasson and Snehota, 2000）。然而，差異化不就是行銷的核心概念嗎？如果是的話，那麼行銷人員為何致力於兜售一般化的解決方案？

　　公司必須檢視相關的觀點，然後採納或排除其中某些觀點，作為適切的策略。畢竟，經由對「真實世界」的行銷實務之觀察，可發現存在一種混合式的管理方法，可最合適的用來反應時下盛行的各種情境（Chaston, 1998）。我們或可想像到，公司可能改用另一套關係活動來符合某些對此有需要的顧客，或者符合公司最能獲利的情境，但是其他的顧客則可能未享受到這類的服務，或者其對利潤並沒有任何貢獻。行銷人員的技能（或藝術），本質上並非 RM 或 TM 策略的應用，而是在特定的情境下應用此類策略於適當的顧客身上。

壹、關係管理

　　上述的論點並未認為管理當局無任何角色的扮演，絕對沒有任何藉口，認為關係策略的經營是很容易的。事實上，藉由公司內的一套制度或系統要讓RM能夠順利運作，將是一項非常艱難的行銷任務（Ryals, 2000），我們必須儘量避免的做法是「將嬰兒丟入洗澡盆內」。若將頭猛然的向前衝撞，其瞬間的結果（可預期的是厄運的降臨），將好比在某特定情境下採用了不適當的關係策略一樣的危險；其中最大的風險在於，雖然創造了關係，但卻未考慮到如何創造價值（Ballantyne, 2000）。Ballantyne 將其稱為RM「掉入陷阱之途徑」，其最大的特色在於過於熱情的追逐未知的事物。如果我們接受其觀點，則我們必須承認每位顧客都是獨特的個人，且每家公司亦皆為獨一無二的，因此，謹慎提防設下陷阱的獵人，離他們愈遠且愈快則愈佳。如同 Damarest（1997）所指出的，沒有所謂「何者是對的」，而僅是「何者可運作」，或甚至「何者可更有效的運作」。

　　與其他任何的學科領域比起來，行銷或許更具有「除舊佈新」（new broom）徵兆的傾向（Mazur, 2000）。若嘗試著一夜之間便重新改寫一切事物，則往往難逃遭遇災難的命運。然而，持續維持著彈性的調整才是最主要的關鍵。使用小刀而非斧頭（Micklethwaite and Wooldridge, 1996）應是一個頗為貼切的隱喻，檢視與調適目前的策略則是最適切的做法。根據 Gronroos（2000）的觀點：

　　　　對於關係行銷應如何與公司的規劃加入整合，我們所知道的都相當有限。唯一適切的做法可能是經由公司不斷的嘗試錯誤（trial and error），及透過調查研究。在這些場合之下，開始逐步的將RM的構面注入執行中的計畫似乎是較合理的，這期間仍必須維持其最基本的營運模式。

使用「現有的模式」與「注入 RM 構面」的優點在於，可引導出一致性的活動：有能力建立一些該做的任務及了解為什麼如此做。雖然大多數的行銷計畫傾向於非常有系統的方式來執行，且依既定的程序來進行；但若能調適某個系統而非以另一個系統來取代，似乎是較佳的做法，且亦比較不致耗費太大的心力，然而此舉亦有其負面的結果。策略、戰術、權力及情報的蒐集等的用語皆有其共通性，而非像信任、和諧及承諾等觀念可能有令人感到不適的感覺（O'Malley and Tynan, 1999）。比較切合實際的觀點是，若能體認到合作的價值遠大於對抗，則較有可能採納「新語言」。

貳、行銷計畫

傳統的行銷計畫通常依循著如下的程序：分析、設計、執行及控制，當然亦可能存在各種不同的模式，且不存在任何的一般性模式絕對比其他模式要好。例如，圖 11.1 所示的計畫模式，一般可用其開頭第一個字 SO-STAC 來表示，即情境（Situation）、目標（Objectives）、策略（Strategies）、戰術（Tactics）、行動（Action）及控制（Control）。此外，它近似一種「標準的模式」，其與大多數計畫模式有一點不同的是，它並非是線性的途徑（linear approach）；相反的，此一模式認為行銷計畫並非「一次便結束」（one-off），而是需要經常的加以修正。此外，該模式亦非一系列的步驟，而是各項活動之持續性的循環。

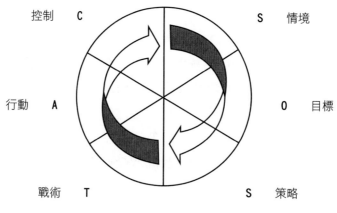

控制　C

S　情境

行動　A

O　目標

戰術　T

S　策略

🐛 圖 11.1　基本的 SOSTAC 規劃模式

　　另一方面，其他的（或許是更為傳統的）行銷計畫模式亦頗為普遍。例如，圖 11.2 為 Brassington and Pettitt（1997）所提出的「規劃程序中的階段」，及 McDonald（1999）所提出的「十個步驟的策略性行銷規劃」模式，及兩者的比較。值得注意的是，雖然不同的學者對於計畫的不同階段有不同的用語，但基本上此兩者頗雷同，在任何的行銷計畫中，雖然其顯現出來的似乎是序列式的，但其中的某些步驟可能是同時進行的，且資訊亦須不斷的加以更新修正。雖然它們似乎頗具系統性，但彈性要件亦是其重要的關鍵。決策的制定未必遵循如此一致的步驟，且規劃可能依如下的方式進行，「隨著組織的演變，採用有機式（非機械式）的規劃途徑，並參照一切相關因素之交互作用的結果」（O'Toole and Donaldson, 2002）。

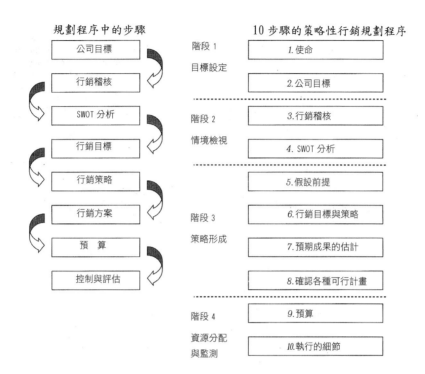

規劃程序中的步驟　　　　　　　10 步驟的策略性行銷規劃程序

公司目標　　　　　　階段 1　　　　　　1.使命

行銷稽核　　　　　　目標設定　　　　　2.公司目標

SWOT 分析　　　　　階段 2　　　　　　3.行銷稽核

行銷目標　　　　　　情境檢視　　　　　4. SWOT 分析

行銷策略　　　　　　　　　　　　　　　5.假設前提

行銷方案　　　　　　階段 3　　　　　　6.行銷目標與策略

預　算　　　　　　　策略形成　　　　　7.預期成果的估計

控制與評估　　　　　　　　　　　　　　8.確認各種可行計畫

　　　　　　　　　　階段 4　　　　　　9.預算

　　　　　　　　　　資源分配
　　　　　　　　　　與監測　　　　　　10.執行的細節

（資料來源：“規劃程序中的步驟”, based on Brassington and Pettitt, 1987）

（資料來源：“10 步驟的策略行銷規劃程序”, McDonald, 1999）

🙂 圖 11.2　不同的行銷計畫

一、發展行銷計畫

　　本書並不打算深入談論行銷計畫的細節，讀者若有興趣可參閱其他相關的書籍（包括圖 11.2 所示的兩本著作）。以下所要介紹的是行銷計畫發展之一系列步驟，並特別強調與關係策略發展之相關聯性，此一架構主要是以圖 11.1 所示的 SOSTAC 模式為基礎，但亦可應用至任何特定的計畫。

二、情境（情境分析）

　　古老的一句諺語聽起來相當真實：「當你不知道你是從哪裡來時，你又如何能知道你將往何處去？」大多數的公司一開始（或重新開始）進入規劃程序時，都會先建立（或反覆述說或調整）其使命與營運範疇，使命與營運範疇則與「組織內的態度和期望有關，都是在審視組織的事業歸屬、組織如何評估競爭情勢，以及如何配適其所處的環境」（O'Malley *et al.*, 1999）。因此，必須界定公司或事業的目標，使得組織的優先順序（通常是財務性的）能夠考慮到與融入此一計畫中。

　　依據決策的類型來進行情境分析，可針對組織與其競爭力及總體環境作一個完整的評估。情境分析通常可採用的方法包括（簡單與複雜的都有）PEST（L）、SWOT 及競爭市場模式等，藉由這些方法來進行分析。由於 RM 非常強調留住顧客與現有顧客群之重要性，因此，「顧客分析」應被列為重要的分析項目之一。公司與個別顧客類型位於策略連續帶的哪一位置，若能形成具體的概念，則有助於提供有用的見解。針對走向關係式或交易式的影響因子（驅動因子）加以審視，對此一分析過程將有很大的幫助。買方—賣方的關係很少以單純的形式出現。欲了解何時適合採用RM策略，則有必要對間斷式交易（有一個明顯的起始點、較短的持續期間及很快的結束），與關係式交易（依循之前的協議、持續期間較久，以及反映出永續的過程）兩者之間的差異加以區別（Morgan and Hunt, 1994）。除了其他關係之結果外，尚須考量到有關這些關係如何影響公司的策略方向。

　　雖然一般人皆認為「單一的區隔」（segment of-one）存在很多的優點，但現有的能力若能將不同的顧客類型加以整合，則可能是更為實際的做法。因此，目標市場的確認與特徵的描繪，將是非常重要的工作。對以「網羅顧客」為目的而言，此舉可能仍須使用社會—人口統計、地理—人口統計或生活型態（包括購買傾向）等的資料，這些資料的來源可能經由租購「名單」或傳播媒體視聽眾分類報告的蒐集而得。然而，網際網路或可提供追蹤實際行為之新的管道與手段（參見第十章），因此它至少在此

一領域有個重大的突破。此外，並非每位顧客都要同等對待，而且關係行銷人員所擁有用來瞄準與鎖定「正確」的顧客之技能方面，在短期內未必是最容易吸引或最具獲利的途徑（Reichheld, 1993）。

從留住顧客與開發顧客的觀點來看，公司的資料庫變得非常重要，因為它可指出顧客的偏好與獲利情形。例如，直效行銷人員會利用「最近、頻次及貨幣價值」（recency, frequency and monetary value; RFM）的模式，亦即將顧客最近一次的採購與頻次，及之前採購的價值等資料組合起來，針對特定的目標來決定行銷組合〔包括「交叉銷售」（cross-selling）與「提升銷售層次」（up-selling）〕。除了建立顧客特質的資料外，RM 的觀點亦隱含著以關係的類型來作區隔化，期能提升最大的獲利（Smith and Higgins, 2000）。

三、目標

目標引導著組織的方向，它們代表著「公司想要成為」什麼樣的事業。目標應具備 SMART 的特性〔即策略性（strategic）、可衡量的（measurable）、可行動性（actionable）、實際的（realistic）及即時性（timely）〕，以及可傳達性（communicable）與有抱負的（aspirational）。傳統上，行銷目標乃延伸自（或銜接上階層的）事業目標，科技的發展有助於建構資料庫，並依據相關的資訊來建立目標，因此可讓公司採用「由下往上」（bottom-up）的途徑，以能在現有的模式中建立目標。

為了確保公司每個人皆朝向相同的議題與方向來努力，有必要確定每位員工皆清楚高階層與行銷的目標。RM 的觀點進一步指出，這類的資料應能夠分享給所有其他的核心關係夥伴。此點特別是許多CRM所未能做到的。

四、策略

如果說目標是「我們想要達到何處」，那麼策略便意謂著「我們將如何走到那裡」。行銷策略可能包含一些子策略（sub-strategies）（如媒

體策略、創意策略等）。專欄 11-1 列述了許多不同的策略選擇,提供我們可依據目標在於交易式或關係式來發展最終的策略。

五、戰術

戰術是一些作業性的要素,本質上是短期性的。例如,在不同的媒體間(包括網際網路)或技術(如直效行銷)作選擇,皆為戰術的例子。在此可能存在的問題是,對戰術性與策略性產生混淆。網際網路通常會影響所有的經營活動,它是一項戰術性的工具,也是公司一部分的(肯定非全部)軍械庫,它雖有助於提升其他工具的效果,但嚴格來說,它也是另類的媒體通路。相同的說法,資料庫行銷、直效行銷及 CRM 等,皆是 RM 策略內的戰術性工具,而非為公司所發展出來的策略性方法。

專欄 11-1

交易式與關係式行銷

交易式行銷	關係式行銷
❑ 完成交易後即消失。	❑ 協商「雙贏」的銷售情境,促使其成為一項資源,以期獲得較佳的成果。
❑ 推式的定價。	❑ 提升價值。
❑ 短期的思考模式與行動。	❑ 長期的思考模式與行動。
❑ 達成交易。	❑ 業務建立在關係的基礎上。
❑ 網羅新顧客。	❑ 維繫老顧客。
❑ 非建立在永續業務的架構上。	❑ 創造維繫關係的架構。

❑ 銷售導向。　　　　　　　　❑ 關係導向。

❑ 強調短期。　　　　　　　　❑ 重視長期與密切的關係。

❑ 激勵「完成交易」。　　　　❑ 提供長期關係與收益的誘因。

❑ 以銷售宣傳與推銷為基礎。　❑ 以信任提升收益為基礎。

❑ 售後服務視為額外的成本。　❑ 售後服務視為關係的投資。

❑ 以產品服務為焦點。　　　　❑ 以人員的期望與認知為焦點。

❑ 「完成交易」即提供獎酬誘因。　❑ 獎酬的提供在於激勵關係的維
　　　　　　　　　　　　　　　　持與發展及長期收益。

❑ 交易完即結束。　　　　　　❑ 銷售只是關係的開始。

（資料來源：摘自 Thomas, 2000）

六、行動

　　行銷計畫提供了將組織的理念變成現實的一種手段，可藉由提供一些可被執行的架構與實際的活動（O'Malley *et al.,* 1999）。行動計畫亦提供了目標得以達成的一個藍圖，依據所訂定的目標，有必要逐漸的散播資訊給員工、供應商、顧客及策略性夥伴。

七、控制

　　控制的要項包括了設定明確的評估準則（如目標顧客的回應程度）。它亦可能包括在全面執行之前的檢測。檢測與研究所不同的是，它是一項實際的回應（雖然是小規模的）而非預測的回應，在此方面，科技於任何行銷計畫的控制要項中，扮演著相當重要的角色。

參、經營關係

在將RM融入公司的行銷計畫時，必須深切了解某些額外的因素，而這些因素亦須將之融入計畫中，並妥善的管理。

一、面對關係（Handling relationship）

雖然企業渴望與其顧客發展永續的關係並非新鮮事，但近來資訊科技的一些發展，提供了創造賣方與其每位顧客之個別關係的新機會（Bejou and Palmer, 1998）。科技甚至創造更大的能力，可讓企業致力於關注個別的顧客（或者所謂的一對一行銷）。如果RM的概念意指，不論所面對的顧客之人數，每一位顧客都可個別對待（Kunoe, 1998），那麼「一對一行銷」便是它所追求的終極目標；它所強調的是，每位顧客都需要採用不同形式的溝通，且（就理想的情況而言）亦須個別的照料。此時可能引發的風險是，若以科技來取代人員的接觸，那麼想在現實中執行「一對一行銷」，則未必適用於任何一種情境。

因此，顧客關係的管理與產業對產業的情況，可能有所不同。在「低涉入」的消費者市場中，與顧客之間的關係則可能透過諸如資料庫或全球資訊網路 WWW（O'Malley and Tynas, 1999）而建立。資料庫可用來瞄準與鎖定顧客，此時顧客可能完全不認識公司，但問題在於公司所擁有的資料庫之內容（Barnes and Howlett, 1988）。根據 Copulsky and Wolf（1990）的看法，RM的此種資料庫觀點應涵括下列三個關鍵要項：

𝕡 確認與建立現有的與潛在的顧客之資料庫。
𝕡 傳送差異化的訊息。
𝕡 追蹤每一種關係。

對「低涉入」的顧客而言，他可能相當樂於接受以科技為主導的RM，

而此時科技即為實體近似物的替代品（Zineldin, 2000）。與「高涉入」的消費者對照之下，後者可能需要更多的人員接觸、較少機械化的對待，及更個人化的接觸，而（現有的）科技似乎很難仿製。

關係的管理常會掉入陷阱。問題在於，許多行銷人員往往被一些事物所矇蔽。他們並非僅將資料庫視為一種「有能力的科技」而已；相反的，有太多的公司過於專注在「資料庫的建立」，而非「關係的建立」（O'Malley *et al.*, 1997）。此外，很有可能發生如下的情況，即操作資料來發展關係雖然是可行的做法，但並不意謂著所有的顧客都想要或需要這樣的關係，如同 Pels（1999）所指出的，此種「科技允許我如此做」的想法，在生產導向（而非行銷導向）的社會中是非常普遍的。

二、個人資訊的管理

利用精湛的科技來管理顧客的資訊，可能產生因隱私性所帶來的問題，且對於隱私性的重視將會侵蝕買─賣關係（Prabhaker, 2000）。雖然這類隱私性所關注的課題並非 RM、CRM、DbM 等所特有──病歷的記錄則是另一種案例──但不同的則在於所蒐集與所使用的資訊內容之深度與多樣性（Smith and Higgins, 2000）。它們所關注的包括下列三大課題：

- 個人資訊的遞送與蒐集，違反了人們的自由權。
- 所傳遞的資訊可能並非付費的顧客所想要的。
- 如果公司被允許持有這類的資訊，則它們應該謹慎小心的運用。

1. 自由人權的破壞

基於商業的誘因來蒐集、購併、倉儲及銷售顧客的資訊，雖然很常見且數量亦相當龐大，但其保護措施相當欠缺且常被忽略（Prabhaker, 2000）。在英國，已訂定有關資料保障的法令，且對管制單位之嚴謹的控制持續施予很大的壓力。目前這類法令提供給顧客有機會可對未來「所提

供的任何東西」，擁有「選擇退出」的權利；理論上，包括任何傳送給其他供應商之細節的資料。然而，選擇退出的措施亦要求顧客應避免將其資料被其他的供應商所掌握、儲存，甚至出售，此舉通常可利用一種「隱私性的盒子」（privacy box）之追蹤來達成目標。毫無疑問的，英國（與其他歐洲國家）的法令將愈來愈趨嚴格，不僅是「選擇退出」的顧客，對那些「選擇進入」（opt-in）的顧客亦應有類似的法令規範。依循此類的知識之發展，可預見的是，法令將很快的被引進實務中，而實務界亦積極的鼓勵顧客「選擇進入」或「參與」其網站，這可能涉及資訊或服務（如線上新聞）的提供，以交換資料，對這類顧客授權之資料蒐集的策略，稱之為「應允行銷」（permission marketing）。

此外，亦有些人指出，顧客可能認為其個人的細節資料被不分青紅皂白的傳來傳去，因而會有不良的反應。這種隱藏在獲取資訊之藉口下，而非屬於關係建立的某個階段，實際上可能逐漸損害關係建立的過程（O'Malley *et al.*, 1997）。此一硬幣（現象）的另一面，可能存在相反的結果，亦即嚴格地限制個人資訊的蒐集，最終將限制了企業傳送給顧客的服務水準與品質（Prabhaker, 2000）。

不論如何，這類隱私性的爭議，將永遠伴隨著網際網路之活動而存在。如同 Prabhaker（2000）所指出的：

> 每當某個人與 web 網站互動的時候，她總會隨後留下一大堆額外的細節資訊，包括她是誰、她的購買習性、財務狀況，也許尚包括她的醫療紀錄與其他私人隱密性的資料等。她對於誰可獲取這類資訊及這些人將會如何使用這類資訊等問題，幾乎毫無知悉與掌控能力。對於那些期望能有高獲利的企業而言，要求其不要傷害到顧客的隱私性幾乎是不可能的，因為在目前的環境，高獲利的誘因與科技的不斷精進，使得公司更容易蒐集與分享個人的資訊。

　　毫無疑問的，某些行銷人員將透過交換某些顧客之資訊，視為一種發展關係的手段，此時便會涉及闖入顧客私人生活的嫌疑。因此，這其間如何取得平衡，將是行銷人員一個非常大的挑戰。

　　2.不想要的關照（Unwanted attention）

　　O'Malley *et al.*（1997）曾引用他們最近一次對消費者有關資料管理之觀點的調查報告結果，並作出如下的評論：「傳遞個人細節資料，只是一種造成信箱爆滿更多廢話的手段。」Fournier *et al.*（1998）亦指出，曾有位受訪的婦女對於每天無孔不入的訊息管道充斥其日常生活而感到很無奈，她特別指出，「這真的太過誇張……，一個比一個更無聊的訊息接踵而至。」這並非其個人單獨的認知，且我們很容易理解為何如此。例如，直接信函（direct mail; DM）雖然一直被視為一種更具目標性與彈性的媒體管道，但其回應率大約僅有 4%，而此一回收率就業界來看一般亦認為是滿意的，對每位顧客而言，此種方法是否能引起他們足夠的興趣需於二十四小時內回應，答案顯然是否定的。由於寄送郵件的成本相當低，導致未受管制與不想要的信件很快地變成「網際網路污染」的主要來源（Hanson, 2000）。從現代化生活的角度來看，雖然許多消費者會有相當大的比例視其為提升生活水準的一部分，但亦會干擾到那些視其為垃圾郵件的非目標消費群，不論直效行銷業界是否認同此一看法，唯一可確定的是，愈來愈多的入口網站與電子式的簡訊將會促使此一問題在未來引起很大的關注。

　　3.有效地運用資訊

　　令人感到訝異的是，資訊的濫用似乎是個很普遍的現象。O'Malley *et al.*在其另一項有關消費者的調查研究中指出，令她感到的挫折的是，公司空有豐富的資訊（她們如是認為），但卻未好好的利用它（參見專欄5-3）。她進一步解釋道：

　　　　每個月月底我可能會透支，且在付帳方面會有一些困擾，但

我的銀行仍提供貸款給我，他們每一個人皆了解此一狀況，因為
他們都有我的詳細資料，而且我通常與他們都是面對面接洽的。

Fournier *et al.*（1998）指出，他們稱之為「被遺忘的法則」（the
forgotten rule），親密與傷害交錯在一起。如果一家公司例行性的向其
顧客要求一些敏感的資訊，但卻未善加利用，則應該停止詢問這類敏感的
問題；行銷人員應該更有效的使用他們已擁有的資訊，並發展正確的程序
來啟動與維持和其顧客之間有意義的對話（O'Malley *et al.,* 1997）。今日處
在「互動式年代的顧客」，大都習慣於要求他們的需要能立即獲得滿足，
且亦能以更便利與便宜的方式達成（Peppers and Rogers, 2000），而這一
切都有賴公司盡其所能地善用其已擁有的資訊。沒有什麼事情會比一個問
題一而再、再而三的重複發生，讓人更感到挫折，而這卻是公司提供服務
給顧客時經常出現的問題。有些研究支持此一看法；例如，參與 O'Malley
（1997）研究的受訪者認為，若公司能夠更有效地運用其資料，將可減少
消費大眾接到一些無關的訊息之數量。

三、適當性

若能適切的運用，則科技可用來協助公司自每次與互動中學到許多經
驗，並藉由一些有創意的構想與符合顧客需要的解決方法來深化與顧客的
關係（Gordon, 1998）。相反的，若使用不當，則其反作用力可能將更難以
駕馭。畢竟資訊蒐集方面的任何一項科技之精進，都與社會大眾之接受度
有密切關聯（Prabhaker, 2000）。這類折衷的解決方案很可能會朝向所謂
的「應允行銷」（permission marketing）（Chaffey *et al.,* 2000），此時
消費者會主動的提供所需的資料。

肆、RM 的批判

　　管理當局之一項重要的課題是，對任何策略之（實際或認知的）弱點了解不多。雖然本書所敘述的，一般皆可支持行銷領域中有關關係策略發展之見解，但若忽略了任何有關 RM 之缺陷或批判，則顯然不適當。事實上，此一問題亦隱藏在任何新管理理念引進之際，雖然這類的批判在本章前面就已提及，然而在此我們有必要更深入的探討這類批判。當然，它只是討論有關 RM 之弱點，但亦不應該遺忘掉關係策略仍存在許多的優勢。

一、管理的一時流行

　　RM是一種流行嗎？目前採用RM策略的公司，是否會像過去曾流行的其他領域所發生的問題一樣，而在十年後感到後悔？（參見 Micklethwait and Wooldridge, 1996；對此一問題有深入的討論與見解）在蒐集有關 RM 的著作專輯中，Payne *et al.*（1995）曾提出如下的警告：

> 　　在管理領域中，當有新的構想與觀念出現時，似乎在一段時間內會有一股擁抱的熱潮，然後觀察它們對於目前我們所認知的問題其解決的成效如何。同樣的，在這股熱潮之後，似乎也傾向將之擺放一旁讓它逐漸褪去光芒；最後，我們終將發現，它並非如我當初所想像的是一種萬靈丹，行銷領域中似乎更常有這種「曇花一現」的症候群……。直至目前，已有某些人宣稱，「關係行銷」可能亦是這類短命的管理現象。

　　Dholakia（2001）談論金融服務業的 CRM 時，認為大都皆如同我們一般談論RM的課題一樣；或者說，事實上如同最近 100 年來任何有關的管理發展之議題一樣。他進一步指出：

　　已變成行話（buzzworde）的概念，通常都將開始成為偉大的實務價值之清晰、實用的觀念。之後，便會有其他人士添油加醋，讓它們顯得更為神奇與更具威力（獲利）。隨著愈來愈多的人了解這些觀念並逐漸認同其價值之後，這種「推波助瀾」的作用，導致這些觀念在很多方面都受到重視與強調，但可能仍有某些人卻還是無動於衷。

　　Brennan（1997）亦曾指出，一些流行性的管理術語，很可能被過度使用與濫用，而最終遭致貶抑。RM 至目前為止，對於此類效應似乎仍未具免疫力。

　　如同所有成功的構想與觀念一樣，RM 亦是在剛開始時頗受歡迎（Blois, 1999），且亦有許多執行成功的案例，而這些案例則有助於此一概念的推廣。然而，下列的看法亦是相當真確的，亦即當 RM 的快速發展之際，其適用範圍亦已被相當延伸，因此必須注意的是，它絕非是任何情境下皆可適用者。如同 East（2001）所指出的，其中存在某些命題與主張仍尚未有任何實證的支持，它們僅是奠基在一些無效度或過度推論的基礎上。通常這類的案例都會發生巨大的變革，因而傾向於大幅度的修正（Baker, 1999），且最後成為一個過度宣傳的概念。因此，我們必須特別謹慎小心，在執行關係策略時，必須明確的釐清它是否適用在某特定的產業或個人的情境上，此乃涉及通盤思考 RM 的核心理念，以及 RM 所隱含的深層意圖。

二、視 RM 為一種新的行銷概念

　　RM 是一種全新的現象？一直以來 RM 的目標對行銷都很重要？如果這些問題的答案有一個或二個是肯定的，那麼 RM 到底有何特殊的地方（Sheth and Parvatiyar, 2000）。事實上，存在一些對 RM 之公正的批判（如同對 CRM 的批判一樣）。問題乃在於 RM 是否為一項「新的概念」，或只是一種由行銷診斷案例的人所附加在舊概念上的新詮釋而已，它究竟是一種新典範，或只是舊衣服上的新花樣（Palmer, 1998），即可能是「國王的新衣」

（Gummesson, 1997）。1980年代所興起的RM，並未像對待重新發現到長久以來一直很成功的策略一樣地加以探索（Payne, 2000），它僅像是回到前工業時代的實務一樣，當時生產者與消費者彼此之間直接互動，且「存在情感的聯繫並超越單純的經濟交易」（Sheth and Parvatiyar, 2000）。Brown（1991）對此有特別嚴苛的看法，他認為，RM並非是新的概念，而是早已涵括在原有的行銷概念中的一部分。依據他的觀點，認為視RM為全新的事物則「完全沒有任何意義」。事實上，「行銷中關係」之概念並非是新的，因為商人在幾世紀前便已推行。因此，一些偏激學派之徒即認為，RM只不過是一種翻新的行銷，如同近代的一些百貨公司的門口，將看板從「銷售」改為「行銷」而已（Brown, 1998）。

至於較偏RM的人士則認為，其最偉大的成就在於它重新將「關係」注入而成為行銷的主流。事實上，它確實是工業革命前世代之行銷實務的再生（Sheth and Parvatiyar, 1995）。然而，大致而言它是正確的，但關係「重新出現在西方國家的企業與市場上」，其在許多的西方文化中仍保留了許多交換原有的特性（Palmer, 1996）。即使是在我們自己的文化中，此概念或許在「較不世故的」（less sophisticated）村落或小城鎮的社區中也一直保有其一定程度的活力，而這些現象之前較少被行銷學術界所重視。根據Gummesson（1999）的說法：

重新燃起對RM的興趣，或許意謂著行銷理論家正逐漸的了解到現實；也就是說，我們正開始分辨出日本的「集團企業」（Keiretsus）之行銷內涵、中國人的「人脈關係」（Quanxies）、全球民族的網絡、英國關係連結的學派、朋友之間的商業交易、對當地旅社的忠誠等等，行銷尚未深入探索這些現象，但實務界確已風行多年了！

就上述的這些名詞來說，RM只是重新強調行銷領域中某些被忽略的部分（Brown, 1998），而非創造一些全新的概念——如同「回歸到（或向前

走向)最基本的事物」一樣(Gummesson, 1999)。

三、選擇性的研究

另一個針對RM之令人信服的批判是,在某些個案研究中雖推論出可獲致成功,但這些研究通常都僅是以有限的產業中所挑選出來特定的組織為基礎。在推廣RM(實際上亦包括DM、DbM或CRM)的過程中,這些宣稱通常都只是隱含的推論而非直接的證實,因此學者亦常忽略某些產業基本上其對關係策略並無迫切的重要性。這類選擇性的研究之一項潛在的危險是,它可能導致一些極端偏見的看法,而其結果亦可能引發某些行銷人員堅拒採用其他可行方案,並極端的強調公司唯有採行其特定的解決方案,否則不會成功(Chaston, 1998)。

這類既定(特定)的解決方案,大都是企業推廣RM (或其他任何)概念時,與顧問公司商討問題所特別關注的事項與方法。任何網際網路的研究,在使用「關係行銷」(或最近更流行的「顧客關係管理」)這個名詞時,都會產生許多這類的顧問,而每個顧問都會大力推廣其觀點的優點。如同Mitchell(1997)以帶有嘲諷的語氣指出,顧問所「販賣的關係行銷之解決方案」,每年的成長率高達30-40%,而他們的客戶之成長卻僅在3-4%左右。因此,行銷人員在檢視支持RM之例證時必須特別謹慎注意,在某產業導致成功執行RM的因素,是否符合本身所處的情境,否則未必能適用。

O'Malley and Tynan(2000)亦指出,雖然行銷人員皆已擁有適切的科技,但是否能加以內部化成為公司的經營理念則仍是模糊不清的,此問題在消費者市場中特別常見。他們認為,在許多市場中,很明顯的,某項資源大都是由上(如廣告)而直線往下移轉(其他的行銷溝通工具,如銷售推廣)。這也指出了,在某些情境之下,RM的觀點有時是外表炫麗,但卻不切合實際。

四、單向的溝通

即使對於「共同生產」(Co-producing)的評價很高,但一般認為,

顧客的聲音通常仍被許多執行 RM 的企業所遺漏掉（Buttle, 1999），尤其是大多數的消費性商品的行銷更是如此。雖然對於進展快速的資訊蒐集技術與致力於長期顧客關係的發展等方面，企業似乎都能積極的追求，但卻有許多宣稱採納RM技術與概念的公司，一直忽略掉關係的建立是雙方面的（Fournier *et al.*, 1998）。「關係」一詞在實務界的運用上，通常被用來作為支撐供應商的行銷活動之基礎，但對於那些甚至參與RM活動的顧客卻未加以重視（Blois, 1997）。

此一觀點也因而產生了一些問題（第二章有討論），亦即對於最終消費者與大型公司之間的互動，使用「關係」一詞是否合宜，或許我們可作出如下的斷言，許多有關RM的研究，其研究設計皆未針對消費者方面的利益作探討，而僅致力於賣方公司的利益（Mattsson, 1997）。此乃意謂著，太過專注於供應商的需要面，而對於購買者是否想要發展永續的關係這個問題卻完全加以忽略（Palmer, 1998）。此外，他們亦過於重視「虛擬的關係」（pseudo-relationship）（Barnes, 1994），亦即遺漏掉關係的另一方，忽略掉如何有效的將顧客納進關係發展的過程，如此一來，將使得關係呈現對立的狀態，且造成終止關係的成本變得非常昂貴。

五、訛用（Corruption）

毫無疑問的，社會連結〔尤其是在企業對企業（B2B）的情況〕可能變成一個普遍的觀點，此時將可能導致朝向不強調經濟效率的關係發展。從極端的情形看來，一些走極端的買方與賣方所構成的網絡可能獲得足夠的市場權力，結果導致整體的經濟利益之損失（Palmer, 1998）。此外，許多基本的合作性行銷之原則亦皆與競爭的理念大逆其趣（Palmer, 2001）。事實上，在多數已開發國家的市場皆已通過反競爭的立法，此時這些彼此合作的廠商皆可能因而觸犯了此一法令。Gummesson（1999）所引用的「英國連結學派」（British school tie）與「朋友之間的交易活動」等觀點，亦皆可能在合作性的商業活動引發道德危機的問題。

六、過時的行銷（Outmoded marketing）

過去以來，我們一直談論著行銷已步入所謂的「中年危機」（mid-life crisis），也許，它只是強調行銷尚未臻於成熟的階段，絕大多數皆缺乏理性而顯得年少輕狂。Micklethwait and Wooldridge（1996）在其對管理理論之批判中曾列出了四個觀點，而這些論點串連出青春時期的管理學科所作的描述：

⚲ 體質上無法承受自我批判。
⚲ 其使用的專門術語通常是混淆不清的，而不具教導性質的。
⚲ 它很難克服一些基本的常識問題。
⚲ 它只是趨於時尚流行與令人迷惑的，且往往自我矛盾而無法成為更嚴謹的一門學科。

RM基本上亦常受到上述四種論點的批判──但是許多其他的理論也都是如此，雖然這些理論亦都試圖提出有效的問題解決方案。當然，我們很期望這本教科書不至於陷入這四種謬誤。

七、後記（Postscript）

雖然很多人可能認為「古典學派」的行銷正走入歷史，而且我們也正邁入「新行銷典範」之遞移交換的過渡時期，然而仍有很強大的聲音主張行銷正處在混沌未明的狀態，且不知何去何從（Brookes and Little, 1997）。事實上，此種說法也許是針對RM而來的，即使它具有某種程度的正當性，亦即雖然它有很堅強的理論基礎，但很顯然的，其在實務的推行上仍面臨一些困境（Fournier *et al.,* 1998）。對此，在充分驗證它的真實性之前，以及學術界與實務界在投入資源與心力探究之前，仍有許多待努力的方向。

雖然前面所提及的批判論點與潛在的危機，皆不能被忽視或將之隱藏

在地毯下，但我們亦不應該全盤否定掉RM的確是一個有價值的行銷概念。毫無疑問的，僅從RM的表面上來看，很容易導致過度簡化的爭論，因而忽略掉關係的錯綜複雜性，也因此導致潛在的誤導，即使是一些簡單的爭論，諸如那些根據理論的基礎而提出RM的論點，也並無法保證其論點不會遭致誤用（Holland, 1990）。行銷學者之真正的角色在於，儘可能的消除誤用與濫用的情形，揭開迷思，並以創新的方式來陳述現實，進而提供一個改進的指引方向（Gummesson, 1997）。如果我們想要預防RM的英年早逝，那麼大多數的行銷人員皆必須將「華麗的言辭」與「現象」兩者加以區隔開來（Fournier *et al.,* 1998）。

摘　要

　　本書最後一章主要探討 RM 的管理，有些人批判 RM 缺乏一套有系統的思考架構，但這或多或少與行銷究竟應視為一種藝術或一門科學有關。本章認為，在將RM策略導入現有的行銷計畫時，猶如「使用一把利刃而非鈍斧」，這可藉由與現有的策略作一比較便可得知。本章特別針對RM，討論了行銷計畫內涵中的許多層面。

　　本章專門討論如何管理關係，特別是在科技的應用方面，包括回顧一些與資訊處理有關的課題、個人隱私權的侵犯、不想要的關照與不適當的使用資訊等。

　　本章以 RM 之一些批判的回顧作為總結，藉此可提供對 RM 更實際的認識與理解或了解到其缺點，這些都有助於發展成功的關係策略。具體而言，本章質疑與釐清如下的一些問題：RM是一種「管理的風潮」、一種重新操作的概念（因而並非是新的）、以選擇性的研究為基礎與單向的溝通，以及傾向於被訛用。

　　在後記部分，本章指出，雖然我們不能輕忽任何一項的批判或與所存在的風險，但亦不應該全盤否定掉RM是一種有價值的行銷概念。最重要的是，行銷人員必須正視現象，而非僅玩弄華麗的言辭。

字　討論問題

1. 在一項行銷計畫中，有哪些因素可用來區別是否融入關係策略，或者僅是一項更為傳統的計畫？

2. 為何顧客資訊的管理在未來會變得愈來愈重要？

3. 依你的判斷，有關 RM 的批判中，哪些可歷久彌堅，而哪些則僅是短暫性的？

個案研究

一個艱困的年代

　　上個世紀才剛過去不久，汽車業的傳奇人物亨利福特在芝加哥 *Tribune* 雜誌上向一位來訪者提及「歷史或多或少像個撒謊的演說家」。他的觀點之意義為何？躍進式的創新不僅源自對過去的凝視，尚且需要大步地邁進未知的世界。

　　就某一層面的意義來看，他的觀點是正確的。有太多的公司，被其心態與制度所窒息與壓抑，亦即以墨守成規的方式來經營企業，因而幾乎沒有任何實際的創新可言──然而，創新對於促進公司永續的成長是迫切需要的。

　　創新機構 Brand Genetc 的合夥創辦人之一 John Kearon 認為，行銷實在沒有任何理由為其成為世紀的主流而感到自豪。他曾引用了一些統計數據指出，前五十大的 fmcg 品牌中僅有 4%（這些品牌大都是該產品類別之翹楚）──如可口可樂、幫寶適、Persil 等等──尚能在上市五十年後仍蓬勃發展著。

　　也因為如此，並沒有所謂明星級的產品類別創新，但是存在另一個問題，它是較少公開宣傳但卻是對公司大大小小事物都有巨大影響的最基本之問題。此外，即使在公司大幅削減其規模與逐漸衰退後的十年左右，以及經由合併與購併之後煥然一新，有太多的公司卻嘗試著創造未來，以找回其遺失的光榮歷史（曾經讓公司極為風光的年代與歷史），而目前這些公司大都只是被未來嚇跑的一群缺乏自信的人的另一種集合體而已，而且他們也大都藉由自我的再度翻新來尋求生存之道。

　　這並不是有關公司被圍困在毒蛇猛獸周遭的歷史典故，並以諂媚奉承的方式撰寫出書來表彰公司過去的輝煌歷史，這是一個

公司之真實的歷史，一個活生生的現實素材；一群成功與失敗的人聚集在一起，他們看到被市場征服與征服市場的另一群人，它也是一部公司的回憶錄。

不幸的是，負有協助組織走向未來之重責大任的行銷人員，卻又往往過於忽視過去的一段歷史——即慘痛的過去。比起其他任何的功能領域來看，行銷更像是「新生代」的表徵，看到了熱情如火的新行銷經理已整備就緒的清除過去的一切，而整裝重新出發。無論他們做得有多好，都已克服了老舊的那一套缺陷，即使是後見之明的事實提醒了他們，產品的延伸很少能有很長的壽命，但他們仍然採用延伸品牌的做法。即使是僥倖成功了——很多活動中總有一些成功的——在公司的其他部門之眼中，行銷仍被視為一個黑洞。

以更持平的說法，過去歷史上有太多的案例最終都是無疾而終。在這個偉大的改造工程之新生代中，一些最先遇難者都是那些死守公司過去輝煌事蹟的人士，許多大型的公司甚至擁有保管公司檔案的人士，他們詳細的記錄了公司過去的一切，然而那些致力追求利害相關團體價值的活動，卻被視為浪費公帑的做法。因此，目前積極的想要建置知識管理系統之做法，雖因公司太慢體認到知識不斷流失的嚴重性，但這些有洞見之士有可能讓公司重新取得其競爭地位。

由於掉入了陷阱而不自知，使得許多零售商仍因固守著其原有忠誠卡之做法。歷史應該會告訴它們，真正的忠誠（源於提供正確的東西）與虛假的忠誠（源於大量的投資於促銷方案），兩者之間存在很大的差異。

這也難怪 Sainsbury 的董事長 George Bull 先生會告訴 FT 零售業者，必須重建其核心事業以獲致再生，即「回歸到扮演整個國家之最佳的超市之角色」。因此，Sainsbury 與其他偉大但業績不

怎麼樣的品牌，必須牢記自己過去成功的優勢，並建立在這些基礎上。

　　或許有人會質疑，這些都是企業的演變過程，但歷史不會重演——事實上，即使再回到原有的經營模式，但成功將會走向那些從原點（Gnound Zero）再出發的人，且不會讓過去的一切破壞了創新的思維。此一說法可能是正確的。此乃因為它忽略了如下的事實，即任何成功企業的重要因素都包含有相同的要件——動人的價值命題、優良的品質與貫徹到底的決心；此乃商業的敏銳性。這些要件都可見諸於許多的案例中，諸如從地方性的汽車維修廠到曇花一現的網站公司（dot coms）。

　　行銷一直都握有許多新點子，這是不足為奇的。在同等階級的所有事物中，它一直都是相對新穎的行業。然而，它亦不能在這股新潮流中成為過時的事物，有許多的行銷人員可自過去的歷史獲得學習。也許你會說，這是行銷大放異彩的時代——套句流行的說詞，因為那些遺忘歷史的人，都會不斷的重蹈覆轍。

（資料來源：Laura Mazur, *Marketing Business*, December 1999/January 2000）

　　個案研究問題

1. 在這個新的時代，行銷是否落伍了？

2. 如同本篇文章所指出，為何「流失掉知識豐富與有經驗的員工」，將會影響到公司的競爭地位？

📑 參考文獻

Baker, M.J. (1999) 'Editorial', *Journal of Marketing Management,* **15**, 211-14.

Ballantyne, D. (2000) 'Interaction, dialogue and knowledge generation: three key concepts in relationship marketing', in 2nd WWW Conference on Relationship Marketing, 15 November 1999-15 February 2000, paper 7 (www.mcb.co.uk/services/conferen/nov99/rm).

Barnes, J.G. (1994) 'Close to the customer: but is it really a relationship?', *Journal of Marketing Management,* **10**, 561-70.

Barnes, J.G. and Howlett, D.M. (1998) 'Predictors of equity in relationships between service providers and retail customers', *International Journal of Bank Marketing,* **16** (3), 5-23.

Bejou, D. and Palmer, A. (1998) 'Sevice failure and loyalty: an exploratory empirical study of airline customers', *Journal of Services Marketing,* **12** (1), 7-22.

Blois, K.J. (1997) 'When is a relationship a relationship?', in Gemünden, H.G., Rittert, T. and Walter, A. (eds) *Relationships and Networks in International Markets.* Oxford: Elsevier, pp. 53-64.

Brassington, F. and Pettitt, S. (1997) *The principles of Marketing.* London: Pitman.

Brennan, R. (1997) 'Buyer/supplier partnering in British industry: the automotive and telecommunications sectors', *Journal of Marketing Management,* **13** (8), 758-76.

Brookes, R. and Little, V. (1997) 'The new marketing. What does 'customer focus' mean?', *Marketing and Research Today,* May, 96-105.

Brown, S. (1998) *Postmodern Marketing II.* London: International Thompson Business Press.

Buttle, F.B. (1996) *Relationship Marketing Theory and Practice.* London: Paul Chapman.

Chaffey, D., Mayer, R., Johnston, K. and Ellis-Chadwick, F. (2000) *Internet Marketing.* Harlow: Pearson Education.

Chaston, I. (1998) 'Evolving "new marketing" philosophies by merging existing concepts: application of process within small high-technology firms', *Journal of Marketing Management*, **14**, 273-91.

Copulsky, J.R. and Wolf, M.J. (1990) 'Relationship marketing: positioning for the future', *Journal of Business Strategy,* **11** (4), 16-20.

Damerest, M. (1997) 'Understanding knowledge management', *Long Range Planning,* **30** (3), 374-84.

Dholakia, P. (2001) 'Customer reationship management: the three myths of financial services CRM', *Financial Servicea Marketing*, **3** (2), 40-1.

East, R. (2000) 'Fact and fallacy in retention marketing', *Professorial Inaugural Lecture*, 1 March, Kingston University Business School, UK.

Evans, M. (2003) 'Marketing communications changes' in Hart, S. (ed) *Marketing Changes*. London: International Thomson Business Press, pp. 257-72.

Fournier, S., Dobscha, S. and Mick, D.G. (1998) 'Preventing the premature death of relationship marketing', *Harvard Business Review,* **76** (1), 42-9.

Gordon, I.H. (1998) *Relationship Marketing.* Etobicoke, Ontario: John Wiley & Sons.

Grönroos, C. (2000) 'The relationship marketing process: interaction, commumication, dialogue, value', in 2nd WWW Conference on Relationship Marketing, 15 November 1999-15 February 2000, paper 2 (www.mcb.co.uk/services/conferen/nov99/rm).

Gummesson, E. (1997) 'Relationship marketing-the emperor's new clothes or a paradigm shift?', *Marketing and Research Today,* February, 53-60.

Gummesson, E. (1999) *Total Relationship Marketing*: *Rethinking Marketing Management from 4Ps to 30Rs*. Oxford: Butterworth Heinemann.

Hanson, W. (2000) *Principles of Internet Marketing*. Cincinnati, OH: South-Western College Publishing.

Holland R. (1990) 'The paradigm plague: prevention, cure and inoculation', *Tavistock Institute of Human Relations*, **43** (1), 23-48.

Håkansson, H. and Snehota, I (1989) 'No business is an island: the network concept of business strategy', *Scandinavian Journal of Management*, **4** (3), 187-200.

Kunøe, G. (1998) 'On the ability of ad agencies to assist in developing one-to-one communication: measuring "the core of dialogue"', *European Journal of Marketing,* **32** (11/12), 1124-37.

Littler, D. (1998) 'Editorial; Perspective on consumer behaviour', *Journal of Marketing Management,* **14**, 1-2.

Mattsson, L.G. (1997) 'Relationships in a network Perspective'in Gemünden, H.G., Rittert, T. and Walter, A. (eds) *Relationships and Networks in International Markets.* Oxford: Elsevier pp. 37-47.

Mazur, L. (2000) 'A difficult age', *Marketing Business*, December 1999/January 2000, 33.

McDonald, M. (1999) 'Strategic marketing planning: theory and practice' in Baker, M. (ed.) *The CIM Marketing Book*, 4th edn. Oxford: Butterworth Heinemann, pp. 50-77.

McDonald, M. (2000) 'On the right track', *Marketing Business,* April, 28-31, 28.

Micklethwait, J.and Wooldridge, A. (1996) *The Witch Doctors: What the Management Gurus are Saying.* London: Heinemann.

Mitchell, A. (1997) 'Evolution', *Marketing Business,* June, 37.

Morgan, R.M. and Hunt, S.D. (1994) 'The commitment-trust theory of relationship marketing', *Journal of Marketing,* **58** (3), 20-38.

O'Malley, L. and Tynan, C. (1999) 'The utility of the realtionship metaphor in consumer markets: a critical evaluation', *Journal of Marketing Management,* **15**, 587-602.

O'Malley, L. and Tynan, C. (2000) 'Relationship marketing in consumer markets; rhetoric or reality?', *European Journal of Marketing,* **34** (7).

O'Malley, L., Patterson, M. and Evans, M. (1997) 'Intimacy or intrusion? The privacy dilemma for relationship marketing in consumer markets', *Journal of Marketing Management,* **13** (6), 541-50.

O'Malley, L., Patterson, M. and Evans, M. (1999) *Exploring Direct Marketing.* London: International Thompson Business Press.

O'Malley, L. (2003) 'Relationship marketing' in Hart, S. (ed.) *Marketing Changes.*

London: International Thpmson Business Press, pp. 125-45.

O'Toole, T. and Donaldson, W. (2003) 'The strategy to implementation cycle of relationship marketing planning', *Marketing Theory*, **3** (2), 195-209.

Palmer, A.J. (1996) 'Relationship marketing: a universal paradigm or management fad?', *The Learning Organisation,* **3** (3), 18-25.

Palmer, A.J. (1998) *Principles of Services Marketing.* London: Kogan Page.

Palmer, A. J. (2001) 'Co-operation: making the disinction in marketing relationship', *Journal of Marketimg Management*, **17** (7/8), 761-84.

Payne, A., Christopher, M. and Peck, H.(eds)(1995) *Relationship Marketing for Competitive Advantage: Winning and Keeping Customers.* Oxford: Butterworth Heinemann.

Payne, A., Christopher, M. and Peck, H. (eds) (1995) *Relationship Marketing for Competitive Advantage: Winning and Keeping Customers.* Oxford: Butterworth Heinemann.

Pels, J. (1999) 'Exchange relationships in consumer markets?', *European Journal of Marketing,* **33** (1/2), 19-37.

Peppers, D. and Rogers, M. (2000) 'Build a one-to-one learning relationship with your customers', *Interactive Marketing*, **1** (3), 243-50.

Prabhaker, P.R. (2000) 'Who owns the on-line consumer?', *Journal of Consumer Marketing,* **17** (2), 158-71.

Reichheld, F.F. (1993) 'Loyalty based management', *Harvard Business Review,* March/April, 64-73.

Ryals, L. (2000) 'Planning for reationship marketing' in Cranfield School of Management. *Marketing Management: A Relationship Marketing Perspective.* Basingstoke: Macmillan, pp. 231-48.

Sheth, J.N. and Parvatiyar, A. (1995) 'The evolution of relationship marketing', *Internationl Business Review,* **4** (4), 397-418.

Sheth, J.N. and Parvatiyar, A. (2000) 'The evolution of relationship marketing' in Sheth, J.N. and Parvatiyar. A. (eds) *Handbook of Relationship Marketing.* Thousand Oaks CA: Sage, pp. 119-45.

Sheth, J.N. and Sisodia, R.S. (1999) 'Revisiting marketing's lawlike generalizations', *Journal of the Academy of Marketing Sciences*, **17** (1), 71-87.

Smith, W. and Higgins, M. (2000) 'Reconsldering the relationship analogy', *Journal of Marketing Management*, **16**, 81-94.

Thomas, M.J. (2000) 'Commentary: princely thoughts on Machiavelli, marketing and management', *European Journal of Marketing,* **34** (5/6), 524-37.

Too, L.H.Y., Souchon, A.L. and Thirkell, P.C. (2001) 'Relationship marketing and customer loyalty in a retail setting: a dynamic exploration', *Journal of Marketing Management*, **17** (3-4), 287-319.

Zineldin, M. (2000) 'Beyond relationship marketing: technologicalship marketing', *Marketing Intelligence and Planning,* **18** (1), 9-23.

第十二章

過去到未來

學習目標

1. 關係行銷的分歧
2. 關係行銷的聚焦
   與擴散
3. RM 研究的意涵

前言

　　本書的第一版於 RM 仍相當混亂之際出版，而本章（前一版並沒有這一章）主要內容在於介紹最近三年來（2001～2004 年）有關關係行銷（RM）之爭論，以陳述一些目前重大的挑戰。具體言之，本章探討過去一些關係行銷人員在廣泛的定義上所產生的思維變遷。本章首先會再簡單地以「廣博的教堂」（broad-church）之思維方式，介紹 RM 的起源，以及 1990 至 2000 年間有關關係理論的發展。本章也將指出狹隘的關係行銷之理論觀點的重現，並提出未來研究的意涵。

壹、RM 的研究

二十世紀末乃是 RM 轉折點的年代。1990 年代所盛行的一些較清晰（及較為確定）的 RM 之觀念，在新的千禧年似乎並不那麼明顯。雖然在一些戰術層面所強調的重點總會有所差異，且亦缺乏精確的定義，但過去的研究學者對於有關關係行銷之範圍廣泛的原則，似乎皆樂於接受，或至少有相當程度地理解。然而，此一景象目前已有所變化。堅持以整體的觀點看待各種不同的組織關係之人士，以及希望降低所有關係（除了顧客─供應商二元關係外）之重要性的另一派人士，這兩派思維的發展似乎存在頗大的差距。

從最早有關關係行銷的討論來看，存在許多具影響力的觀點，也因此導引出百家爭鳴的學術論點，而 RM 理論也逐漸被發展出來。由於對關係行銷的起源有許多不同的爭論，以及區域性思想學派的發展（參見第一章），因此會有許多不同觀點的出現。關係行銷涵括許許多多的觀念與理論架構，並藉由組織內或非組織內之關係價值的脈絡加以聚合成一些重要的信念。這類的信念往往被質疑其對 RM 的討論過於偏重華麗辭藻，而未就觀念之真正的意義加以明確的探討（Möller and Halinnen, 2000）。

新世紀的來臨亦為美國 Marketing Science Institute（行銷科學學會）與英國 Chartered Institute of Marketing 等領導行銷界之組織機構，帶來推動行銷發展之更大的壓力與責任。此波的運動在於透由衡量，為行銷在組織架構中的地位尋求正當性的地位與角色。隨著行銷計量在主流的行銷領域變得愈來愈重要之際，任何奠基在人性概念下（而非過程的典範），任何理論有涉及到過程的部分都太過主觀，因為它們都是行銷人員自己認為所必須擔負的責任。

大多數的研究者在兩個極端之間的連續帶上遊走，他們不會特別地對其觀點加以辯論，且在合理的情況下，大都接受各種不同的思維方式

（Levy, 2000）。雖然眾多的歧見帶來了整合上的困難，但從 RM 之廣泛的
訴求來看，這是可以被接受的。然而，其中所存在的一個問題是，由於所
使用的操作方法亦有很大的差異，導致我們在對 RM 的領域（domain）劃定
界限時，很難找出具備「完全滲透性與彈性」的邊界；也因為如此，「要
確認實證研究之適切的情境背景（context）相當困難，且在此一新興的學
科領域中其概念性的問題更顯得模糊」（O'Malley and Tynan, 2000）。
不論如何，廣泛的「RM 學派」應可同時併存的，主要原因是「關係的哲
學」仍是一個發展中的主題，且 RM 的研究也延伸至行銷理論之外的範圍
（例如內部行銷）。

貳、站在巨人的肩膀上

　　為了對 RM 主題的發展作個概述，有必要追溯過去相關的研究。關係行
銷主題之過去的定義與文章之一個特色是，幾乎完全著重在「供應商－顧
客」關係（亦即「供應商－顧客二元關係」）。例如，Berry（1983）指
出，「新的」關係行銷方法，應可定義為「吸引、維繫及……強化顧客關
係」。其重點在於強調網羅與留住（或許更為重要）顧客之概念。顧客服
務乃是該理念思維的核心，而且服務所涵括的範圍相當的廣泛，這些服務
通常專注在買方－賣方界面之互動關係（Clark, 2000）。

　　然而近年來有關關係行銷之討論，較多的人皆認為應擴大 RM 的範疇
（Buttle, 1996）。根據 Gummesson（1999）的說法，行銷不應僅限定在
買方與賣方之二元關係；相反的，它應涵括「關係、網絡及互動」之一系
列完整的範圍；這意謂著公司（或更嚴謹的說法，包括公司的員工或業務
代表）是整個商業交易活動的一環。因此，RM 思維應「摒除顧客與供應商
雙向對話之方式」，而應朝向「涵括其他各個公司的關係」之發展。B2B 的
研究（主要為 IMP 的研究範疇）與服務業行銷研究皆特別著重此些概念，
而且此二領域亦被認為最有可能從關係式策略而獲益者。在各種關係中（包
括簡單的二元關係與複雜的網絡關係），參與的成員皆會主動地彼此接觸。

因此，RM 應可定義為「建立、發展及維持成功的關係式交換之一切的行銷活動」（Morgan and Hunt, 1994）。

在 Grönroos（1994）對關係行銷所下的廣泛定義中，上述的概念、觀點與發展等，皆有詳細的說明；他認為RM涵括「與顧客和其他利益相關團體的關係」。雖然沒有單一的模式可以囊括所有的這些觀念，但總存在一個大家認同的共識，此即「除了顧客的焦點之外，公司也應慎重地思考與供應商、內部顧客、各種組織機構和中間機構等的夥伴關係」（Clarkson *et al.*, 1997）。事實上，RM 的範疇乃位居其思想理念之核心（Veloutsou, 2002）。這類「網絡」或延伸的關係理論、觀點及概念，已有許多著名的行銷學者曾提出精闢的論點，包括Christopher *et al.*（1991, 1994）、Kotler（1992）、Millman（1993）、Hunt and Morgan（1994）、Doyle（1995）、Peck（1996）、Butlle（1996）及 Gummesson（1996）等（參見第Ⅱ篇）。這些學者所推動的一個共同主題是，公司應該透過與所有的利益相關團體發展相對長期的關係，以提升企業的競爭力（Hunt, 1997; Reichheld, 1996）。這些概念之間共通的基礎是，「核心公司與其夥伴」（the core firm and to partnership）（Doyle, 1995）。顧客市場為整個範疇的核心是毫無疑義的，因此在邁向RM之路時，也被認為從單一的二元關係轉移至多層面之一系列的相互關係，這對RM發展的歷程之影響是非常重要的，但仍然未必以供應商／顧客之互動關係為主導核心。儘管RM的戰術途徑是相當廣泛且無止境的，但一般普遍的見解是，其在策略上與傳統的行銷之區別，乃在於概念化的市場是多樣性的。

參、美好的新世界

當我們進入這個新世紀，普遍認同多種關係的思維是當下的挑戰。雖然「領域的廣度」一直都是一個議題，但一般的看法是對於二種可能完全對立之研究學者的爭論，似乎可加以結合。這種分裂成兩種發展的局勢，一邊是堅持從廣泛與多重的導向來看待行銷，另一邊則是採取更狹隘的功

能性行銷觀點。事實上，雖然這些學者所持的觀念是兩極化的，但他們仍然支持關係行銷之全面性、多重關係的定義，只是有些研究的焦點仍專注在「顧客－供應商二元的關係」（Payne, 2000）。後面這一群的學者認為，非顧客關係乃屬於「行銷領域（範疇）的外圍」，且其在行銷研究議題涵括「稀釋價值的風險及在引導關係行銷實務與研究和理論發展方面，行銷學科所做出的貢獻」（Parvatiyar and Sheth, 2000）。

具體言之，過去有關 RM 之研究大致可分為兩派：一派將 RM 視為廣泛的關係範圍，但其在某些產業或情境中所能獲得的利益是有限的（Grönroos, 1994; Barnes, 1994; Palmer, 1999）；另一派則採取較嚴謹的定義，但其關係思維卻可應用在各個產業。本質上來說，其差異即為下列兩種不同的結果：(1)較廣泛的 RM 定義，但應用範圍較狹小〔可稱之為「聚焦」（focused）〕；(2)較狹窄的觀點，但應用範圍較廣〔稱之為「擴散」（diffuse）〕（參見圖 12.1）。

因此，過去許多全心全意抱持多種不同關係思想理念的學術界與實務界人士，皆採取較積極的觀念；他們強調非常重視顧客關係的基本要義。「行銷計量」（marketing metrics）學派的擁護者一般與行銷的科學觀點有關，他們亦支持上述的觀點，或許更特別強調顧客關係管理（CRM）。

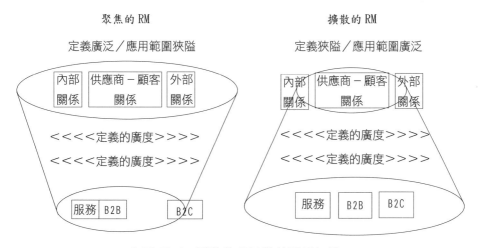

❀圖 12.1　聚焦的與擴散的關係行銷

擴散式 RM 的思考途徑其背後的驅動力量可能是，相信唯有透過對 RM 的調適，才能讓它被較廣泛的人士所支持，然後才有潛力成為行銷的主流典範與導向（Parvatiyar and Sheth, 2000）。此一途徑的特色之一是，將「關係」一詞延伸至非人際的情境；也就是與直效行銷（後來演變為 CRM）有關聯的科技導向之接觸。第二個特色則是，將非美國（主要為北歐與奧地利學派）與美國研究學者加以區隔。然而，將北美研究學者（如 Evans and Laskin, 1994; Smith and Higgins, 2000; Parvatiyar and Sheth, 2000 等）統統歸為採納「聚焦式的 RM」，似乎有過度概化之嫌，因為他們都有歐洲人與南西裔氏的研究夥伴。之所以會有此一說法，或許是由於某篇學術論文（Tapp, 2002）所指出的，「美國主流的觀點認為行銷是一門科學，而由此所衍生出來的學術文化強調降低個人化的觀點、客觀性及較具理性層面（非感性）的分析。」Gummesson（2003）對此一觀點亦有所回應，他認為「RM 之美國主流的版本是，將探討的現象內容鎖定在一個簡單的一對一之顧客－供應商關係的黑盒子內——CRM 的研究更是如此」。

可能由於缺乏跨國的交流與協調，因而導致 RM 研究之重點明顯地存在地理區域的差異。例如，很少的非美國研究學者在北美學術期刊發表論文。這可能因為美國期刊之評審者遵循傳統的思維而有所排斥，導致非美國人所研究的論文較少被接受與發表。

擴散式（或北美）RM 學派強調在組織環境之情境背景下的買方與賣方關係（Payne, 2000）。例如，Evans and Laskin（1994）定義 RM 為，「以顧客為中心的思考途徑，此時公司會尋求與潛在或現有顧客建立長期的商業關係。」Parvatiyar and Sheth（2000）亦認為，「RM 是致力於合作與協作之活動和計畫的持續過程」，並非與廣泛範圍的利益相關團體，而是「與最接近的和最終使用者之顧客建立關係，以創造與提高雙方的經濟價值。」這些作者皆對「關係行銷」與「行銷關係」加以區別，並認為 RM 不應該關注「行銷關係」的所有層面，而應「與顧客發展更親密的關係，……並進而將顧客轉變成忠誠者」。Parvatiyar and Sheth（2000）即明確地

批判諸如 Morgan and Hunt（1994）之類的作者，認為他們不應該將其他的「夥伴」納入 RM 的範疇。他們強烈地質疑「聚焦式的 RM」學派，並認為研究學者應該「劃定 RM 領域的界限」；他們指出：

> 許多類型的夥伴其建構皆超出行銷的領域範圍之外，因此若將它們涵括進來，則在導引關係行銷實務與研究和理論的發展上，將會稀釋行銷學科之價值與貢獻。

由於強調 RM 不應迷失在「行銷領域的範圍外」，因此他們明確地堅持 RM 之行銷觀點應是一種導向（orientation），而非一種功能（function）。雖然了解到尚有其他關係的存在，但 Parvatiyar and Sheth（2000）仍堅持認為：

> 其他層面的組織關係，諸如供應商關係、內部關係及水平（平行）關係，皆附屬在諸如採購與後勤管理、人力資源管理及策略管理等學科領域所探討的議題。

然而，「擴散式」RM 學派則反駁 RM 的原則，其認為「功能式的地窖」（functional silos）將會降低知識發展的效率（Hunt and Lambe, 2000），以及許多與內部關係和「內部行銷」（如 Reynoso and Moores, 1996）（參見第七章）有關的概念（如授權賦能）之發展亦都會受到限制。此外，從行銷的觀點來看，那些策略性的外部關係在對現代的企業來說也是相當的重要（參見第八章與第九章）。

Payne（2000）了解並接受上述有關 RM 發展所區分的兩種途徑之說法。他認為有必要採納一致的術語來區別廣泛的與狹隘的途徑之差異，並指出「顧客關係行銷」一詞可用來代表狹隘（擴散式）的觀點，因為他認為 RM 有更廣泛的理論範圍，但卻是一個更聚集的說法。「顧客關係行銷」相當近似廣被運用的「顧客關係管理」（CRM）的觀念，在 RM 的討論上不應遺

漏，因為它也可能仍專注在顧客－供應商二元關係，並更強調以科技為基礎來管理關係。

肆、意　涵

　　如同 Coviello *et al.*（1997）所指出的，「RM 領域的廣度」並不是新的議題。之前的這類觀點都將 RM 視為廣博的教堂，它不僅已成為目前關係研究的核心議題（Payne, 2000），且我們很可能以此來區分關係行銷研究的社群。我們或可作如下的假設，理論定義狹隘的擴散式觀點，較符合大眾市場之需要與特徵；不論如何，此一說法尚未獲得事實證據的支持，也就是說，大眾行銷是否已明顯地拋離交易式行銷而走向關係式，或藉由科技來驅動的準關係式交易，仍尚未有定論。誠如 O'Malley and Tynan（1999）所指出的，行銷人員一直：

　　　　忽略關係行銷（RM）有成為行銷領域另一可行途徑的趨勢，特別是在可明顯地區別大眾行銷與高人際互動等不同的情境背景之情況下。不論如何，對於 RM 與大眾行銷之情境有密切相關此一假設，一直未能以符合邏輯的方式來支持與驗證。相反的，RM 在此情境背景所受到的限制，一直以來都被直效行銷以及 CRM 所強調的活動與功能所矇蔽……。

　　行銷人員也一直企圖找出一種行銷方式可適用於所有的情境與所有的產業，且更重要的是如同 Robert Shaw（引自 Bartram, 2002）所指出的，「讓行銷的霞光能夠普照大地，……（且）獲得大眾的肯定」，這也意謂著它必須找出最小的公約數。Holy Grail 之「一種尺寸符合所有人」的說法，似乎即為它的目標。這與「聚焦式的」思維途徑是完全相反的，因為它認為 RM 是有所侷限的，且必須與傳統形式的行銷共存（Brodie *et al.,* 1997）。如同 Coviello and Brodie（2001）所指出的：

　　了解不同情境背景下行銷實務之相似性與差異性是很重要的，包括何時與為何會有不同的行銷實務、多種的行銷實務如何同時推動，以及這些實務如何受其他公司、市場或管理特徵等的影響。

摘　要

　　雖然一般認為所有的觀點皆具有相同的份量（如同「廣博教堂」的觀念），但理論定義狹隘的「擴散式」觀點，似乎躍居為RM的中心信條。在人際互動程度低的市場中，強迫採行關係式策略的嘗試皆會大力推動科技的運用（尤其與CRM有關的科技），作為假想的人員接觸之替代品。這類策略所帶來的行銷衝擊是可衡量的（也因而有一些數據的報導），也激勵了其發展的動力。除了當公司認為其經營實務中還有其他事物比關係重要之外，此種做法本質上似乎沒有錯誤。例如，所有中樞活動（CRM的核心平台）的發展，毫無疑問地都可提高行銷成本下降的效用。不論它是否創造或阻滯了顧客價值，或可能潛在地傷害到顧客關係（兩者都很難評估），通常皆非計算衡量的一部分。

　　很顯然的，RM的語言可能誤導了某些組織；對這些組織來說，當大多數的場合中較缺乏人際互動下，它們卻仍然認為所有的顧客－供應商接觸都可以有很親密的關係。也許這亦說明了KPMG所報導的，為何CRM專案失敗率高達 70-80% 的原因（Sussex and Cox, 2002）。根據 Mitchell（2001）的說法，「企業對於時下走入CRM狂熱的浪潮，逐漸地醒悟過來，甚至產生敵意。」

　　為何理想破滅會怪罪行銷人員呢？如同 Sheth and Sisodia（1999）所說的，畢竟我們心裡總會想到行銷是其主要的思想脈絡，而此一脈絡已發生變化，且未來也將跟著變動。行銷人員應該經常不斷地思考與挑戰該作者所指出的問題，行銷的發展已產生許多大家奉為圭臬與遵循的「教條」，包括關係行銷亦然。除了不應該分割成兩個不同途徑（聚焦式與擴散式）外，是否預期會再將結構性與清晰性加入爭論的戰場？或許更有可能的情況是，這兩派的發展都將各自地宣稱自己才是正統門派。就擴散式的觀點來說，它較有能力（至少是表面上）去衡量，且一般而言它維持了傳統的、功能主義的行銷觀點，因此很可能成為主流。另一方面，聚焦式的觀點有較廣義的關係行銷之範疇，它逐漸在行銷研究議題上失去地位。

潛在的異類學派，諸如功能性障礙與策略組合的失靈，亦逐漸變成過去的歷史。

　　從較正面的角度來看，我們或可認為RM之廣博的教堂對行銷爭論之多樣性仍有其貢獻，且有助於整合其他的各個管理層面（Brodie *et al.,* 2002）。如同 Brown（2002）所指出的，對某一學科本身之定義、領域範疇及本質等，持續地爭論乃象徵著存在一個健康且富想像力的行銷環境。從學術研究者的觀點來看，「一種尺寸符合所有人」的說法，即擴散式的行銷思考途徑很可能限制了潛在的研究領域，特別是那些從事跨功能之相關議題的研究。聚焦式對RM有較廣泛的定義，可激勵學者探討或甚至從事其他學科領域（如人力資源管理、策略管理等）之研究；而擴散式、功能主義的觀點可能限制其研究範圍。此一觀點的範圍限制，或許也說明了本身即存在很豐富的新構想（參見個案研究）。

　　在對功能性議題之有限的討論方面，行銷人員本能地排除了對未來「更高層次」之策略性決策的制定。如果我們想防止這種限制研究議題的情形發生，那麼應該對關係行銷之疆界有一致的共識（這可能成為未來研究頗有潛力的領域）。如果做不到（事實上亦是如此），那麼就應採納 Payne（2000）的建言，亦即有必要採用大家一致認同的術語，來區別聚焦式觀點（廣泛的）與擴散式思考途徑（狹隘的）。

☆ 討論問題

1. RM 之聚焦式與擴散式觀點，各有何特色？

2.本章所指出的風險為何？

3.廣泛的研究議題有何優點？

個案研究

一時的流行

不要只眷戀當下，因為時代潮流一直在變。二十世紀的最後 20 年出現了一波波的新管理思潮——全面品質管理、企業流程再造、知識管理、電子商務——而新千禧世紀的這些年來，它們似乎已褪流行，因為已有其他更好的流行用語。

對出版商、顧問業及學術界來說，這不是個好消息，因為他們的利潤主要來自一些新的管理技術之傳播。根據出版商的說法，1996 年代末以來，管理書籍的銷售至少下跌了 30%。如果書名少了「偉大創意」，那麼很少有那些書可達到風靡一時的登峯狀態。例如，Jim Collin 的從《A 到 A⁺》，（*Good to Great*），即對現有的企業加以探討，提出如何才能蛻變成產業領導者的建言；另外，Larry Bossidy 的《執行力：沒有執行力，哪有競爭力》（*Execution：The Discipline of Getting Things Done*），則對直線管理當局提出如何提升執行力的指導綱領。

同樣的，管理顧問公司即藉著向一些陷入困境的公司銷售最新的管理觀念，來維繫組織的繁榮與成長。在歷經 1980 年代到 1990 年代之全盛期高達 20% 的年成長率之後，顧問公司的年收入亦開始逐年下降。Gary Hamel（一位學界人士、作家及顧問）指出，「公司不僅在財務方面緊縮，且在智慧方面亦是如此。」

為什麼會有這樣基調的轉變？很明顯的一個理由是，經理人太忙了，以至於無法應付衰退危機、全球恐怖主義及股票崩盤等接踵而至的事件威脅，也因此對一些新的概念產生很大的興趣。過去以來，每當經濟不景氣時，往往就是一些「一時流行的」管理思潮的溫床。例如，1980 年代早期之殘酷的經濟蕭條，便刺激

許多公司率先採納「品質圈」，接著推行 TQM。1990 年早期也一度面臨經濟衰落的局勢，於是便掀起一陣「企業流程再造」的風潮。

如果歷史是一面鏡子，那麼即使在嚴峻的經濟條件下，它應能夠辨識出「下一個大事件」（Next Big Thing）。然而那些目前市場所流行的管理思想，似乎容不下與其背道而馳的觀念。

當某個一時流行的觀念逐漸褪去光茫時，通常會出現真空狀態，但很快地又被許多的新觀念所填補。紐約的哥倫比亞大學商學院管理學教授 Eric Abrahamson 即指出，「就在這個時候，我無法確定即將來臨的會是什麼。」

「對於管理的一時流行，其本質是什麼缺乏一個標準的定義時，這類一時流行的觀念傾向屬於一些簡單的、根據處方開藥式的及短暫的思想。它們可能廣被許多公司採納，但當所期盼的利益落空時，便又很快地失寵。」

Abrahamson 教授對管理學院的學生補充說道：「一時流行的事物似乎都會伴隨著一些激烈的情緒、熱情及非理性的論述。」例如，1993 年出版的《再造企業》（*Re-engineering the Corporation*）一書，掀起企業流程再造的運動；書中曾自我引述說，「這是企業革命的宣言」，且內容充斥著許多諸如「毀掉老舊的思想，並以全新的模式取代」之類華麗的辭藻。甚至 1990 年代末，一些電子商務的擁護者也赤裸裸地宣稱：重新思考你的經營模式，否則只有面對死亡。

若對上述這類的標竿加以審判，則目前所通行的管理思想似乎沒有任何一個可達到此一高標準。比較接近此一高標的，可能是 1980 年代末摩托羅拉所發展並在奇異公司（GE）大放光芒的「6 個σ」（Six Sigma），它是一種品質改善的技術。然而 6 個σ仍具有一些一時流行的屬性——過度跨張與渲染、普遍的採納、

難以理解的行話——也因此它亦被認為只是一時的流行。以下提出一些常見的事蹟，作為有志於推動 6 個σ者的警訓。

如果景氣因素無法解釋對新觀念失去興趣的原因，那麼又有哪些因素可解釋呢？Abrahamson 教授的解釋是「消化不良」（indigestion）；他認為許多公司仍在之前一時流行的思潮之影響下，推動另一個新的管理方法。

2001 年末爆發的安隆案，也讓人留下痛苦的回憶。某家位於休士頓頗有活力的公司被 *War for Talent*（2001）、*Leading the Revolution*（2000）及 *Creative Destruction*（2001）等書的管理作家，捧為值得觀摩的公司。然而，這家一度是全球最著名的公司，曾幾何時卻淪為精打如意算盤、編列會計帳目以及可能被認為詐欺的企業。

然而，我們可能高估了安隆效應。企業會對一時的流行與趕時髦的管理思想有所反應，早在安隆案爆發之前的數年前即已成為「失敗的」笑柄。第一宗事例的出現要回溯到 1990 年中葉的時候，當時企業再造的運動帶來了數以千計的失業人口之厄運，且「淘空」了一些號稱很有效率的公司之實力。也因此，「再造企業」的兩位作者 Michael Hammer 與 James Champy，更受到多人的誹謗。

緊接而來的是，坊間出現許許多多的書籍大肆撻伐這類具有一時流行之本質的管理理論。這一波反動派書籍中最暢銷之一即為經濟學人（*Economist*）的主編 John Micklethwait 與 Adrian Wooldridge 於 1996 年所出版的 *The Witch Doctors*，他們對於一時流行的問題作了非常詳盡地剖析。一時之間，對於一時流行加以猛烈痛擊似乎蔚為風潮。

大約在同一時間，商管學校也開始提醒學生注意，被一些永無止盡的新觀念所迷惑是相當危險的。一個讓人津津樂道的個案

研究是 AT&T，它是一家電信集團企業；其在 1990 年代每年都會花費大約 1 億美元的顧問服務費用，但對股東價值的貢獻呈現每下愈況的窘境。

　　與此一背景相對照之下，目前管理者對此一矛盾情緒似乎已抱持更遠大的視野，以免又陷入消化吸收不良的困境。換句話說，對於這類管理思潮的吸收已不再那麼貪婪，且更會依其品味來作調適（即並非照單全收）。

　　這是一個好消息，是嗎？

　　Accentare's Insitute for Strategic Change 的中心主任 Tom Davenpat 說，「這個答案可說對，也可說不對。」他認為運用管理技術之創新能力，乃是企業重要的競爭優勢。

　　也許基於這個緣故，最近剛退休的 GE 前總裁威爾許（Jack Welch）過去即積極地培養腳踏實地之直線經理的公共人物之角色。因此，他會謹慎地留意與物色周遭具有企業智慧的人才，諸如聘自密西根大學的 Noel Tichg，及南加州 Marshall 大學商學院的前院長 Steve Ken。這兩位學術先進皆受聘負責主持 GE 的 Crotonville 管理訓練中心。威爾許以 Crotonvill 作為大本營，推動諸如「無疆界企業」、「6 個σ」及「自創的數位化」等大型專案，期能塑造 GE 成為全球最成功的公司之一。

　　相反的，我們另外談論西屋公司（Westinghouse），它曾一度超越 GE。Davenport 說道，「西屋一直以來都由科學家與工程師作為主要的經營班底。它一直都擁有創新性的產品，但其所追求的企業概念包括財務分析、購併以及慢半拍的方式追求品質。」對於西屋為何會在 1990 年代因遭逢一連串的財務赤字而破產的原因，Davenport 作了如下的結論：「西屋公司在管理上無法創新。」

　　如果 Davenport 的說法是對的，那麼 1980 年代與 1990 年代

群雄並起的階段之後，及過去幾年來開花結果的階段，管理思想的市場應是很有希望的，且會處於均衡的狀態——亦即優越的思想會獲得相當高的評價，而差劣的思想則會被摒棄。然而，實際的情況似乎不像「烏托邦」（Utopian）那樣完美。第一本造成相當轟動的管理書籍是 Tom Peters 與 Bob Waterman 所合著的《追求卓越》（*In Search of Excellence*）；這是第一本頗具現代化管理指導性質的書籍，於 1982 年出版。在此之前，即使最暢銷的商業書籍，也僅有數千本的銷量而已。

確切地說，這些管理思想總是流行一段時間之後便褪流行，但未如同我們所預期的會像狂風暴雨似地肆虐一番。在「追求卓越」狂熱的時代，具有影響力的管理思想家，諸如品管先鋒的 Joseph Juran 及策略預言家和波士頓顧問團（BCG）創辦人 Bruce Henderson，他們對於非其專精的領域亦皆所知有限。管理顧問可說是一個家庭工業（cottage industry）。

難道目前我們所處的世界也是如此嗎？或者，「非時髦」的事物有朝一日會變成另一個「一時流行」的事物？我們很難相信，管理思想的市場永遠不會再經歷一段無理性之狂熱時期。Davenport 說道，「我們需要一些活力，讓管理大師能夠創造其偉大的思想。對於管理的期盼，我們需要更多精明能幹的人士。」

個案研究問題

1. 對於所謂一時流行之管理思想，是否有其正當性？
2. 依你的看法，關係行銷是否為一時流行的思想？
3. 依本篇文章的說法，是否存在任何創新可塑造未來的競爭優勢？

參考文獻

Brodie, R.J., Glynn, M.S. and Van Durme, J. (2002) 'Toward a theory of marketplce equity: integrating branding and relationship thinking with financial thinking', *Marketing Theory,* **2** (1), 5-28.

Coviello, N.E. and Brodie, R.J. (2001) 'Contempory marketing practices of concumer and business-to-business firms: how different are they?', *Journal of Business and Industral Marketing,* **16** (5), 328-400.

Dean, D. and Croft, R. (2001) 'Friends and relations; long term approaches to political campaigning', *Eurpean Journal of Marketing,* **35** (11/12), 1197-1216.

Gummesson, E. (2003) 'Relationship marketing: it all happens here and now!', *Marketing Theory,* **3** (1), 167-9.

Hunt, S.D. and Lambe, C.J. (2000) 'Marketing's contrbution to business strategy: market orientation, relationshp marketing and resource-advantage theory', *Intarnational Joutnal of Management Reviews,* **2** (1), 17-43.

Levy, S.J. (2002) 'Revisiting the marketing donmain', *European of Marketing,* **36** (3), 299-304.

Möller, K. and Halinnen, A. (2000) 'Relationship marketing thoey: its roots and directions', *Journal of Marketing Management,* **16**, 29-54.

O'Malley, L and Tynan, C. (2000) 'Reationship marketing in consumer markets: rhetoric or reality?', *Europan Journal of Marketing,* **34** (7).

Smith, W. and Higgins, M. (2000) 'Reconsidering the relationship analogy', *Journal of Marketing Management,* **16**, 81-94.

Sussex, P. and Cox, J. (2002) 'Next generation customer relationship management: strategic CRM', Chartered Institute of Marketing Special Interest Group presention, March 2002.

Tapp, A.J. (2002) 'The changing face of marketing acadmia: what can learn from commercial market research?', Competitive Paper, Academy of Marketing Conference, Nottingham University.

Veloutsou, C., Saren, M. and Tzokas, N. (2002) 'Relationship marketing: what If?', *European Journal of Marketing,* **36** (4), 433-49.

國家圖書館出版品預行編目資料

關係行銷／John Egan 作；方世榮譯.
--二版.--臺北市：五南，2005〔民94〕
面；　公分
譯自：Relationship Marketing：Exploring
　　　Relationship Strategies In Marketing
ＩＳＢＮ 978-957-11-4033-9（平裝）
1.顧客關係管理　　2.銷售
496.5　　　　　　　94011738

1FD7

關係行銷

作　　者－John Egan

譯　　者－方世榮

發 行 人－楊榮川

總 經 理－楊士清

主　　編－侯家嵐

責任編輯－劉靜瑜

出 版 者－五南圖書出版股份有限公司

地　　址：106台北市大安區和平東路二段339號4樓

電　　話：(02)2705-5066　傳　　真：(02)2706-6100

網　　址：http://www.wunan.com.tw

電子郵件：wunan@wunan.com.tw

劃撥帳號：01068953

戶　　名：五南圖書出版股份有限公司

法律顧問　林勝安律師事務所　林勝安律師

出版日期　2002年11月初版一刷
　　　　　2005年 8 月二版一刷
　　　　　2017年10月二版七刷

定　　價　新臺幣500元